Stand Alone Power Supply Systems:
Design and Installation Training Manual

独立供电系统设计
与安装培训指南

［澳］GLOBAL SUSTAINABLE ENERGY SOLUTIONS PTY LTD 著

中国电力科学研究院 译

中国水利水电出版社
www.waterpub.com.cn
·北京·

内 容 提 要

　　本书提供了独立供电系统设计与安装解决方案，内容主要包括职业健康与安全、光伏发电技术概述、太阳辐射、电气基础、电路、光伏电池、光伏组件、太阳能跟踪装置、电池、系统控制器、逆变器、后备燃料发电机组、风力发电机、微型水力发电机、节能技术应用和负荷估算、系统设计、直流母线系统定容、交流母线系统定容、混合供电系统定容、系统布线、系统安装、系统维护、故障排除和故障查找、经济因素等内容。

　　本书适合从事相关专业的技术人员，以及高校师生参考阅读。

Title：Stand Alone Power Supply Systems：Design and Installation Training Manual（ISBN：978-1-921932-05-2）
Author：Global Sustainable Energy Solutions Pty Ltd，PO Box 614 Botany 1455 Australia

北京市版权局著作权合同登记号为：01-2016-9945

图书在版编目（CIP）数据

独立供电系统设计与安装培训指南 / 澳大利亚全球
可持续能源解决方案有限公司著；中国电力科学研究院
译. -- 北京：中国水利水电出版社，2018.1
　书名原文：Stand Alone Power Supply Systems：
Design and Installation Training Manual
　ISBN 978-7-5170-6272-1

Ⅰ．①独… Ⅱ．①澳… ②中… Ⅲ．①太阳能发电－
供电系统－系统设计－技术培训－指南②太阳能发电－供
电系统－设备安装－技术培训－指南 Ⅳ．①TM615-62

中国版本图书馆CIP数据核字(2018)第013084号

书　　名	**独立供电系统设计与安装培训指南** DULI GONGDIAN XITONG SHEJI YU ANZHUANG PEIXUN ZHINAN
原 书 名	Stand Alone Power Supply Systems：Design and Installation Training Manual
原　　著	［澳］GLOBAL SUSTAINABLE ENERGY SOLUTIONS PTY LTD（全球可持续能源解决方案有限公司）
译　　者	中国电力科学研究院
出版发行	中国水利水电出版社 （北京市海淀区玉渊潭南路1号D座　100038） 网址：www. waterpub. com. cn E-mail：sales@waterpub. com. cn 电话：(010) 68367658（营销中心）
经　　售	北京科水图书销售中心（零售） 电话：(010) 88383994、63202643、68545874 全国各地新华书店和相关出版物销售网点
排　　版	中国水利水电出版社微机排版中心
印　　刷	北京瑞斯通印务发展有限公司
规　　格	184mm×260mm　16开本　17.25印张　409千字
版　　次	2018年1月第1版　2018年1月第1次印刷
印　　数	0001—4000 册
定　　价	**60.00元**

本 书 翻 译 组

主　　译：姜达军　牛晨晖

副 主 译：周　海　夏俊荣　王晓刚

翻译人员：丁　煌　王知嘉　曲立楠　刘海璇

　　　　　朱　想　陈　宁　张　虎　汪　春

　　　　　邱腾飞　张　磊　周　昶　赵大伟

　　　　　施　涛　栗　峰　程　序　彭佩佩

前　　言

近年来，澳大利亚与独立供电系统的设计安装有关的标准已经数次修改并发布，主要包括以下几条：

（1）AS/NZS 4509.1—2009 替代 AS 4509.1—1999 和 AS 4509.3—1999。

（2）AS/NZS 4509.2—2010 替代 AS 4509.2—2002。

（3）AS/NZS 5033—2012 替代 AS/NZS 5033—2005。

本文件与《独立供电系统设计与安装培训指南（第七版）》配套使用，对上述标准的更改部分进行了阐述。本文件包括根据更新后的标准要求对上述出版物的第七版进行修订。请注意，本文件所提及的修改主要基于新版的《独立供电系统设计与安装培训指南》，虽然文件已经极为谨慎，读者还是需要自己对比上述标准，恰当运用。

修改

以下是针对《独立供电系统设计与安装培训指南（第七版）》的修改信息。

概述

所有提及 AS 4509 的部分都修改为 AS/NZS 4509。

第 4 章

4.15 节，许可要求：

将"AS 4509《独立供电系统　第 1 部分：安全；第 2 部分：系统设计导则；第 3 部分：安装与维修》、AS/NZS 5033—2005《光伏阵列安装》"替换为"AS/NZS 4509.1—2009《独立供电系统　第 1 部分：安全与安装》、AS/NZS 4509.2—2010《独立供电系统　第 2 部分：系统设计导则》"、"AS/NZS 5033—2012《光伏阵列安装及安全要求》"

第 9 章

9.27 节，安装要求：

将"AS 4509.1《独立供电系统　第 1 部分：安全》、AS 4509.2《独立供电系统　第 2 部分：系统设计导则》、AS 4509.3《独立供电系统　第 3 部分：安装与维修》"替换为"AS/NZS 4509.1—2009《独立供电系统　第 1 部分：安全与安装》、AS/NZS 4509.2—2010《独立供电系统　第 2 部分：系统设计

导则》

第 17 章

（1）17.4.1 节，温度修正因子：

将图 17.1 所示的典型电池容量变化与温度的关系（从 AS 4509.2—2002《独立供电系统 第 2 部分：系统设计导则》第 36 页的图 5 复制）替换为图 17.2 所示的典型电池容量修正系数与温度的关系（基于 AS/NZS 4509.2—2010《独立供电系统 第 2 部分：系统设计导则》），并将图 17.2（前版的图 17.1）从 17 章中删除。

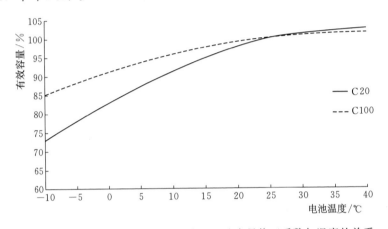

图 17.2 C100 与 C20 充放电率下典型电池容量修正系数与温度的关系

（2）17.5 节，逆变器选型：

将 "AS 4509.2 建议逆变器容量应至少预留 10％ 的裕量" 替换为 "AS/NZS 4509.2—2010《独立供电系统 第 2 部分：系统设计导则》表 B6 建议逆变器的安全系数仅在设计决策时应用，表 A6 表明其是在系统设计的时候决定好的，通常建议取值 10％。"

第 20 章

（1）第 20 章，系统布线：

将 "这一章还参考了 AS/NZS 5033《光伏阵列安装》。" 替换为 "这一章还参考了 AS/NZS 5033—2012《光伏阵列安装及安全要求》。"

（2）20.4 节，传输允许的电压降：

在 "光伏阵列到电池之间的电缆的选择标准为：应使光伏阵列到电池之间的电压降小于 5％ 的系统电压。此外，还建议电池和任何负载之间的电压降应该被限制在 5％ 以内，尤其是在 12V 系统中。" 后面添加 "需要注意的是，根据 AS/NZS 5033—2012《光伏阵列安装及安全要求》的 2.1.9（c）条，光伏阵列和控制器之间容许的最大压降为 3％"。

（3）20.8 节，光伏阵列故障电流保护和电缆选型：

AS/NZS 5033—2012《光伏阵列安装及安全要求》不容许消防安全，因此，更换整个 20.8 节为：

对光伏组串、子阵列和光伏阵列的故障电流保护的详细要求见 AS/NZS 5033—2012《光伏阵列安装及安全要求》。

AS/NZS 5033—2012《光伏阵列安装及安全要求》中的 3.3.3（第 24 页）要求在 SAPS 中的光伏阵列电缆必须始终有故障电流保护。这是为了保护光伏阵列电缆不受电池故障电流损伤。

3.3.5（第 25 页）提出了光伏组串、子阵列和光伏阵列的故障电流保护设计方法。故障电流保护要求如下。

对于光伏组串满足下式：

$$1.5 I_{\text{sc mod}} \leqslant I_{\text{TRIP}} \leqslant 2.4 I_{\text{sc mod}}$$

式中　$I_{\text{sc mod}}$——组件开路电流；

I_{TRIP}——故障电流保护装置的动作电流。

对于子阵列满足下式［见下文注意事项（2）］：

$$1.25 I_{\text{sc sub array}} \leqslant I_{\text{TRIP}} \leqslant 2.4 I_{\text{sc sub array}}$$

式中　$I_{\text{sc sub array}}$——子阵列短路电流；

I_{TRIP}——故障电流保护装置的动作电流。

对于光伏阵列满足下式：

$$1.25 I_{\text{sc array}} \leqslant I_{\text{TRIP}} \leqslant 2.4 I_{\text{sc array}}$$

式中　$I_{\text{sc array}}$——阵列短路电流；

I_{TRIP}——故障电流保护装置的动作电流。

注意：

（1）在小型光伏阵列中，如果光伏阵列中的所有电缆的额定电流大于 1.25 倍短路电流，则不需要子阵列保护。

（2）制造商的设定可能包括模块的"保险丝额定最大电流"或"跳闸电流"或"故障电流"。如果是这样，则不需要此步骤。选择这些限值（系数 1.25）的最低者，使得保护不在增加辐照的情况下跳闸。因为往往不可能找到非常准确符合这些限值的保护，一般是给定一个限制范围（1.25 或 1.5～2.4）。

具有隔离功能的断路器常被用于故障电流保护，从而使系统的部件可以被安全地隔离。

AS/NS 5033—2012《光伏阵列安装及安全要求》的条款 3.3.5.3 规定：

光伏阵列过流保护设备既可以用于光伏阵列电缆，也可以用于太阳能控制器和电池之间，只要其容量合适，可以保护该光伏阵列的电缆。

AS/NZS 2033—2012《光伏阵列安装及安全要求》的4.3.6详细介绍了关于两种情况下额定电流的设置要求，分别是需要故障电流保护的光伏组串、子阵列、光伏阵列电缆和不需要故障电流保护的光伏组串、子阵列电缆。

表20.5列出了这些要求，电缆大小设定必须满足压降要求。

表 20.5 光伏阵列电路的额定电流

电　缆	决定电缆规格的最小电流
光伏组串电缆（无保护）	最接近下游保护装置的动作电流＋$1.25 I_{sc\ mod} \times$（光伏组串并联数量－1） 注意：最接近的下游保护装置是子阵列保护装置（通常是熔断丝），如没有，则为光伏阵列过流保护设备（通常是熔断丝）。
光伏组串电缆（有保护）	保护装置的动作电流
子阵列电缆（无保护）	以下两者中较大值：保护装置的动作电流＋$1.25 \times I_{sc\ sub\ array}$（子阵列数量－1）；$1.25 \times I_{sc\ sub\ array}$
子阵列电缆（有保护）	保护装置的动作电流
光伏阵列电缆（有保护）	保护装置的动作电流

【例】 一个光伏阵列由3个光伏组串并列而成。每个光伏组串包含2个串联组件，参数如下：$U_{mod}=24V$，$I_{sc}=5.4A$，$I_{mod\_reverse}=15A$。

光伏阵列电缆及熔断器规格是什么？

光伏组串的电缆规格是怎样的？满足压降要求吗？

光伏组串保护需要吗？如果是，是什么规格？

（1）光伏阵列熔断器。

熔断电流必须介于阵列短路电流的1.25倍和2倍之间，因此

$$最低熔断电流 = 1.25 \times 3 \times 5.4 = 20.25（A）$$
$$最高熔断电流 = 2.4 \times 3 \times 5.4 = 38.9（A）$$

熔断电流为30A。

（2）光伏阵列电缆。

如前所述，电路保护电流不能大于电缆的载流量值。

因此，选择电缆型号为：载流量为45A，横截面积7.56mm²（表20.3）。

（3）光伏组串电缆（无保护）。

必须介于最近的下游保护装置（光伏阵列熔断器）的额定动作电流＋

1.25×其他组串的短路电流之间，因此

光伏组串电缆规格＝30A(光伏阵列熔断器额定动作电流)＋1.25×2×5.4(故障电流可来自其他两个组串)＝43.5A

根据以上表格，选择的电缆型号为：载流量为45A，横截面积7.56mm²。

光伏阵列和电池之间最大允许电压降$U_d＝0.05×48＝2.4V$。

按照 AS/NZS 5033—2012《光伏阵列安装及安全要求》，光伏阵列和控制器之间的最大压降为3%。

假设光伏组串电缆的压降为1%，光伏阵列电缆的压降为2%，因此各自的最大允许的电压降为：

光伏组串电缆$U_d＝0.01×48＝0.24V$，光伏阵列电缆$U_d＝0.02×48＝0.48V$，且

由

$$U_d = \frac{2LIR}{A}$$

得

$$L = \frac{U_d A}{2IR} = \frac{0.24 \times 7.56}{2 \times 5.4 \times 0.0183} = 9.18(\text{m})$$

因此，最大长度为9.18m（组串到组串汇流箱），这适用于组串电缆。

由此，电压降的要求得到满足。

在这种情况下，通过光伏组串电缆的潜在故障电流大于$I_{\text{mod\_reverse}}$。为了防火，组串电流保护装置是必要的。

（4）光伏组串电缆熔断（有保护）。

必须为模块的短路电流的1.5～2.4倍。

因此：　　　最小的熔断装置规格＝1.5×5.4＝8.1A

最大熔断装置规格＝2.4×5.4＝13.1A

选择的熔断装置为10A。

（5）光伏组串电缆（有保护）。

最低载流量为10A。

因此选择载流量为15A、2.09mm²的电缆（表20.3）。由此可见，光伏组串电缆有保护时，所需的电缆规格低得多（因此较便宜），但是需要确保压降要求仍然满足。

由

$$U_d = \frac{2LIR}{A}$$

得

$$L = \frac{U_d A}{2IR} = \frac{0.24 \times 2.09}{2 \times 5.4 \times 0.0183} = 2.54(\text{m})$$

所以光伏组串电缆必须小于2.54m，以保证压降小于1%；如果压降容许

值为 2%，则该电缆将小于 5.08m；如果压降容许值为 3%，则电缆必须小于 7.62m。

根据电路的最终布置，可能需要选择规格较高的电缆。

（4）20.9 节。将图 20.1 替换为下图。

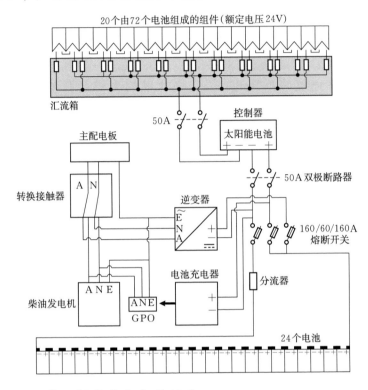

（5）20.12.2 节，裸露导电部件接地：

将"根据 AS 5033 的 5.4 条，只要所有接线双重绝缘，光伏阵列的裸露导电部件不需要接地。然而，通常建议易被触及的设备还是需要接地。AS 5033 的图 5.9 是辅助正确选择设备接地策略的决策树。"替换为"在 AS/NZS 5033—2012《光伏阵列安装及安全要求》的 4.4.2 中，如果所有阵列为 ELV 且所有电线均是双重绝缘，裸露光伏阵列的导电部件不需要接地。然而，通常建议易被触及的设备还是需要接地。AS/NZS 5033—2012《光伏阵列安装及安全要求》的图 4.3 是辅助正确选择设备接地策略的决策树。"

（6）20.13 节，防雷保护：

将"AS 5033—2009 要求按照 AS 1768 对所有安装系统实施防雷评估。系统设计者和安装者必须熟悉 AS 1768 以确定是否需要在安装区域内配置防雷设施。"替换为"AS/NZS 5033—2012《光伏阵列安装及安全要求》要求根据 IEC 62305 第 2 部分进行防雷评估，如果需要的话，应当根据 IEC 62305 的第 3 部分和第 4 部分进行安装。AS/NZS 5033—2012《光伏阵列安装及安全要求》的附录 G 包含了澳大利亚和新西兰的雷电密度图。系统设计者和安装者必须熟悉 IEC 62305 以确定是否需要在安装区域内配置防雷设施。"

第 21 章

第 21.1 节,澳大利亚标准:

将"AS 4509.1《独立供电系统　第 1 部分:安全》、AS 4509.2《独立供电系统　第 2 部分:系统设计导则》、AS 5033《光伏阵列安装》"替换为"AS/NZS 4509—2009《独立供电系统　第 1 部分:安全与安装》、AS/NZS 4509—2010《独立供电系统　第 2 部分:系统设计导则》、AS/NZS 5033—2012《光伏阵列安装及安全要求》"。

目　　录

第1章　职业健康与安全

1.1　概述

澳大利亚每个州就工作环境健康和安全有不同的立法，所以熟悉所在州的相关法律很重要。

澳大利亚的工作区建议所有工作人员采取以下六项安全措施：

（1）制定一项职业健康与安全（Occupational Health & Safety，OHS）政策。

（2）开展与职工和外部团体的磋商。

（3）提供信息服务和培训。

（4）认定和评估风险。

（5）采取风险管控措施。

（6）维持和推进职业健康和安全计划。

无论从事何种工作，安全是一项全日制工作，也是电力系统从业者的责任。无论是设计、安装、维护或者系统运行，为了保障安全，必须做到以下几点：

（1）良好的工作习惯。

（2）清洁有序的工作区域。

（3）适当的装备及使用培训。

（4）对潜在威胁的警示以及避免方法。

（5）对安全规程进行周期性检验。

（6）（理想情况下）给予心肺复苏急救指导。

以上措施对于任何类型的工作都是良好且安全的做法，通过上述措施可以尽量减少潜在的事故和人身伤害。

1.2　现场风险评估

在开始现场工作之前，施工方有评估现场风险的责任，这就要求施工方能够：

（1）识别所有潜在的风险。

（2）确定可以消除风险，若风险不能完全消除，则降低风险。

（3）时刻关注风险并关注如何消除和降低其对现场工作人员的危害。

建议在其他任何工作开始之前由施工方建立一个标准风险评估表，然后经全体员工签字通过，表示他们已知晓所有相关风险和工作内容。

下述为一个独立供电系统设备安装相关的安全风险，其中强调的风险常见于大多数安装实践，因此标准风险评估表也应包括这些内容。在开展现场风险评估时，尤其要求能识别场地风险。例如场地风险应该包括：

（1）车辆停泊应该远离建筑物，设备应该搬离凹凸不平的地面。

（2）现场会有其他厂商现场挪动的工具和设备。

风险评估应该在每天工作开始前就予以确认，即使现场设备安装要在同一位置持续数日或者数周，但只要有条件发生变化，就会引入一些新的风险。例如，如果前夜下过一场大雨，当日的泥泞就使得移动负载变得困难。

使用风险评估表的好处之一是可每天对风险进行核查，并可对风险进行更新。

独立供电系统的安装地一般都距离住所较远，常在丛林或者其他偏远地区。这无形中会带来一些不确定的风险，这类风险包括：

（1）道路危险。

（2）丛林火灾（尤其在夏天）。

（3）必经河道或者道路被雨水淹没。

1.3 独立系统组件安全

当工作于独立供电系统时，需要了解以下几个基本要点：

（1）保持警惕、全面检查和仔细工作是最好的安全系统。

（2）决不单独一人作业。

（3）在开始工作之前要学习和理解系统。

（4）安装和调试之前，复习每一个安全、测试和安装步骤。

（5）确保工具和测试设备工作顺序正确。

（6）进入工作现场前务必检查测试设备。

（7）穿戴合适的防护服，包括安全头盔和护眼设备。

（8）取下所有可能与电气元件导电的首饰。

（9）ELV直流电压能产生显著电弧，如潮湿的手接触到更高电压则会产生刺痛感。

（10）带电工作时带上干燥的绝缘手套。

（11）测量所有电气部分，如检查裸露金属框架和箱柜连接处是否接地，测量每根导线对地电压，测量运行电压和电流。

（12）要有风险意识。不能认为开关一直有效，不能认为实际配置总是与电力图表一致，不能假设接地回路未发生短路等。

1.3.1 光伏组件

光伏设备可以发电，而且应始终被认为是"激活"状态，因为其只要有光照在上面就在发电。试图用毯子或者纸板覆盖光伏组件并不能保证安全地关闭发电状态，因为光线依旧能到达光伏组件，而且遮挡物也可能会掉落。

在大型独立系统中，一些光伏阵列的直流电压超过120V（LV），这种电压等级可对人造成危险，任何安装和维护作业人员都需要具有电气工程师资质。在任何作业开始前，可能需要隔离光伏组串使得电压维持在安全电压范围（ELV）内。

由于光伏组件也连接着储能电池，所以有时要测试组件是否与储能电池保持连接。切断光伏组件输出会导致火花或电弧，当连接储能电池时，切断光伏组件输出就潜在地导致了被切断的电池产生很大的电流。虽然可以通过熔断来阻止电流，但在现场系统的保护中未必能依赖于此。

如若有可能，要保证所有光伏设备在开始工作前保持隔离。

光伏组件都有一个铝框架，安装在金属阵列的支架上并有金属底座固定。这些金属部件会在白天的暴晒下发热，有时会烫伤皮肤，所以有必要穿戴手套和防护服。

光伏组件经常安装在屋顶或者高大建筑物之上，作业的梯子必须牢固，且应有安全带或者利用脚手架，严格参照OHS规则非常重要。

在新南威尔士，高空作业的资源已被列出（包括商业的和居住地的），在下述网站免费提供：http://www.workcover.nsw.gov.au/OHS/FallsPrevention/default.htm.

《住宅屋顶作业》声明，作业前，施工方需要考虑：

"（1）执行作业风险评估（见书中3.4节与3.5节）。

（2）控制坠落和意外伤害风险的最适合的方法（见书中第4章）。

（3）尽量用建筑方法减少高空作业。

（4）屋顶框架的完备性和牢固性。

（5）屋顶结构的承重力足以支撑跌落制动系统。

（6）提供合理的工作场所安全出入口。

（7）电气安全，包括附近高架线和电力电缆的位置，提供符合《建筑电气施工守则》的工作制度。

（8）对可导致背部拉伤和损害的人工操作任务进行危险评估，并提供符合《OHS（手动处理）条例（1991）》规定的工作系统。

（9）使用安全背带、防护鞋以及太阳镜等个人防护用具（Personal Protective Equipment，PPE，见书中第6、第7章）。

（10）遇到光滑、尖锐、易碎的屋顶材料时，或工作涉及去除石棉水泥板时的特殊健康与安全问题。

（11）严禁人员进入屋顶工作区下方，以防危险物品跌落。

（12）所有施工人员必须接受合理的培训和指导"。

《住宅屋顶作业》在防止人员跌落方面的陈述如下：

"应该为处于跌落风险的人员提供风险控制体系，内容包括：

（1）防止从新的或现有屋顶的边缘（包括山墙根）跌落。

（2）防止从间距超过600mm的椽子的缝隙坠落。

（3）防止从使用以下材料覆盖的屋顶坠落：①石棉水泥板；②玻璃天窗；③其他尖锐或易碎的材料。"

建筑物安全规则还需要做到：

"（1）在有必要的地方采取防护和事故预防措施。

（2）当施工作业人员在1.8m高度以上作业时，要提供围栏防护。"

本书强调了各种保证屋顶作业人员安全的细节措施，相同的观点在前面的内容也有提及，由于所有屋顶的离地高度一般都大于1.8m，必须采取多种形式的预防措施。

"所有学习者必须获得与本课程内容相关的小册子。"

1.3.2　电池

独立供电系统包括浸液式或密封铅酸电池，执行任何操作都必须保持电池组处于隔离状态。

根据澳大利亚标准，电池组终端需要覆有遮盖物，工作时要使用绝缘工具（如扳手等）防止电池末端短路。

对于更大的系统，很多电池组的电压属于LV等级，这种电压等级可对人造成危险，任何安装和维护作业人员都需要具有电气工程师资质。在任何作业开始之前，可能需要隔离电池组使其电压降低到ELV等级。

铅酸电池里面的硫酸接触到眼睛和皮肤时会造成化学烧伤。所以在电池作业中需要本节中所提及的相关安全设备。

电池充电时会有氢气释放，这在"密封"电池过充时也会发生。氢气是爆炸性气体，在电池附近工作时应提高警惕，要保持良好的通风，在作业过程中不能有明火或者火星，以免引发爆炸。

大部分电池都较重（重量通常大于30kg），所以不宜单人搬动。电池的挪动必须使用托运车或者其他合适的搬运设备。电池的抬举需要遵循标准动作，如保证背部笔直、腿部弯曲等。

1.3.3　内燃发电机

内燃发电机用的燃料具有易燃性或可燃性，而且存在潜在的爆炸性，必须小心确保燃料附近没有明火。确保所有燃料储存符合AS/NZS 4509《独立供电系统》标准规定。

在混合动力系统中使用的发电机通常由自动启动的设备控制，进行任何操作之前应该确保发电机自动启动设备禁用。在正在运行的发电机附近作业时不要穿太过宽松的衣服。

燃油发电机通常会产生240V交流电。涉及发电机电力输出的工作，必须由专业电工来进行，且必须遵守所有相关安全规定。

发电机由于重量较大，不宜由单人搬动，移动发电机时必须用托运车或者其他合适的搬运设备。

1.3.4　风力发电机

风力发电机是安装在高大塔架上的旋转装置，有些塔架是可倾斜的，有些需要梯子才能到达发电机处。

塔架的安装必须由持证装配员操作，必须遵守国家职业健康与安全相关规定。

当在倾斜式塔架上作业时需要当心，必须保证以一个安全的方式上升和下降。

当攀爬固定塔架时需要当心，如果爬梯周围没有安全护栏，则必须佩戴安全带。

很多风力发电机产生三相低压交流输出，经过电流变换后用于为电池充电。所有低压工作必须由持证电工进行，并遵守相关安全规范。

风力发电机通常配备一套制动系统来确保在进行维护时发电机停止运行，在任何维护的情况下，发电机转子和桨叶必须锁死。

1.3.5 微型水力发电机

微型水力发电机坐落于溪流和河道旁，其所在往往较为湿滑，所以要小心。在进行安装或维修工作时要确保该发电机不能旋转。微型水力发电机同样为旋转装置，在运行中的微型水力发电机附近作业时不要穿宽松衣服。

一些微型水力发电机可产生三相低压交流输出，经过电流变换后用于为电池充电。所有低压工作必须由持证电工进行，并遵守相关安全规范。

大多数微型水力发电机很重，所以不宜由个人搬运。发电机的挪动应该使用托运车或其他合适的吊装/移动设备进行。

1.4 危险点

本节重点介绍在进行与独立发电系统相关的工作时出现的一般危险点。其中的一些在前述章节已有提及，下文将重复强调这些危险点的重要性。

1.4.1 人身伤害（非电气，非化学）

在光伏电站工作的人员会在户外，甚至是在偏远地区，可能会有在金属或电线设备上使用手动和电动工具的情况，工作人员也会进行电池作业，可能造成烧伤、休克及物理性伤害。

1. 暴露伤害

如果设计合理，光伏阵列会安装在光照最强且没有遮挡物的地方。

工作人员在光伏阵列旁工作时，应戴帽子，穿长袖长裤，并使用足量的防晒霜。在夏季要补充足够的水分，不能饮酒，并每小时在树荫下定时休息几分钟；在冬季，应注意保暖，并佩戴手套。

风力发电机（微型水力发电机，或者更小型的）安装于暴露的位置上，也应遵循上述建议。

2. 蛇虫伤害

蜘蛛和大量昆虫（包括黄蜂）经常在接线盒、阵列框架和独立发电系统的其他附件中活动和居住。蛇常躲在阵列下方的荫凉处，蚂蚁群常在电池箱附近或阵列下方活动。所以当工作人员打开接线盒等外壳时应做好准备，需要在光伏阵列下面匍匐或者爬行时一定要认真观察周围。

3. 割伤或碰伤

大多数光伏阵列采用金属框架、接线盒、螺栓、螺母、拉索和地脚螺栓，这些常见物品许多都有锋利的边缘，如果不小心就有可能受伤。处理金属特别是钻孔和切割时应戴手套。钻头上的金属碎粒经常留在孔的边缘附近，如果空手操作，可能导致严重的割伤。当在阵列下工作或系统中有高于头顶的硬件时，应戴上安全帽。

4. 跌落、扭伤和拉伤

许多独立供电系统安装在偏远地区，周边地形崎岖。去往现场或在现场附近走动时，尤其是搬运系统组件和测试设备时，可能会导致跌倒或扭伤，因此最好穿着舒适的鞋子，鞋底应柔软。在运行中的独立电源附近，不应该穿钢趾鞋，因为它们降低了潜在电流路径的电阻，但进行调试之前的安装工作时应该穿。

提升和搬运沉重装备的时候要小心，尤其是电池。用腿发力而不是用背发力，以避免背部拉伤。如果需要攀爬，必须确保梯子牢靠，而且应该有个同伴可以扶住梯子协助搬运，此外，在大风天，光伏组件可像风帆一样把人从梯子上掀翻下来。

5. 热烧伤

暴露于阳光照射下的金属物品其温度会达到 80℃，温度过高以至于无法触碰，但如果可以很快将手拿开，也不太可能造成灼伤。安全起见，夏季进行光伏阵列作业时最好穿戴手套。开始工作之前应查看系统中可能会发热的任何设备。

1.4.2 电气伤害

很多常见的电力意外会导致电击或烧伤，可能引起休克诱导的肌肉收缩和创伤性损伤。这些损伤发生在电流流经人体时，其电流大小是由电势差（电压）和电流通路的电阻决定的。在低频交流电下（50Hz 或更低），人体就像一个电阻，但电阻值随条件而变化。很难估计何时电流会流过，以及可能发生的伤害的严重程度，因为人的皮肤的电阻率可从不到 1000Ω 变化到几十万 Ω，这主要取决于皮肤水分。

仅仅稍大于 0.02A 的交流电通过人体就会非常危险，因为你可能无法挣脱载流电线，如果是直流电，这种伤害将更严重，因为直流电不会规律性地归零。

当电压小至 20V，即使很小的电流也会强行通过潮湿的手，若电压再增大，电流通过的可能性更大。高电压电击（大于 400V）会在皮肤接触处烧毁皮肤外层的保护层。当发生这种事故时，身体的电阻减小，致命的电流会导致人员立即死亡。

电击是痛苦的，并且可能轻微的伤害通常由于人体挣扎逃离触电源的反射反应而加剧。

避免电击最好的方法就是经常测量任意导体和导线之间的电压以及接地电压，用钳式电流表测量电流。在测量电压和电流之前绝不要断开电线，不要认为什么都是按设计连接和运行的，不要相信开关总能灵活操作，也不要太相信指示图表。电子电压表是一种很好的仪器，使用它或许能挽救你的生命。

关于交流电危害。

交流电是由逆变器、燃油发电机以及一些微型水力发电机和风力发电机产生。逆变器和燃油发电机的输出一般是 240V 的交流电，水力发电机和风力发电机的电压可以不同，但通常是 50V 以上的交流电。这些都是致命的电压，在现场不能接触其外露端子。

注意：未经许可的电气承包商（或电工）只能工作在 ELV（120V 以下，直流）电路。在 50V 以上的交流线路和所有 120V 以上无纹波直流电路上的操作必须由经过适当培训的合格电工操作。

1.4.3 化学伤害

1. 酸灼伤

独立发电系统使用电池,这些电池很大比例是铅酸型,使用硫酸作为电解质。硫酸是非常危险的,它可能会溢出,当电池充电时也可能喷出酸雾,如果酸与身体的无保护的部分接触会发生化学烧伤(眼睛特别容易受伤),酸也会在衣物上烧出孔洞。当在铅酸蓄电池周围工作时,应该穿戴不吸水的手套、防护眼镜和氯丁橡胶涂层围裙。

2. 气体爆照或火灾

在独立发电系统中使用的大多数电池在充电过程中会释放氢气。这种可燃气体具有危害性,所有火焰以及可能产生火花的设备(有继电器的控制器等)应尽量远离电池。电池应该放置在通风良好的地方。

1.5 安全装备

以下是推荐使用的安全装备清单,根据现场安全计划检查这些项目,检查以确保所有设备在开始工作前有序运行。

1.5.1 个人安全列表

(1)结伴工作(不要独自作业!)。

(2)要理解各种安全措施、设备和紧急流程。

(3)安全检查单。

(4)安全头盔。

(5)眼睛防护装置。

(6)电工作业干皮手套。

(7)电池操作相关橡胶手套、围裙和绝缘工具。

(8)如果工作在屋顶或其他高架地点,要有合适的安全带。

(9)合适的测量设备:电气的和纬度的。

(10)胶带和电线螺母(避免电线裸露)。

1.5.2 工作现场安全列表

(1)安全计划。

(2)紧急救援包。

(3)灭火器。

(4)蒸馏水。

(5)碳酸盐。

(6)合适的爬梯。

(7)合适的起吊设备。

(8)所有设备和线缆上应有恰当的标签。

有时，安全设备标准会涉及工作人员禁止穿戴的物品。

取下所有可能会接触到电器元件的珠宝或者金属物品！

1.6　现场安全

有时一个远处的电站系统非正常工作时，需要进行现场错误排查，在制定计划、亲自前往以及测试的过程中，安全都应该是首先要关注的问题。

在出发到现场前，须知：谁将协助你？一定要跟训练有素的同伴和团队合作。

在开始任何混合发电系统的工作之前，要熟悉系统的电气配置。包括系统中发电机的类型、大小和数量，系统电压和预期的电流，有多少线路，系统如何断开，可用的安全设备和需要携带的装备。

在偏远的电力系统现场，应做到：

（1）取下首饰。

（2）在系统周围走动并记录系统日志或笔记本中的任何明显危险。

（3）根据电气原理图检查实际系统配置。

（4）定位并检查所有子系统，比如电池和负荷。

（5）确定系统接地与否、接地方式和接地位置。

（6）定位并检查所有断开的开关，检查保险丝，确定开关是否是按隔断正负导体而设计的。

（7）断开电源电路，测量开路电压，确认对断开开关的合理操作。

必须在掌握电路的前提下才可以继续进行测试。

（1）保持工作区域无障碍物，尤其身后的区域。

（2）在测量电压之前不要断开线路。

（3）确保双手干燥并戴上手套。

（4）如果可能的话，使用一只手与裸露导线接触。

（5）使用电路闭锁装置和闭锁程序避免疏忽重连，其中包括安全标签，在不能保证的地方，有必要安排一名团队成员在断开开关附近。

（6）一旦线路断开，不要留下裸露端，可用胶带缠裹，或用电缆连接器临时遮挡。

1.7　急救

如果有人受伤或发生事故，急救可拯救生命。强烈建议工作在电气行业的人员（包括在混合发电系统中工作的人员）接受急救培训，并确保他们的培训保持为最新。有关急救培训的供应商很多，并为那些希望继续持有证书的人开展进修课程，培训通常需要1～2天，这在紧急情况下是非常有用的。

第 2 章　光伏发电技术概述

2.1　历史

1839 年，一位名为亨利·贝克勒尔的年轻法国实验物理学家发现了光电效应。当他在电传导溶液中使用两个金属电极实验时，他发现该装置暴露于光下能增强电压。直到 1800 年代末，一些研究人员，包括沃纳·西门子和其他同样有声望的人，对光伏发电的潜在效益抱有很大的希望，尽管他们中许多人开展硒相关的工作（威洛比·史密斯，1873；查尔斯·弗里茨，1880），其光电转化率不到 1%。然而，这些研究人员不得不克服可信度问题，因为当时光伏似乎违反了当时已知的物理定律。

直到 1904 年，爱因斯坦发表了一份关于光电效应的论文，从此整个科学界不再将光伏视为某种科学骗局。爱因斯坦因此在 1921 年获得诺贝尔物理学奖，而不是因为他的相对论或者其他工作。

不幸的是，因为硒的低转换效率和高生产成本，该技术被一直冷落到 20 世纪 50 年代，贝尔实验室的研究人员在美国开发出了基于硅的光电转换装置，它们很快得到工程化并达到 6% 的转换效率（关于其他材料的光伏特性的研究工作在 RCA 实验室和其他地方仍在继续）。

经过一段最初的热潮和一些地面应用，相对于预期收益，光伏技术因其成本高昂再次遇冷。之后，在 1958 年，第一个由光伏提供电力的轨道卫星发射成功（《航海家Ⅰ》，1958 年 3 月 18 日），由此光伏开创了一个新时代和一个可观的市场——科学技术。不考虑成本，根本就没有其他办法可以为太空车提供长期、可靠的电力。而且，自那时起几乎所有轨道空间飞行器都已经使用光伏作为其电源。

航天作为光伏应用的唯一市场的现状持续了 15 年。尽管在 20 世纪 60 年代中后期，也有一些地面系统安装，包括在日本东京港海上的浮标系统，但这个市场并没有产生太大的兴趣，直到 1973 年，当石油禁运导致能源中断，世界各国政府开始寻找替代能源。巧合的是，石油禁运的消息一经传出，地面用光伏发电的第一次会议即在美国新泽西州樱桃山举办。之后，从 20 世纪 70 年代初，当时光伏组件的产能仅有几百 kW/a，到 2000 年增长至近 200MW/a（大部分用于农村和边远电力系统）。光伏产业经过 15 年的增长，到 2007 年，光伏总装机容量从 1992 年的 100MW 增加到了 2007 年的 7800MW（IEC PVPS T1 2008 年光伏应用趋势报告）。

如今，该技术应用广泛，从世界通信网络、卫星、中继站以及用于通信设备的远程电源，到大规模太阳能发电厂、并网住宅和商业建筑，再到农村和远程照明和抽水系统。报告中国家的累计并网、离网装机容量如图 2.1 所示。

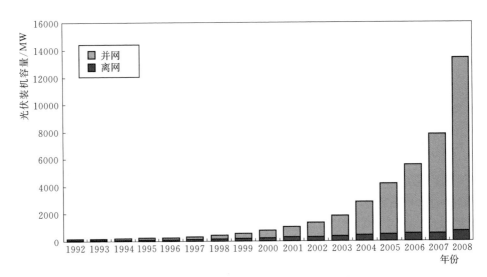

图 2.1　报告中国家的累计并网、离网装机容量

（来源：IEA PVPS T1 2009 年光伏应用趋势报告）

2.2　光伏原理

光伏（PV）是一种固态半导体技术，可直接将光能转换成电能，无运动部件，无噪声并且无排放。

从 20 世纪 50 年代到 21 世纪初，光伏设备最常见的形式为多晶硅。多晶硅具有较高的转换效率，此外，硅资源比较丰富，技术也相对成熟，它的物理特性虽不是最好匹配但与可见光谱接近。另外一些技术基于非晶硅（a - Si）、铜铟硒（CuInSe$_2$ 或 CIS）、碲化镉（CdTe）、砷化镓（GaAs）、有机太阳能电池（使用钛氧化物和有机染料）以及它们的组合等，这是如今科研与市场之间互相选择的结果。

半导体为基础的技术（不考虑现在的有机太阳能电池）工作原理相同：在光伏器件上光子激发电子，从而提供足够的能量使其中一部分通过半导体结移动，并建立电"压力"。这种情况出现在电子不平衡处，在半导体结的一侧（PN 结，或 PIN 结）有多余的电子（负电荷），而在另一侧有多余的"空穴"（正电荷）。为了释放这种电压，通过表面网格和单元互连，电子从一个电子过多的单元区域流向另一个电子较少的单元区域内。

2.3　技术

如今有许多光伏技术，有些已经应用于商用市场，有些即将实现商业化，有些处于商用研究的前期阶段。光伏技术通常分为两大类：平板型和聚光型（应还有一个"其他"分类，其中将包括有机太阳能电池和其他新颖的或外来的技术，例如聚合物，其不包括在这里）。平板型是市面上最常见的；而聚光型系统使用较昂贵的光伏材料，靠便宜的塑料透镜或反射器聚集更多的光，但在商业市场尚未形成重要影响。

目前平板型光伏技术在市场中起主导作用，虽然被细分成结晶和薄膜，但这些技术之间有很大的重叠。结晶可以简单地分成单晶和多晶，单晶比较容易解释，多晶通常是将铸块材料切片，然后在每个单元留下许多晶体。另一种晶体子类别是片状或带状技术，其中，光伏材料从融体中提取（如 EFG 色带、树枝状纤网和片材技术），从近晶状变化到高度的多结晶。

结晶技术具有的优点在于它们具有相对较高的转换效率和生产设备的大型安装基础。但是，它们也具有劳动密集和材料密集的缺点，并且受限于它们的物理形式（从易碎的、更大片的材料得到的刚性单元切片）。

薄膜技术因它们通常在不太昂贵的基质上（如玻璃、不锈钢、塑料、陶瓷等）沉积非常薄的膜而得名。这类技术包括非晶硅、铜铟硒化物及碲化镉。它们具有理想的自动化制造优势，且使用低质量的材料即可。而且它们也可以在一系列具有统一而独特形状的材料上沉积。缺点在于缺乏制造经验，且转换效率较低（直到最近，CIS 和 CdTe 技术已开始接近结晶技术的转化效率）。

2.4　系统类型（直流、交流、混合）

光伏系统几乎适合并使用在当今电力应用的任一方面，从消费产品、遥信、抽水、家居、公用电网的支持以及太空卫星。为支撑这种广泛的应用，光伏系统被设计并适用于直流（光伏电池和组件自然输出直流）或交流系统中运行（使用逆变器将光伏组件的直流输出转变为交流）。这些系统可以从光伏组件直接连接到一个单一的负载（例如水泵），也可以应用于家用光伏系统，包括一块组件、一块电池、一个充电控制装置和一个紧凑型荧光灯，也可以连接到一个并网系统或混合发电系统，系统中存在很多发电电源（如风力发电机、柴油发电机或微型水力发电机）。

第3章 太 阳 辐 射

3.1 辐照度

太阳是一个核聚变反应堆，并有可能继续照耀几百万年。当太阳燃烧时，来自太阳的能量到达地球大气层顶部的峰值是 $1367kW/m^2$，称为太阳常数。它穿过大气并到达海平面的能量衰减峰值大约为 $1kW/m^2$。单位面积上所获得的太阳辐射通量被称为辐射强度。这些参数见表 3.1。

表 3.1   太 阳 能 参 数 汇 总

参　数	符　号	数量和单位
辐射	G	kW/m^2 W/m^2
太阳常数	G_{sc}	$1.367kW/m^2$ $1367W/m^2$
海平面峰值	G_o	$2.0kW/m^2$ $1000W/m^2$
额定值	—	$0.8kW/m^2$ $1000W/m^2$

3.2 几何效应

纬度、白昼时间和季节都影响水平直射在地球表面的太阳能量。假设平板集电器的面积为 A，倾斜角度为 β，垂直朝向太阳。假设上午 9：00 时，太阳的 12 条光线从高度角 γ 方向打到集电器。但是，如果集电器水平铺设在地球表面上，即 $\beta=0°$，集电器仅捕获 9 条射线，如图 3.1 所示。

显然，当阳光在正上方而集电器水平放置，将捕获所有的太阳光线，如图 3.2 所示。

要使太阳能电池组件始终面向太阳而获得最大能量，可以通过使用"跟踪"设备使集电器跟随太阳而实现。太阳能跟踪器不适用于仅有 1 或 2 块光伏组件的家用太阳能系统，但可以应用在更大的系统中（注：太阳能跟踪器在第 8 章介绍）。

在家用太阳能系统中，太阳能电池组件应以一定的角度（γ）倾斜，如图 3.3 所示，朝向正北或正南（根据位于南半球或北半球而不同），使得有太阳光和光伏组件之间夹角是 90°。

在北半球的光伏组件应朝向正南，在南半球的光伏组件应朝向正北。最佳倾斜角通常

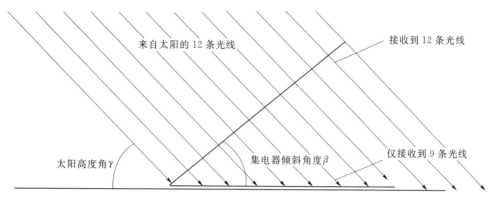

图 3.1　不同倾斜角度对太阳能捕获能力的影响

注：额定值的含义表现为在场中测量值的近似值，相不是"峰值"。

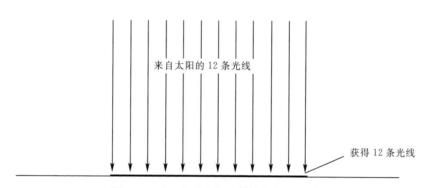

图 3.2　正午达到太阳辐射捕获的最大值

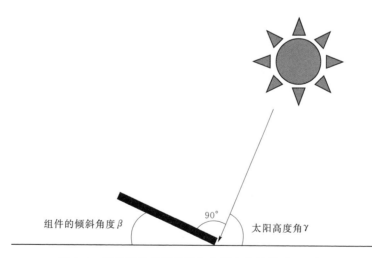

图 3.3　光伏组件放置位置与太阳高度的关系（正午）

注：正午是指一天中太阳高度角最大的时刻，在澳大利亚，这个时间通常在上午 11：00 到下午 1：00 之间。

是当地纬度加 5°～15°，但也应取决于确切位置和具体应用。

在热带地区（北回归线和南回归线之间），太阳在光伏组件的北方或者南方均会发现。一般情况下，位于南半球的光伏组件朝向北方，位于北半球的光伏组件朝向南方。在纬度

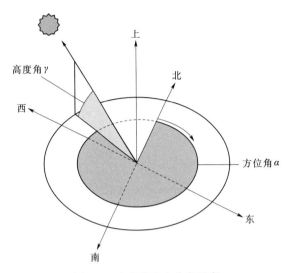

高度角 γ
方位角 α
上
北
西
东
南

图 3.4　高度角和方位角示意

为 0°~15° 的地方，光伏组件通常应有 10℃ 的水平倾斜（有利于维持自我清洁）。对于 15° 和 23.5° 之间的纬度，光伏组件通常应在 15°~20° 倾斜。

太阳位置由两个角度决定：

（1）太阳高度角 γ 是太阳光线与水平面之间的角度。

（2）太阳方位角 α 是太阳光线在水平面上的投影与正北方向之间的角度。方位从 0°（正北）顺时针旋转 359°，东为 90°，南为 180°，西为 270°。

太阳高度角和方位角示意如图 3.4 所示。

方位角单位为（°），从北开始顺时针旋转计算高度。太阳高度角是面向太阳时地平面和太阳之间的角度。表 3.2 为悉尼 6 月和 12 月的太阳高度角和方位角随时间的变化，从表 3.2 可以看出：正午时间太阳高度角在一天中最大，安装在南半球地表的光伏组件，与 6 月相比，其 12 月以较大的仰角接受直接辐射，因此，发电单元也将在 12 月获得更高的辐射。在进行独立发电系统设计时，要考虑不同月份光伏组件接受的总辐射量。

表 3.2　　　　　　　　悉尼 6 月和 12 月的太阳高度和方位角随时间的变化

月份	6 月（平均）		12 月（平均）	
正午太阳时间	上午 11：44		上午 11：37	
项目	方位角/(°)	高度角/(°)	方位角/(°)	高度/(°)
上午 5：00	n/a	n/a	113	5.51
上午 6：00	n/a	n/a	106	17.1
上午 7：00	60.4	1.77	99.1	29.3
上午 8：00	51.1	12	91.5	41.6
上午 9：00	40.1	20.9	82.4	54
上午 10：00	27	27.8	68.6	66.1
上午 11：00	11.8	31.9	38.2	76.2
正午 12：00	355	32.7	333	77.7
下午 1：00	339	30	295	68.6
下午 2：00	325	24.3	279	56.8
下午 3：00	313	16.2	270	44.4
下午 4：00	303	6.53	262	32
下午 5：00	n/a	n/a	255	19.8
下午 6：00	n/a	n/a	247	8.07

注：1. 所有时间为东部标准时间（EST）。

　　2. 源自美国国家航空航天局网站 http：//eosweb. larc. nasa. gov/sse/

14

3.3　太阳路径图

太阳在天空中对任何特定位置的路径可以用太阳路径图的二维图描绘。该图可用于确定任何时间太阳在天空中的位置。太阳路径图两种不同的投影方式：圆柱投影和极投影。在光伏产业中最常使用的形式是极射赤平投影。

太阳路径图的组成如下：

（1）方位角，在图中以圆周表示，在一些图中标记为0°到相对正北360°（图3.5和图3.6），而在一些图中以4个方向表示，即南、北、东、西。

（2）高度角，以同心圆来表示。

（3）太阳路径线在不同的日期由东向西变化。

（4）日线交叉太阳路径线时间。

（5）当地纬度位置信息。

图3.5是南纬32°的太阳路径图，图3.6是赤道的太阳路径图。图3.5水平对称，表明太阳在当地天空的北部和南部方向的时间相同。

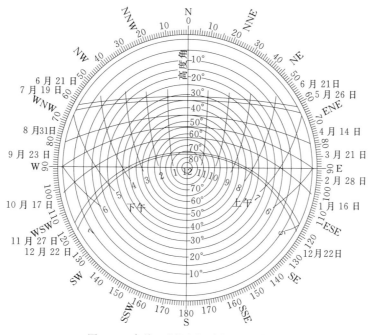

图3.5　南纬32°的太阳路径图（悉尼）

（http://www.squ1.com/archive/index.php? http://www.squ1.com/archive/solar/solar-position.html）

3.4　磁北极和正北

磁北极是指南针在任何给定位置点的指向方向。太阳能电池组件必须与正北一致（或地理北极），即与沿地球表面指向北极的方向一致。磁北极与地理北极在理论上应是相同

15

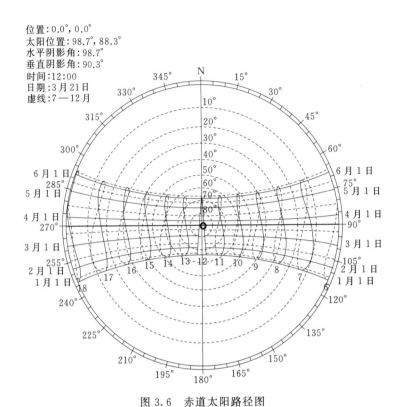

位置：0.0°, 0.0°
太阳位置：98.7°, 88.3°
水平阴影角：98.7°
垂直阴影角：90.3°
时间：12:00
日期：3月21日
虚线：7—12月

图 3.6　赤道太阳路径图

（源自：舒适低能耗建筑网站 http://www.learn.londonmet.ac.uk/packages/clear/index.html）

的，但由于在地球上不同地方的磁通线的偏差而导致这两者实际上是不同的，如图 3.7 所示。例如，在悉尼，磁性偏差约为偏东 13°，即正北大约在磁北西侧 13°处。

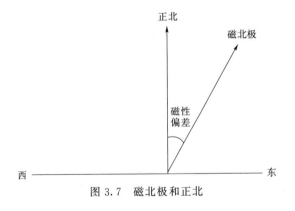

图 3.7　磁北极和正北

3.5　大气效应

由于太阳辐射到达地球大气层的顶部时，它的很大一部分被反射此处涉及反射率的概念。地球大气的存在改变了到达地球表面的辐射量。云和其他粒子在大气中可以反射或散射太阳能，如图 3.8 所示。

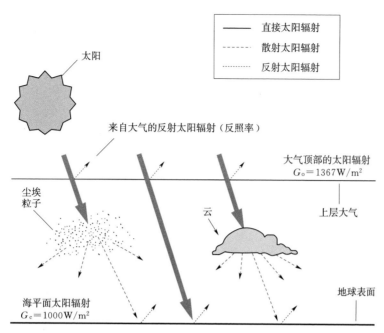

图 3.8　反射率、直接辐射和散射辐射

到达地球表面的辐射是由直接辐射和散射辐射组成。散射辐射通常没有直接辐射密集，但仍然可以为太阳能集热器产生热量以及为太阳能电池产生能量。

因为大气效应，如果辐射不得不穿过较厚的大气层到达地表，地表将获得较低的太阳辐射水平。到达地球表面的辐射与大气层外的辐射相比也有不同的光谱，尤其是大气中的水和 CO_2 会吸收一些波长带。

大气质量是衡量太阳辐射穿过大气层达到给定位置的相对距离。大气质量（AM）定义为

$$AM = \frac{1}{\cos\theta}$$

式中　θ——太阳和连接正上方直线之间的夹角，如图 3.9 所示。

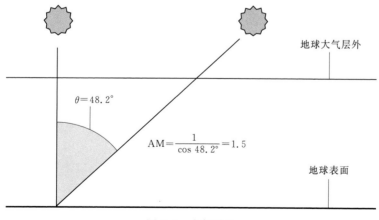

图 3.9　大气质量

地球外大气层的空气质量为零（AM0），AM1 对应太阳从正上方向照下时的大气质量（评估太阳能光伏组件的标准条件是 AM1.5，辐射度量 1kW/m²，电池温度 25℃）。

白天太阳照射时，组件的温度通常高于环境温度。

3.6 辐射量和峰值日照时数

辐射量是指在给定时间段单位面积上接受的太阳能辐射总量，例如每日、每月或每年。

能量的国际单位（SI）是焦耳（J）。J 是一个相对较小的量，当能量数量级较大时，如太阳辐射量通常用兆焦（MJ）表示。

【例】 设某地全天的水平面上太阳辐射量为 25MJ/m²，要计算以 1000W/m² 的强度照射获得当天等效总辐射量所需小时数。

需要将 MJ 转换为 kW·h。MJ 和 kW·h 的转换系数为

$$1kW·h=3.6MJ \ 或 \ 1MJ=\frac{1}{3.6}kW·h$$

即 25MJ/m² 应为

$$25\frac{MJ}{m^2}×\frac{1kW·h}{3.6MJ}=6.94kW·h/m^2$$

日辐射量通常是指每天的峰值日照时数（PSH）。

PSH 为以 1kW/m² 的强度照射获得当天等效能量所需小时数。

【例】 在 1h 内，1kW/m² 的辐射为每平方米提供 1kW·h 的能量。

因此为了产生等效能量，每平方米的辐射量应以 1kW/m² 的速率照射 6.94h，因此峰值日照时数（PSH）是 6.94h。

注意：转换 MJ/m² 的峰值日照时数时要先将数值除以 3.6。

图 3.10 代表日辐射曲线。曲线下的面积为一天内接收的总能量（MJ 或 kW·h）。

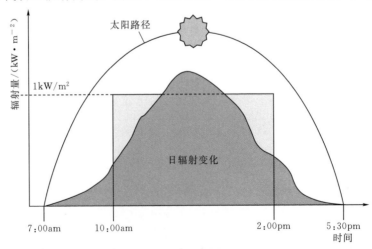

图 3.10 日辐射曲线

矩形的面积等于曲线下整个区域的面积。如果以 $1kW/m^2$ 的速率进行辐射，4h 内（上午 10：00 到下午 2：00）即可提供等效的总能量，PSH 为 4h。

3.7 太阳辐射数据

太阳辐射数据在进行系统设计时非常重要。此数据通常可以从本国气象局获得，或者可能由太阳能电池组件的供应商提供。在澳大利亚，可参考来自澳大利亚气象局数据的《太阳辐射数据手册》，可从澳大利亚新西兰太阳能学会（ANZSES）获取。美国航空航天局还在网络上提供全球大多数国家的数据，可从以下网站获得：http：//eosweb. larc. nasa. gov/sse/（注：没有 www）。

太阳辐射表通常是基于直接辐射和散射辐射的测量完成的，记录为每小时辐射量（W/m^2），并提供总的日辐射量（MJ/m^2）。直接辐射和散射辐射的总和称为总辐射，可用于计算前述的峰值日照时数。表 3.3 列出了在澳大利亚部分城市的 PSH。

表 3.3 澳大利亚部分城市的 PSH 单位：h

| 月份 | 堪培拉，南纬35° | | 墨尔本，南纬38° | | 布里斯班，南纬27° | | 珀斯，南纬32° | |
	0°倾斜（平面）	30°倾斜	0°倾斜（平面）	30°倾斜	0°倾斜（平面）	30°倾斜	0°倾斜（平面）	30°倾斜
1	7.44	7.25	6.67	6.61	6.67	6.14	8.17	7.67
2	6.58	6.94	5.94	6.39	5.81	5.78	7.22	7.42
3	5.33	6.31	4.53	5.42	5.31	5.94	5.97	6.94
4	3.83	5.14	3.17	4.25	4.17	5.19	4.33	5.72
5	2.72	4.03	2.11	3.08	3.31	4.58	3.08	4.47
6	2.19	3.36	1.69	2.58	3.17	4.72	2.5	3.81
7	2.50	3.75	1.89	2.86	3.39	4.94	2.67	3.94
8	3.31	4.64	2.56	3.50	4.28	5.67	3.47	4.72
9	4.58	5.69	3.58	4.44	5.44	6.42	4.67	5.69
10	5.97	6.61	4.83	5.39	5.89	6.14	6.14	6.61
11	6.86	6.89	5.89	6	6.36	6.03	7.22	7
12	7.47	7.14	6.53	6.33	6.69	6.03	8.11	7.42
平均	4.92	5.64	4.11	4.92	5.03	5.64	5.31	5.94

注：数据来源为澳大利亚《太阳辐射数据手册》（第三版）。

3.8 太阳高度角

由于地球公转，太阳在北回归线（23.45°N）和南回归线（23.45°S）之间移动。太阳在某一回归线时为冬至或夏至，太阳在赤道时为春分或秋分。

在北半球，太阳在夏至到达北回归线（6月22日），并在冬至到达南回归线（12月22日），在3月21日春分和9月23日秋分时经过赤道。这意味着在一日历年中，太阳的正午高度角共变化了46.9°。

太阳在赤道上空时的高度角 γ_e 的计算公式为

$$\gamma_e = 90° - 纬度$$

太阳在南、北回归线上空时的高度角 γ_t 公式为

$$\gamma_t = 90° - 纬度 \pm 23.45°$$

对一个特定的纬度位置，当太阳在南回归线或是北回归线时，太阳高度角可通过上述公式确定。使用"+"或"−"取决于所在的位置（南半球或北半球），以及太阳所在的南回归线或北回归线。应用这个公式时，角度的计算为假设你面向赤道，即在南半球时面向北方，与北方水平线的夹角。经验法则为，当所在地纬度是与太阳所在回归线在同一个半球时则加上23.45°，当纬度与太阳所在回归线在相反半球时则减去23.45°。

【例】 达尔文位于12.46°S太阳在两个回归线和赤道的太阳高度角如下。

赤道（3月21日和9月23日）

$$\gamma_e = 90° - 纬度 = 90° - 12.46° = 77.54°$$

北回归线（6月22日）

$$\gamma_t = 90° - 纬度 - 23.45° = 90° - 12.46° - 23.45° = 54.09°$$

南回归线（12月22日）

$$\gamma_t = 90° - 纬度 + 23.45° = 90° - 12.46° + 23.45° = 100.99°$$

这是朝北（向赤道）的计算结果，所以答案是90°以上时，表明在这个时候太阳实际上是在达尔文以南。太阳的高度角（即朝南）也可以表示为79.01°（180°～100.99°）。

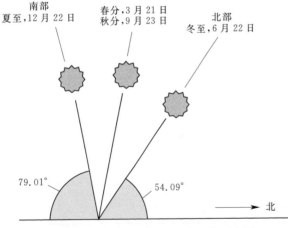

图 3.11 达尔文地区的太阳高度角示意图

达尔文地区的太阳高度角示意图如图3.11所示。

在热带地区，必须记住太阳在北部天空和南部天空均可出现，如图3.11所示。在赤道地区，太阳直射南、北两半球时间相同。在热带地区，要确定一年中太阳在北部天空和南部天空的时间和时长，保证树木和建筑物等不会遮挡太阳能光伏组件。

悉尼全年太阳高度角示意图如图3.12所示。

前文以悉尼为例进行了分析。表

20

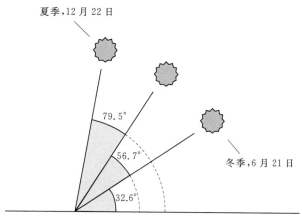

图 3.12　悉尼全年太阳高度角示意图

3.4 提供了关于南半球的热带地区（如澳大利亚）不同纬度的太阳高度角。该表提供春分、秋分的太阳高度角，同时也表明太阳在北部天空。这可以帮助定位在一年中不同时期遮挡光伏组件的可能障碍物。

表 3.4　　　　　　　南半球热带地区不同纬度的太阳高度角

纬度	秋分时太阳高度		太阳在天空南方的日期
	6 月 21 日	12 月 22 日	
5°S	61.55°N	71.55°S	10 月 3 日—3 月 9 日
10°S	56.55°N	76.55°S	10 月 17 日—12 月 24 日
15°S	51.55°N	81.55°S	10 月 31 日—2 月 9 日
20°S	46.55°N	86.55°S	11 月 19 日—2 月 21 日

习　题　3

1. 什么是地球表面的辐射近似峰值？

2. 如果太阳光线垂直入射于地球表面的平面，如果平面相对水平面倾斜 60°，会有什么影响？

3. 回答用于表示太阳在天空中位置的两个角度的定义。

4. 达尔文地区有一平行于地球表面的平面，太阳光线在 12 月 22 日（6 月 22 日）下午 3：00 入射到平面上的角度是多少？

5. 解释下列术语：太阳常数；辐射强度；辐射量；大气质量；峰值日照时数。

6. 哪些因素影响太阳辐射到达地球表面的总量？

7. 列出太阳辐射到达地球海平面的类别。

8. 解释为什么平板集电器表面需要时刻保持朝向太阳？

9. 在评价光伏单元时，大气质量的参考条件是什么？

10. 表 3.5 给出了太阳辐射量，请计算峰值日照时数。

提示：计算出日辐射量并将单位转化为 kW·h/m²。

表 3.5 太 阳 辐 射 量

时 间	辐射/(W·m⁻²)
上午 7：00—8：00	200
上午 8：00—9：00	250
上午 9：00—10：00	350
上午 10：00—11：00	450
上午 11：00—12：00	600
正午 12：00—下午 1：00	700
下午 1：00—2：00	650
下午 2：00—3：00	500
下午 3：00—4：00	400
下午 4：00—5：00	250

第4章 电 气 基 础

本章主要介绍了电气系统中常用的术语和基本法则。

4.1 极性

缺少电子（正电荷）或者多余电子（负电荷）导致了材料携带电荷。当电子分布相等时，材料呈电中性。伴随着电子平衡的变化，将会产生电位差，使电流的运动做功。为此，我们需要为材料提供能量。这个过程可能像摩擦一块塑料产生静态电荷那么简单，也可能要将化学能存储于电池中，使其产生正负极。

一个具有电位差的充电电池放电直至电位差为 0 的过程如图 4.1 所示。

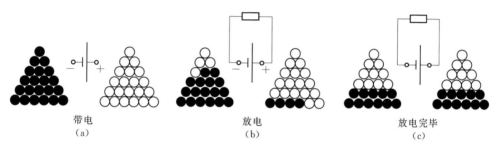

带电　　　　　　　　放电　　　　　　　放电完毕
(a)　　　　　　　　　(b)　　　　　　　　(c)

图 4.1　一个具有电位差的充电电池放电直至电位差为 0 的过程

4.2 导体

在材料中当电子可以轻易地从一个原子转移到另一个原子时，这种材料就是导体。一般而言，所有的金属都是导体，银为最佳导体，铜次之。通常使用铜，因为它的成本低于银，但目前长距离的传输线更倾向于采用铝，铝的确导电性略次于铜，但比铜更轻，更便宜。导体能够允许电流（电子）以最小的阻碍从电源流向到负载。例如，连接手电筒与其电池的导线就是导体。

4.3 绝缘体

电子不能轻易运动，而是更紧密地束缚在其电子轨道上的材料被称为绝缘体。这种材料会阻止电流的流动，通常被用到需要隔离电流或者电流流动可能导致危险的地方，例如电缆涂层。因为绝缘体阻止了电子在其结构内部移动，因而能够存储电荷。用于存储电荷的绝缘体被称为电介质。干燥的空气就是一种电介质，任意静电冲击都可以被束缚，一旦空气变湿，静电就可通过空气流入大地。

4.4　半导体

既不是绝缘体，也不是导体，但是能表现出两者中某些性质的材料被称为半导体。例如碳、硅和锗。锗在早期的晶体管制造中应用普遍，但现在在很大程度上已经被硅取代。微芯片以及太阳能电池行业消耗了大量的硅。

4.5　电位差

电位是指做功的可能性。当我们将能量附加到材料上导致了其电荷状态的变化（即提供了"电位"），就给了它试图回到中性状态而做功的能力。一个电荷单位称为库仑（C），相当于6.25×10^{18}个的电子所带电荷数。两个电荷间的电位差值被称为电位差，其单位称为伏特（V）。

4.6　伏特

伏特是表示单位电荷间运动做功的单位。简言之，在两点间移动1C的电荷需要1J的能量，这两点间的电位差就是1V。电压是两点间的电位差。电压有时被称为电动势（EMF），符号是E，但是针对发电电源或者无源元件上的电压降，电位差的标准符号是U。

4.7　电流

电位差导致了两点间的电荷移动，运动电荷称为电流。运动的电子数量取决于两点间的电位差。电位差越大，电流越大。电流以安培（A）计量。

电流是两点间电子的流动，1C（6.25×10^{18}个电子）电子在1s内流过给定点即为1A电流。电流的符号是I（代表"强度"，表示电子流动的集中程度或者强度）。所有的电子以相同速度移动，只有数量不同。因此如果电位差变为2倍，电子数量也会翻倍，但是其移动速度不变。电子从负极流向正极即电流方向，如图4.2所示。

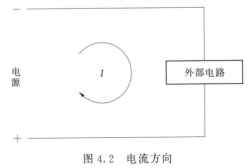

图4.2　电流方向

电子从负极流向正极（电子电流）相当于正电荷从正极流向负极（传统电流）。传统电流流动通常用来解释电气、电子、设备和电路的运行。当介绍太阳能电池运行时，在本书中使用传统电流。

4.8 电阻

携带电流的导体总是会对电流产生一定数量的反方向的阻力。由于需要电压做功来克服反方向电流阻力，因此导体温度也会上升。这种反作用被称为电阻，它减少了电流可以流经导体的数量。导电性良好导体电阻很小，而绝缘体电阻很大。电阻的单位是欧姆（Ω）。

1A 的电流流经 1Ω 的电阻 1s 会产生 1J 的热量。电阻符号为 R，可以用希腊字母 Ω 代表。导体例如铜线具有典型的电阻，铜线的电阻率为 $0.018\Omega \cdot mm^2/m$。电阻丝，如用于烤面包机的加热元件，电阻大小约为 24Ω。在电路图中，电阻由一个矩形表示，如图 4.3 所示。

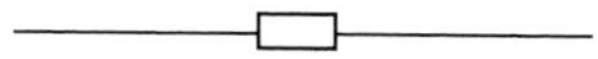

图 4.3　电阻示意图

4.9 电路

电流 I 从一个带电点流向另一个的路径被称为电路。电位差 U 作用于电路中引起电流流动。电流通过电路从电源流到负载，流经的电流被称为负载电流。当电流路径中任意部分断开时，就形成了一个开路，此时没有电流流动。

如果发生故障，电流在电源两端的封闭路径中流动，就形成了短路。在短路条件下，电流会非常大，我们一般在电路中安装熔断器以防止这种情况发生。电路分为串联电路和并联电路，或是两者的结合，本书将会在第 5 章中详细阐述。

4.10 熔断器和断路器

熔断器是一种用来防止过大电流导致电路中导体损坏的装置，它也可以减少因导体过热而引起火灾的危险。它通常由熔体和绝缘外壳组成，当发生故障时，熔断器可分断电路。熔断器的安装可能需要重新布线或采用插装式。

断路器是一种能够在故障状态下断开电路的机械装置，当故障移除时可以重置。

电流超过熔断器或断路器额定电流时将导致装置工作（断开电路）。

重新连接的熔断器目前被认为不足以保护有线系统，因而应采用盒式（HRC）熔断器或相应额定电流（交流或直流）断路器。

4.11 直流（DC）和交流（AC）

图 4.2 描述了一个电流单方向流动的直流电流。在直流电路中因为电池极性固定，电

流仅能单方向流动。如要电流反向流动，则需要交换电池两端的连接线。电池的电压相对固定，因此电路中具有稳定的直流电压。

交流电源有规律地反转其输出极性。澳大利亚电网提供的极性反转为 100 次/s，周期为 50Hz，电压为 240V。交流电的优点是易于通过使用变压器来实现电压变换。

表 4.1　　　　　　　　　　　　交流电压和直流电压对比

直　流　电　压	交流电压
极性固定	极性有规律地反转
稳定或者大小可变	周期内大小不断变化
传统直流电压不能够轻易增大或减小，但随着 DC - DC 变换器的发展，直流电压大小变化成为了可能	通过变压器能够轻易地增大或减小

4.12　磁效应

当电流流过导体，在电线周围就建立了一个磁场，磁场存在于垂直于电流的平面。磁场是很多电磁应用的基础，例如扬声器、电磁铁、继电器、变压器、电机等。

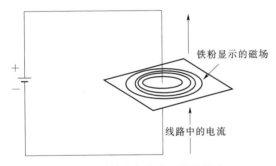

铁粉显示的磁场

线路中的电流

图 4.4　导线中电流产生的磁效应

导电线中电流产生的磁效应如图 4.4 所示。

图 4.4 展示了在导线内部电流流动产生的磁场，磁场的大小与流经导线的电流大小直接相关。磁场可以通过将导线绕成线圈（初级绕组）得到加强。通过电流变化，例如提供交流电，磁场的大小也会变化。在磁场中放置另一个导体（次级绕组）会产生感应电流，这就是变压器的原理。流经电路的电压大小与初级绕组和次级绕组的变比有关。

4.13　电磁

在固定磁场中通过移动导体，可以在其内部产生感应电流。这是发电机的原理。其输出电流随磁场强度和磁场中导体线圈数目的变化而变化。输出电流可以通过使用转换器变换为直流（发电机）或者采用滑环产生交流（交流发电机）。

4.14　欧姆定律、功率和能量

电流 I，电压 U 和电阻 R 之间有直接关系。其关系由欧姆定律表达，即

$$U = IR$$

也可以写为

$$I=U/R \text{ 或 } R=U/I$$

根据这些公式，给定两个已知参数，就可以计算第三个未知参数。

功率的单位是瓦特（W）。1W 等于在 1V 的电压下移动 1C 电荷所做的功。因为 1C/s 等于 1A，可以得到功率等于电压和电流的乘积。

$$1W=1V\times1A \text{ 或 } P=IU$$

W 是功率的单位，是做功的速率。例如，爬一层楼梯所用的能量与步行到一个同高度斜坡上所用的能量在数量上相等，但是其做功的速率不同。kW 常用来衡量大级别的功率，1000W=1kW。

能量的定义为做功的能力，即 $1W\cdot h=1W\cdot1h$ 或 $E=Pt$。

大数量级别的电功率或者能量用 $kW\cdot h$ 表示，它可以由功率乘以时间来使用。功率和能量的区别是一个重要概念，一定时间内可再生能源系统输出以能量表示。

【例】 一个 60W 的灯泡可以照明 12h。将会消耗 $720W\cdot h$ 或 $0.72kW\cdot h$ 能量，计算过程为

$$60W\times12h=720W\cdot h=0.72kW\cdot h$$

4.15　许可要求

AS 3000—2007《澳大利亚布线规则》将不超过 50V 的交流电压和不超过 120V 的无脉动直流电压定义为超低压（ELV）。澳大利亚的各州和地区要求在任何超过 ELV 环境下的工作必须具有电气机械/钳工/承包商执照（请记住对于有些交易受限电执照也是有用的）。超低压系统的相关工作必须由受过培训或者在这一领域有相关经验的个人承担。

如果要在澳大利亚设计和安装可再生能源系统，目前还有一些强制性标准需要遵守。包括如下：

（1）AS 1170.2《结构最小荷载设计　第 2 部分：风荷载》。

（2）AS 1768《避雷保护》。

（3）AS/NZS 3000—2007《布线规则》。

（4）AS/NZS 3008—2000《电气安装　电缆筛选》。

（5）AS/NZS 3008.1.1—2000《澳大利亚典型安装条件　第 1.1 部分：0.6/1kV 及以上交流电压的电缆》。

（6）AS 4086《独立供电系统二次电池　第 1 部分：基本需求；第 2 部分：安装与维护》。

（7）AS/NZS 4509.1—2009《独立供电系统　第 1 部分：安全与安装》、AS/NZS 4509.2—2010《独立供电系统　第 2 部分：系统设计导则》。

（8）AS/NZS 5033—2012《光伏阵列安装及安全要求》。

此外，所有的州和地区都有当地的工作场所健康和安全法则。除了明显的伤害风险，不遵守工作场所健康和安全法则还会导致雇主和工人面临罚款，并可能被保险索赔。

一定要明确当地的相关要求。

4.16 触电

在电路上工作的任何时间都将面临触电的危险。千万分之一安培的电流足以产生电击。"冲击"是由电流经过身体导致的突然的无意识肌肉收缩。足够大的电流通过身体时将导致触电死亡。由于皮肤的存在，人体通常会有较大的电阻，但是当皮肤有破损时，很小的电压即会产生足够致命的电流。高压会损坏皮肤电阻从而产生足够大的电流以致命，身体将作为一个导体导致其内部严重灼烧。500V 的电压通过约 25000Ω 电阻的身体将会产生 20mA 的电流，这将会致命。

由于肌肉的收缩，人体可能无法放开带电的导体。这在单向电流恒定的直流电路中更为明显，手上的肌肉会握紧带电导体。男人容许通过的电流阈值约为 9mA，而女人仅约为 6mA。

即使"确认"电源已关闭，也要始终使用适当的绝缘测试设备来测试导线上的电压。

4.17 急救

任何在电气和相关行业中工作的人都应熟悉心肺复苏术。并牢记，如果试图将一个人从带电导体中解救出来，你也可能会受到致命电击。所以应首先关闭电源，如果不能关闭，应使用绝缘体来解救。

始终把安全放在首位！

习 题 4

1. 一个原子有 14 个质子和 14 个电子，则净电荷是多少？

2. 第 1 题中去掉一个电子，则净电荷是多少？

3. 什么是导体？绝缘体？半导体？

4. 使银成良好导体的特性是什么？

5. 给出下述术语的定义：①电位差；②伏特；③电流；④电阻；⑤功率。

6. 电磁铁是什么？请举一些例子。

7. 请写出有关功率、电压和电流的公式。

8. 请写出欧姆定律，并写出有关功率、电压和电阻的公式。

9. 请写出有关功率和能量公式。

10. 人体的最小致命电流是多少？

第5章 电 路

5.1 概述

本章将介绍将电气元件连接成电路的两种基本方式，即串联和并联。总的来说，大部分的电路都是由一定数量的电路并联和/或串联组成。

5.2 串联电路

电流从一个电位流向另一个电位所流经的路径称为电路。电流依次流经所有电气元件，即为串联电路。如图 5.1 所示，电阻 R_1 和 R_2 和电池就是串联的。

图中只有一条电流流经的路径，所以这个电路中所有元件的电流相同。电流将会被这条路径中的所有单个电气元件所阻碍，因此总电阻 R_T 为

$$R_T = R_1 + R_2$$

假设图 5.1 中的电池是 12V，则有：

(1) 如果 $R_1 = R_2$，那么 R_1 和 R_2 上的电压各为 6V。

(2) 如果 $R_1 = 2R_2$，那么 R_2 上的电压为 4V，而 R_1 上的电压为 8V。

为了更清楚地说明，假设 $R_1 = 4\Omega$，$R_2 = 2\Omega$，那么电流 I 应该为 $12V/(4+2)\Omega = 2A$。R_1 上的电压应该为 $12A \times 4\Omega = 8V$，R_2 上的电压应为 $2A \times 2\Omega = 4V$。

图 5.2 为两个电池被串联，此例中，电池的电压将会被合并（相加），如果单个电池为 12V，那么 R 上的电位差为 24V。如果 R 是一个常量，当继续串联电池，流经 R 的电流将会增加（因为 $I = U/R$）。

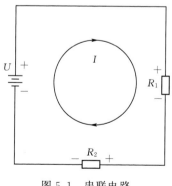

图 5.1 串联电路

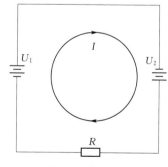

图 5.2 串联电池

光伏组件类似于电池，在图 5.3 中，光伏组件 PV_1 和 PV_2 标准电压为 12V，电流容量为 $I_1 = I_2 = 3.5A$，那么这两个组件施加在电阻 R 上的输出电压为这两个组件的电压之

和，即

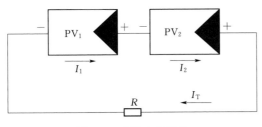

图 5.3　串联光伏组件

$$PV_T = 12 + 12 = 24（V）$$

而电流 I_T 等于一个组件上的电流，即

$$I_T = I_1 = I_2 = 3.5A$$

当更多的组件被串联，电流保持不变，但是电压会累加。一个光伏组件可以看做一个受限电流源，光伏被串联时被称为组串。

图 5.4 中的电池，虽然是串联的，但是它们通过相反的方向连接，假设它们有相同的电压，那么电路中将没有电流流动，R 上的电位差为 0。

图 5.5 为一个串联电路的开路示意图，开路可能由开关断开或者熔断器熔断产生，电路中将不会有电流流动，总电压可通过测量开路点两端电压获得。

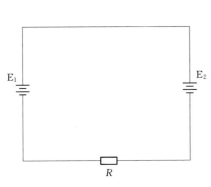

图 5.4　按反方向串联电池

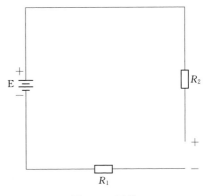

图 5.5　开路

5.3　并联电路

当两个或者多个组件跨越连接在同一个电源两侧，它们就形成了并联电路。每一个并联的元件形成了一个单独的"支路"，尽管每一个支路上面有相同的电位差，但每一个支路上仍然可能有不同电流流过。

图 5.6 的电路中，总电流 I_T 等于所有并联支路电流之和 $I_1 + I_2$，但所有支路上的电位差相等。如果我们将多种电源并联，例如光伏组件，假设它们都是相同的，那么电位差也将为一个常量，电流大小等于所有支路的电流之和，计算公式为

$$U_T = U_1 = U_2$$

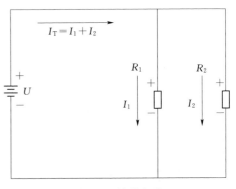

图 5.6　并联电路

$$I = I_1 + I_2$$

例如，图 5.7 中的光伏组件标准电压为 $PV_1 = PV_2 = 12V$，电流大小为 $I_1 = I_2 = 3.5A$，则该电路的输出电流为

$$PV_T = 12V$$

$$I_T = 3.5A + 3.5A = 7A$$

如果继续并联组件，那么电压将保持为常量，但整个电池阵列的电流大小将持续增加。

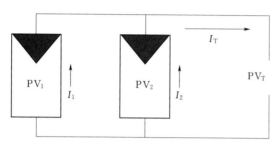

图 5.7　并联光伏组件

5.4　混合串/并联电路

通过串、并联电路的混合连接，可以将光伏组件（或电池）配置成任何所需电压或电流水平。以串联和/或并联连接的光伏组件序列被称为一个阵列。

图 5.8 为光伏组件先串后并而成的电路，假设单块光伏组件参数与前面的例子相同，则这个光伏阵列的输出电压和电流为

$$PV_T = 12 + 12 = 24 \ (V)，I_T = 3.5 + 3.5 = 7(A)$$

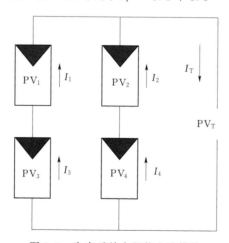

图 5.8　先串后并太阳能电池模块

注意：

当光伏组件串联时，电压相加而电流保持为一个常量，电流大小与串联电路中功率最小的光伏组件提供的最小电流相等。

当光伏组件并联时，电压相等且等于并联电路各组件的平均输出，连接到并联组件电路中的电流等于所有并联组件输出电流之和。

5.5　小结

当光伏组件串联时，电压相加而电流保持为一个常量，电流大小与串联电路中最小的光伏组件提供的最小电流相等。

当光伏组件并联时，电压相等且等于并联电路各光伏组件的平均输出，连接到并联光伏组件电路中的电流等于所有并联光伏组件输出电流之和。

习　题　5

1. 定义下面的术语：

（1）串联电路。

（2）并联电路。

2. 如果三个标定输出为 12V，3.5A 的光伏组件串联，那么所得到的电压和电流分别是多少？

3. 如果三个如问题 2 所述的光伏组件并联，电流和电压分别是多少？

4. 如果熔断器被移除，通过接触熔断器底座可测量得到多少电压？假设系统具有 48V 电压和一个 24 Ω 的电阻。

5. 在如图所示的并联电路中，假设系统具有 24V 的电压，电阻如图所示，那么通过两个电阻的电流 I_1 和 I_2 分别是多少？

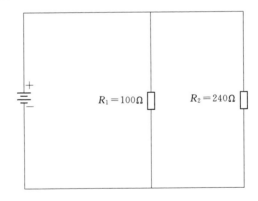

第6章 光 伏 电 池

6.1 概述

历史上绝大多数商用光伏组件由硅组成，在当今仍然如此，虽然也有一些其他的技术和光伏组件可用或正在被开发。本章将对多种技术进行概述，主要以硅太阳能电池来阐述太阳能电池如何工作，并描述它的基本性能。在一定条件下，电子离开硅原子变得可以移动，从而成为电流的一部分。第 6.2 和 6.3 节仅作参考；对于系统设计师或者安装工程师来说，并不需要在原子层次上理解光伏电池如何运行。

6.2 硅原子结构

硅原子是由质子、中子和电子组成的。带有正电荷的质子和中子（无电荷）通过强大的核能量保持在一起，形成了原子核。带有负电荷的电子比质子和中子小得多，就像行星围绕在太阳周围一样围绕在核周围运动，同时通过静电引力保持在相对稳定的位置（异电相引，同电相斥）。

在稳定的情况下，硅由 14 个质子、14 个中子以及 14 个电子组成，因此呈电中性。硅原子结构如图 6.1 所示。

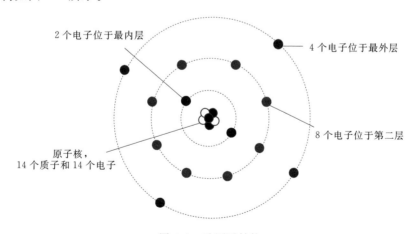

图 6.1 硅原子结构

由图 6.1 可以看出，电子排列在原子核周围的轨道（称为电子层）上。最内层的电子层只能容纳 2 个电子，它们紧紧地围绕着原子核。第二电子层（也是饱和的）有 8 个电子，它们也十分紧密地围绕着原子核，这两个电子层都是饱和的，不能容纳更多的电子。

第三电子层可以容纳多达 8 个电子，而仅仅有 4 个电子位于中性硅原子的第三电子层。这些电子不怎么紧密地围绕着原子核。这些电子如果获得等于（或大于）原子核束缚它们的能量（结合能），它们将会脱离所在电子层而成为自由电子。

太阳辐射可以给电子提供能量，当太阳辐射的光子撞击外层电子时，就发生了能量的转换。入射的光子损失了可使一个电子从电子层脱离的能量，这种现象称为光电效应。如果入射光子的能量恰好等于电子脱离的能量，那么光子就会湮灭，产生一个自由电子。如果光子的能量大于束缚电子的能量，那么电子也仅会获得能够从电子层脱离的能量，剩余的能量将会转化为硅的热量。因此并不是所有的太阳辐射能量都被用来产生自由电子，这将使硅光伏电池的最大转换效率限制在40％以下。光电效应如图6.2所示。

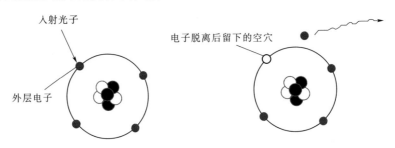

（a）撞击之前的光子和电子　　（b）撞击之后，硅原子失去一个电子而呈正电

图6.2　光电效应

自由电子将随机自由移动，并迅速地被失去一个电子的硅原子吸收。这种吸收也伴随着光的发射，发射的光的频率决定于电子"落"回电子层释放的能量的大小。该频率形成了原子特征吸收光谱，可以用来识别不同的物质。

6.3　创建PN结

硅原子以晶体形式连接在一起，临近的原子核共享外层电子，此时硅呈电中性，如图6.3所示。

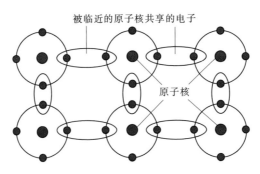

图6.3　晶体硅的结构

可以在晶体硅中加入杂质以改变它的性状，通常使用硼（B）和磷（P）。硼的外层只有3个电子（所有电子层共有5个电子），而磷的外层有5个电子（所有电子层共有15个电子）。如果硼或磷原子取代晶体结构中的硅原子，将会出现图6.4的情况。

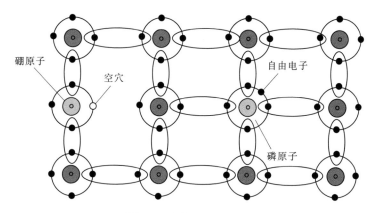

图 6.4　添加硼和磷的硅

掺杂硼的硅由于空穴的存在形成"P 型"（正型）。掺杂磷的硅由于多余电子的存在形成"N 型"（负型）。P 型硅和 N 型硅连接在一起将会形成 PN 结，如图 6.5 所示。

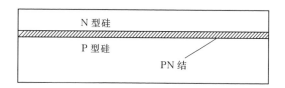

图 6.5　PN 结

N 型硅中靠近 PN 结的多余电子穿过 PN 结进入 P 型区域后填入空穴，这种移动导致了 N 型区域出现了正电荷区域，因为带正电荷的质子仍然"固定"在原子核周围；这种移动同时也使得 P 型部分由于加入额外的电子而变成带有负电荷的区域。

电荷的分离形成了一个电场，如图 6.6 所示。电场形成的电位差大小为 0.5～0.6V。随着电子的聚集，场强增强，从而阻止更多电子的流入，使得电子的流动停止。根据惯例，电场的方向是正电荷被放置在该场中时将移动的方向，也是电子流动方向的反方向。

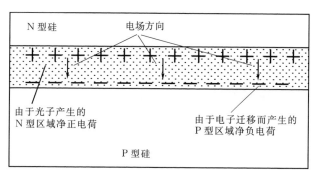

图 6.6　PN 结附近的电场

6.4 光电效应及 PN 结

如果带有足够能量的光照射在硅上产生 PN 结，并穿过 PN 结附近的点，由于光电效应，就会在 PN 结的周围产生自由电子。这些电子在 PN 结电场的作用下迅速移动，而后继续移动到电池表面。在向电池表面移动的过程中，一些电子被硅原子重新吸收，而另一些电子到达了电池表面。这些电子被金属栅格聚集，如果该栅格通过外部电路与电池的另一极接触，就会产生电流，如图 6.7 所示。

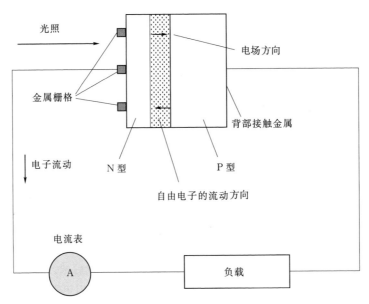

图 6.7 光电效应及 PN 结

6.5 光伏电池特性

太阳能电池特性可由 $I-U$ 特性充分显示，

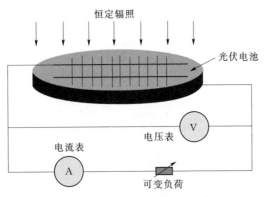

图 6.8 光伏电池特性测量平台

因此，了解输出电压 U 和输出电流 I 以及它们如何变化尤为重要，为了确定这些特性，建立如图 6.8 所示的光伏电池特性测量平台。

开路电压 U_{oc} 是指在开路情况下（$R=R_{MAX}$）的电压测量值，这种情况下，电流为 0。随着电阻的减小，电流增加，同时电压降低。最大电流也称短路电流 I_{sc}，是在短路的情况下（$R=0$）的电流测量值，在这种情况下，电压为 0。图 6.9 为一个典型的光伏电池 $I-U$ 特性曲线。每个光

伏电池都有 I-U 特性曲线。I_{sc} 和 U_{oc} 的引入是为了帮助描述光伏电池特性。

6.6 光伏电池功率曲线

光伏电池产生的功率 P 是特定运行特性下电压和电流的乘积，即

$$P = IU$$

因此，当 I 或 U 为 0 时，P 为 0。这种情况发生在电路短路（此时 $U=0$）或者开路（此时 $I=0$）情况下。

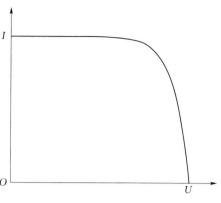

图 6.9 典型的光伏电池 I-U 特性曲线

通过 I-U 特性曲线绘制功率曲线，可以看出在两种极端情况之间功率如何变化，如图 6.10 所示。

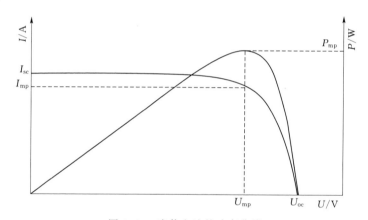

图 6.10 光伏电池的功率曲线

当 $U=U_{mp}$，此时电流为 I_{mp}，在该点光伏电池输出功率最大（P_{mp}），称为最大功率点（MPP）。保证光伏电池运行在（接近）最大功率点很重要。

6.7 光伏电池性能

很多因素都会影响光伏电池的效率，其中一些是制造过程中固有的，而另一些则取决于运行条件。运行条件对光伏电池的影响将在 6.8 节进行阐述。

6.7.1 效率

光伏电池的效率为入射到电池的功率和电池产生的功率之比。在理想情况下，所有入射的能量都可以转化为电能，但是现实中，此种情况无法实现。图 6.11 的饼图展示了光伏电池的典型损耗。损失导致了整体的转换效率约为 17%，即为光伏电池的转化效率。商用硅电池的平均转化效率约为 14%～17%，而实验室环境下则可以获得 24% 的转化效率。电池转化效率的提高是目前的研究热点。

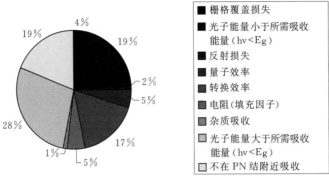

图 6.11　光伏电池的典型损耗

商用电池受制造商技术影响，其转化效率在 12％到 20％以上变化。不同的损失因素总结见表 6.1。

表 6.1　　　　　　　　　光伏电池效率不同损失因素总结

损失因素	原　因	损失率/％
栅格覆盖损失	电池表面被金属栅格所覆盖，它们能够吸收光电效应产生的电子	4
反射损失	部分入射太阳辐射被电池表面反射	2
杂质吸收	一些摆脱电子层的电子被晶体中的杂质原子吸收	1
光子能量小于所需吸收能量（hv＜Eg）	一些入射太阳辐射不能提供给电子足以脱离电子层的能量	19
光子能量大于所需吸收能量（hv＞Eg）	一些入射太阳辐射提供了多于电子脱离电子层的能量，多余的能量作为晶体的热量消散	28
量子效率	携带了能使电子脱离电子层的能量的光子中，只有约 90％撞击了电子	5
转换效率		17
不在 PN 结附近吸收	一些光子被远离 PN 结的晶体所吸收，这些光子所建立的电子空穴对立即进行了重组，只留下了一小部分热量	19
电阻（填充因子）	光伏电池和自身电路有小且较为重要的电阻	5

6.7.2　填充因子

填充因子 FF 反映了光伏电池及电路中串联电阻和分流电阻的大小。填充因子是最大功率与短路电流 I_{sc} 和开路电压 U_{oc} 的乘积的比值，是表征光伏电池性能的运行指标。填充因子的减少预示着电池可能发生了问题。填充因子的计算公式为

$$FF = \frac{I_{mp}U_{mp}}{I_{sc}U_{oc}} = \frac{P_{mp}}{I_{sc}U_{oc}}$$

典型的填充因子值范围为 0.6～0.7。

填充因子的一个更重要的应用是决定了组件在弱光条件下的性能。如果填充因子高，那么意味着组件的 I-U 曲线相当平滑，如图 6.12 和图 6.13 所示。

可以看出，如果填充因子较小（图 6.13），当辐射较弱时，模块 I-U 特性显示电池

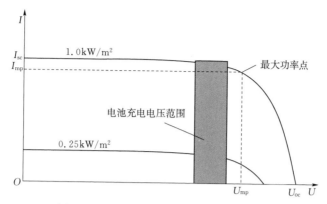

图 6.12　带有高填充因子的光伏组件示例

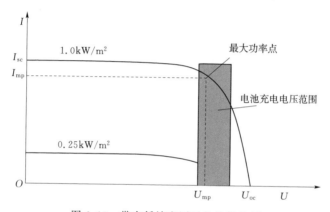

图 6.13　带有低填充因子的组件示例

没有充电,这是因为电压没有在电池充电所需的电压范围之内。

因此在辐射总是很低的区域选择光伏组件时,填充因子可能会很重要。

6.8　影响光伏电池性能的因素

6.8.1　温度

当光伏电池的温度上升时,开路电压 U_{oc} 减小,短路电流 I_{sc} 略微增加。综合效应则是功率减少,如图 6.14 所示。

根据经验,对于晶体硅电池,温度每变化 1℃,输出功率改变 0.5%。温度在 25℃ 以上时,输出功率减少;温度在 25℃ 以下时,输出功率增加。从图 6.14 可以看出,温度上升时,电压降低,电流增加。电压的变化(百分比)和功率的变化百分比很类似,同样为温度每变化 1℃,电压变化约 0.5%。

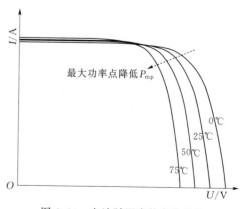

图 6.14　电池随温度的变化特性

如果光伏电池（以组件的形式）被水平地安装在屋顶上，那么通过对流冷却的方法来消散热量将会变得很困难。如果使用一个支架支撑模块，那么就能给模块周围提供足够的空气流动，但是光伏并网的许多客户和建筑师想把光伏组件与屋顶结合在一起，因此在设计中就须考虑通风形式，以减少高温的不利影响。

光伏电池的额定温度为25℃。但是，在正常运行温度条件下，电池的温度一般高于周围环境温度，即高于标准实验条件（STC）下的电池温度25℃。标准实验条件给定了所有电池可以进行比较的条件，而标称工作温度（NOCT）更好地预示了在额定运行条件下电池的期望输出功率。值得注意的是，电池仍可以在高于 NOCT 的温度下运行，并且通常高于周围环境温度 25℃，这取决于电池技术、光伏模块设计以及安装技术。

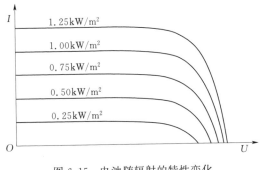

图 6.15 电池随辐射的特性变化

6.8.2 辐射

当辐射强度变化时，短路电流的变化是近似线性的，而开路电压变化不是很显著，随着辐射增加略微增长，如图 6.15 所示，图中假设电池温度是一个不受辐射变化影响的常量。

6.9 光伏电池的类型

光伏电池主要有两种类型：晶体电池和薄膜电池。不同类型的光伏电池举例如图 6.16 所示。

图 6.16 不同类型的光伏电池举例
（源自：华博国际太阳能有限公司，德国）

对于这个领域的研究在持续进行，制造商总是在寻求成本更低、效率更高的光伏电池。例如目前市场上有一种混合异质结型电池，既包含晶体（单）成分，也包含薄膜（非晶）成分。

6.9.1 晶体电池

晶体电池两种常见的类型为单晶硅电池和多晶硅电池，下面将进行详细阐述。许多制造商也生产一些特殊的晶体电池，包括多晶硅电池、带状硅电池和晶硅薄膜电池、EFG（定边喂膜生长法）多晶硅电池、多晶 S-R 带硅电池、单晶支网硅电池、多晶 APEC 电池。

本书主要介绍两种主要的晶体电池，其余几种电池的信息及制造过程可以从网络或者《光伏系统规划与安装 安装人员、建筑师和工程师指导手册》中获得（2005 年德国能源学会）。

1. 单晶硅电池

冶金级硅（从沙中获得）经过化学过程提纯直至产生半导体级硅，将其融化并添加一定数量的掺杂剂（如加入硼产生 P 型硅）。将籽晶引入到熔融硅中，并从熔融硅中缓慢地抽取。硅在籽晶周围凝固产生了单晶硅。晶体的大小取决于籽晶从熔融硅中抽取的速率。直径在 15cm 以上的晶体并不少见。单晶硅组件如图 6.17 所示。

图 6.17 单晶硅组件

（照片由 G Stapleton 提供）

一旦晶体（实心圆柱体的硅）形成，即被切割成 0.2～0.4mm 的晶片，然后蚀刻出纹理以提高光的入射率。通过扩散过程将磷杂质引入晶片的表层，金属栅格附着在晶片的正面和背面以增加电子的捕获。

最近，实验室研发的单晶硅电池经实验测试可以达到 24％以上的效率。在这种情况下，导致低效的因素被减少，例如反射和栅格覆盖。实验室批次的产品控制要比大规模设备生产要严格得多。商用产品目前效率为 15％～18％。

2. 多晶硅电池

区别于单晶硅，多晶硅是一种通过铸造硅锭生成的材料，导致许多小晶体被拼合在一起。一些制造商利用生产小晶片比大晶片要容易的优势，推出了大规模生产价格低廉的多晶硅电池的工艺。多晶硅电池的一个劣势是在小晶体边界处容易捕获电子。这些边界会阻碍电子使其缓慢运动，或者沿着电池形成一条短路路径。多晶硅电池的制造商须保证晶体足够大，以使得光电效应中产生的电子能够在到达晶体边界前被 PN 结和栅格捕获。尽管研究过程中电池的效率可以达到 21％，但通常的效率是 13％～16％。

多晶硅组件如图 6.18 所示。

图 6.18　多晶硅组件

(照片由 G Stapleton 提供)

6.9.2　薄膜电池

为了生产单晶硅电池和多晶硅电池，需要从熔融硅池中持续提取晶体。一旦生成这种材料就必须切割成晶片。光伏电池的唯一活跃部分为 PN 结周围区域，只有大约几百万分之一厘米厚。由于无法切割至这个厚度，因此在光伏电池中很多材料都浪费了。一个解决的办法是放弃这种晶体状态，在一个薄膜衬底上应用光敏半导体，这就是薄膜电池。不同于晶体电池由硅制造而成，薄膜电池因半导体材料的不同而不同。

1. 非晶硅（a-Si）薄膜电池

非晶体意味着没有晶格结构。采用气体硅冷凝技术，可以生产出以原子层厚为测量单元的电池，这种硅薄膜中的原子是以完全随机的形态进行排布的，称为非晶硅薄膜电池，如图 6.19 所示。

因为这种材料很薄，自由电子难以在 PN 结中存在。因此在 N 层和 P 层之间施加一种无掺杂（内在）的 I 层，形成如图 6.20 所示的 PIN 结构。

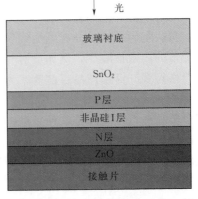

图 6.19　柔性非晶硅组件示例

(照片由 Unisolar 提供)

图 6.20　非晶硅层结构

(照片由 Unisolar 提供)

尽管这种电池价格很低廉，但是放弃了晶格结构也降低了它的效率。对于多层电池而言，平均每层的效率约为 5％～8％，最大效率为 13％。目前三层结构的模块的平均效率为 10％，随着时间的推移，电池的稳定性和性能退化也对研发人员和制造商提出了技术挑战。

2.铜铟硒（CIS）薄膜电池

铜铟硒是一种活泼的半导体材料，它通常与镓或硫合成。这种材料通常沉积在玻璃基板上。P 型铜铟硒吸收层通过同时蒸发元素铜、铟和硒形成，掺杂铝的氧化锌（ZnO：Al）则用来制造 N 型传导的透明导电氧化层。本征氧化锌位于 N 型 ZnO：Al 和 P 型铜铟硒之间，铜铟硒带有一个位于本征层和铜铟硒之间的 N 型硫化镉（CdS）。不同于非晶模块，铜铟硒在光照下不会被分解，但是在高温潮湿条件下会出现不稳定的问题，因此必须密封良好。铜铟硒的层结构如图 6.21 所示。

3.碲化镉（CdTe）薄膜电池

碲化镉薄膜电池是在玻璃衬底上制成的。通常采用氧化铟锡作为透明导电氧化层。如图 6.22 所示，由硫化镉（CdS）组成的 N 型层通过背接触层与碲化镉组成的 P 型层连接在一起。碲化镉薄膜电池的主要问题在于镉的毒性，但是碲化镉是一种无毒化合物。

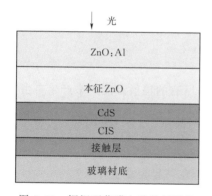

图 6.21　铜铟硒薄膜电池的层结构

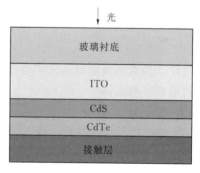

图 6.22　碲化镉薄膜电池的层结构

6.9.3　光伏电池发展趋势

对新型光伏组件的探索从未停歇，近几年，已有一些新的技术已经公布或者处在试点制造阶段。

此类技术包含如下内容：

（1）染料敏化光伏电池：光被含有二氧化钛（TiO$_2$）的有机染料所吸收。

（2）微晶和微晶硅光伏电池的沉积温度分别为 900～1000℃和 200～300℃。前者基于在衬底上沉积高质量的硅薄膜，其特性类似于多晶硅；后者通过使用有细密纹理的微晶结构产生薄膜，但以与非晶模块相同的方式沉积。

（3）带有本征薄层的异质结（HIT）光伏电池。这是一种结合了晶体电池和薄膜电池的混合电池。

（4）银电池。由很多很小的"银"电池经过串联或者并联而成。

不同类型光伏电池的效率见表 6.2。

表 6.2 不同类型的光伏电池的最大效率 %

光伏电池材料	电池效率（实验室）	电池效率（产品）
单晶硅	24.7	18.0
多晶硅	19.8	16.0
带状硅	19.7	14.0
晶硅薄膜	19.2	9.5
非晶硅	13.0	10.5
微晶硅	12.0	10.7
混合 HIT	20.1	17.3
CIS，CIG	18.8	14.0
碲化镉	16.4	10.0
Ⅲ-Ⅴ半导体	35.8	27.4
染料敏化光伏电池	12.0	7.0

注：光伏系统规划和安装——DGS。

习 题 6

1. 为什么当太阳辐射射入光伏电池时，并不是所有的辐射都能用来产生自由电子？

2. 请解释下列名词？

（1）P 型硅。

（2）N 型硅。

3. 什么是 PN 结？当 N 型和 P 型半导体被融合在一起会发生什么？

4. 请描述在耗尽区的反应过程。

5. 在光伏电池中，光电效应在 PN 结附近产生了自由电子后，是什么原因促使了电子的移动？

6. 简要解释下列名词并在典型 I-U 曲线中标注出来。

（1）U_{oc}。

（2）I_{sc}。

（3）U_{mp}。

（4）I_{mp}。

7. 为什么光伏电池输出的标定和额定温度是 25℃？

8. 在不同的辐射条件下，光伏电池的哪一种特性是恒定的？

9. 影响光伏电池效率的因素有哪些？

10. 请列出目前已有的光伏电池技术类型。

第 7 章　光　伏　组　件

7.1　组件构造

针对大多数实际应用而言，光伏组件是一个完整光伏系统的基本单元。了解光伏组件的设计和集成过程对于理解实际系统的设计至关重要。基于此目的，首先来思考一下图 7.1 所示的单个电池的 I-U 特性。

把 3 个相同的电池串联后，其联合特性如图 7.2 所示。

电池串联后电流不变，电压为每个电池的电压之和。如果有不同特性的电池串联在一起，其 I-U 特性如图 7.3 所示。

可知，串联不同的电池，其输出电压相加，但是串联后的电流等于两个电流中较小的那个。因此串联电池电流不变，电压为每个电池的电压之和。

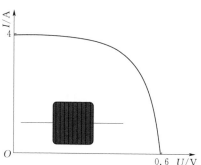

图 7.1　单个电池的 I-U 特性

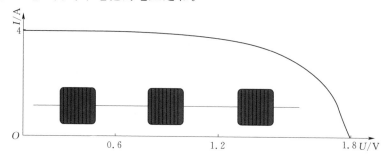

图 7.2　3 个相同电池串联后的 I-U 特性

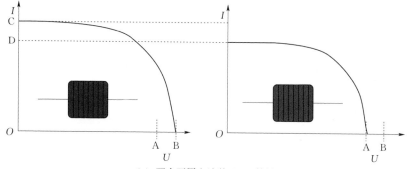

（a）两个不同电池的 I-U 特性

图 7.3（一）　两个不同电池串联的 I-U 特性

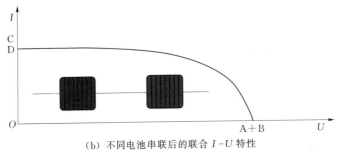

（b）不同电池串联后的联合 I-U 特性

图 7.3（二） 两个不同电池串联的 I-U 特性

7.2 光伏组件

当光伏电池在物理和电气上都被连接起来就组成了一块光伏组件，光伏组件连接在一起就组成了一个光伏阵列。起初大多数商用光伏组件能够产生 20V 开路电压，标称充电电压为 14V，以使其能够给 12V 的电池充电。其通常由 36 个电池串联组成，称为 12V 模块。图 7.4 展示了一个由 36 个电池串联的组件。

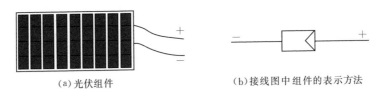

（a）光伏组件   （b）接线图中组件的表示方法

图 7.4 一个由 36 个电池串联的组件

近年来，随着并网市场的进一步发展，制造商们也生产具有更高电压的组件。最常见的是由 72 个光伏电池组成，额定电压为 24V，但带有的组件不适合给电池充电（例如 100 个电池组成的组件），仅仅是为了串联后以适应电网逆变器的电压窗口。

随着最大功率点跟踪器（MPPTs）和其他电子设备的发展，现在可以更节能高效地采用高电压阵列为低电压电池充电（例如采用额定电压为 120V 的阵列为 48V 的电池充电）。这使得市场上多数的组件应用于独立供电系统变得可能。

目前，大多数的光伏组件的额定电压均为 12V 或 24V，易于在独立供电系统中应用。

7.3 自调节模块

自调节模块对串联电池的数量有限制，通常为 32 个电池。较少数量的电池使得组件只产生最大为 14.5V 的电压，从而避免电池过充。使用自调节模块不能自动保证光伏系统能够自我调节，电池容量、使用负载的温度也必须考虑。总的来说，当电池容量很大时，自调节模块的使用是安全的。电池容量大小（单位为 $W \cdot h$）通常是太阳能输出功率的 30 倍。如果容量很小，则仍然会有电池过充的可能性。

注意：在独立供电系统中大多数的组件都是非自调节的，多数已生产的组件也是非自调节的。

7.4 商用组件

近年来，生产的光伏组件容量从 1994 年的 39MWp 增长到 2006 年的超过 1900MWp。产业的增长使更多的制造商开始投入生产光伏组件。只有符合质量要求的组件可以被安装并执行现有的标准，这点非常重要。有关光伏组件的常用标准如下：

（1）IEC 61215—2016《地面用晶体硅光伏组件　设计鉴定和定型》。

（2）IEC 61646—2008《地面用薄膜光伏组件　设计鉴定和定型》。

不同类型的光伏组件如图 7.5 所示。

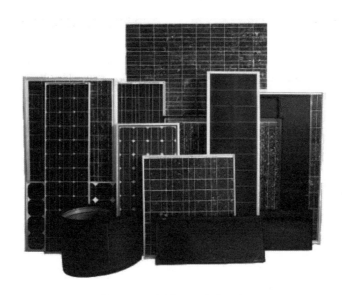

图 7.5　不同类型的光伏组件

（来源：由 IEA‐PVPS 提供）

市场上的光伏组件功率范围从 2W 到 300W 以上。常见的组件制造商包括：BP 太阳能、肖特太阳能、艾索菲通、Solar World、Kaneka、夏普、京瓷、尚德、三菱电机、Uni‐Solar、Photowatt。

一个合格的制造商在规格说明清单中应至少提供的信息包括：额定功率（P_{max}）、保修单、功率公差、最大系统电压、额定功率点的电压 U_{mp}、开路电压 U_{oc}、额定功率点的电流 I_{mp}、短路电流 I_{sc}。

如果标准手册没有提供，合格的制造商还需要根据要求提供以下信息：功率温度系数、光伏电池标称工作温度、开路电压温度系数、短路电流温度系数。

AS/NZS 5033—2013《光伏阵列安装及安全要求》版本要求所有在澳大利亚安装的组件需要满足 IEC 61730.1。

IEC 61730.1 要求组件标注以下内容：制造商商标、类型或型号编号和序列号、终端极性、最大系统电压和安全等级。

其他标识或者应包含在安装信息中的内容如下：开路电压、短路电流、最大过流保护等级、推荐的最大串联/并联模块配置、产品应用类别。

图 7.6 提供了一个典型组件的规格说明的例子，部分组件制造商的网址（内有规格说明书）如下：

（1）BP 太阳能：www.bpsolar.com。

（2）京瓷：www.kyocerasolar.com。

（3）夏普：www.sharp.net.au。

（4）尚德：www.suntech-power.com。

（5）Uni-Solar：www.unisolar.com。

规格	
电池	单晶硅，155mm²
电池数和连接方式	48 个串联
应用	高压系统
最大系统电压	DC 1000V
最大功率	171W
尺寸	1318mm×994mm×46mm
质量	16kg

绝对最大额定值		
参数	范围	单位
运行温度	−40～.90	℃
存储温度	−40～.90	℃

输出终端	
输出终端类型	带接头的导线

光电特性					
型号		NU-SOE3E			
参数	符号	最小值	典型值	单位	条件
开路电压	U_{oc}	—	30.0	V	标准测试条件(STC)
最大功率点电压	U_{mp}	—	23.7	V	辐射强度
短路电流	I_{sc}	—	8.37	A	1000 W/m²
最大功率点电流	I_{mp}	—	7.60	A	Am1.5
最大功率	P_m	171.0	180.0	W	电池温度
封装的电池效率	η_c	—	00.0	%	25℃
组件效率	η_m	—	13.7	%	

图 7.6　一个 180W_P 组件的规格说明清单

（引自夏普）

7.5　标准测试条件及光伏电池标称工作温度

制造商规格说明清单中的数据全部在标准测试条件下确定。因为组件的特性会随着条件的变化而变化，例如温度、辐射等，因此运行条件也必须考虑。只有在完全相同的条件下，不同组件的性能才可以相互比较，在国际标准条件下所有组件都按照下述标准测试条件进行测试：

（1）电池温度 25℃。

（2）辐射强度 1kW/m²。

（3）空气质量 1.5。

在标准测试条件下进行测试有助于对模块的输出功率进行评级，以便比较不同的模块，并根据在标准测试条件下测得的值来进行销售。尽管如此，在正常工作温度条件下，当组件处于全日照下，电池的温度可以高于环境温度 25℃，因而高于 25℃的标准测试电池温度。因此，很多组件制造商提供了光伏电池标称工作温度，即在下述条件下组件内的电池温度。

（1）大气温度 20℃。

（2）辐射强度 $1kW/m^2$。

（3）风速 $1m/s$。

（4）电路开路。

制造商提供的光伏电池标称工作温度以及环境温度 20℃ 之间的差异可以用来评估在组件安装的位置上典型环境温度下光伏电池的实际温度。在第 11 章，当考虑系统设计时，假设差异大约为 25℃。

注意：在标准 AS 4509.2 中，系统设计时应采用环境温度 25℃ 时的功率值或环境温度 25℃、电压 14V 条件的电流值。

7.6 光伏阵列

单个电池可以连接形成组件，组件连接起来则形成光伏阵列。

阵列的布线需要与负荷特性相匹配。一般来说，负荷是一组用于存储 12V、24V 或者更高电压的直流电的蓄电池，上述电压称为系统标称电压。因此，阵列的输出必须高于电池电压，以保证电池组在不同辐射等级变化下均可由光伏阵列进行充电。

每一个电池在标准条件下可以产生 0.5～0.6V 的电压，一般由 36 或 72 个电池串联后形成一个组件，以在期望工作温度下产生足够的电压和电流为电池组充电。

一个光伏阵列由一系列光伏组件串联为组串以满足系统电压，组串并联以对电池组提供足够的充电电流。组串、阵列示意如图 7.7 所示。

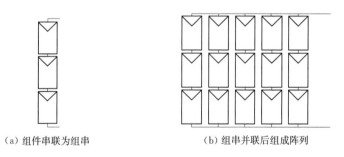

（a）组件串联为组串　　　　　　　（b）组串并联后组成阵列

图 7.7　组串、阵列示意图

如果单个组件的输出为 4A、12V（额定），那么在相同条件下，3 个相同组件串联后形成的组串的输出为 4A、36V（3×12V）；由 4 个组串并联后组成的阵列的输出为 16A、36V。

接下来将对此原理进行详细阐述。

7.6.1 组件并联

图 7.8 所示的组件中，如果单个组件的输出为 $U_{mp}=17V$、$I_{mp}=4A$，那么在相同条

件下，由 3 个相同组件并联而成的阵列的输出为电压 U_{mp} 依然为 17V，输出电流 I_{mp} 将会从 4A 增加到 12A。

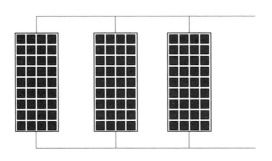

图 7.8　3 个组件并联组成的阵列

7.6.2　组件串联

图 7.9 所示的组件中，条件不变，相同组件串联后，其输出电压 $U_{mp}=51V$，输出电流 I_{mp} 仍为 4A。

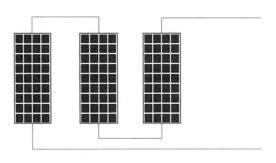

图 7.9　3 个组件串联组成的阵列

7.6.3　组件串并联

为了满足大型阵列中负载的直流电压、电流需求，串联、并联通常为组合使用。

阵列输出电压、电流遵循如下准则：

（1）组串串联，电压增加。

（2）组串并联，电流增加。

7.7　电气保护

如果某种原因导致了一个或多个光伏电池的电流无法流过，思考该阵列的输出会如何变化。如图 7.10 所示。

由于组件是由电池串联的，一个电池损坏（或部分电池被遮挡）会使整个组件的电流减小。同样，如果这个组件为一个阵列的一部分，那么阵列的电流也将减少。

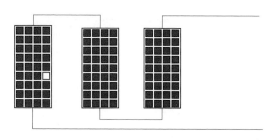

图 7.10　光伏组串内部某电池存在缺陷或局部受遮挡

如果一个电池损坏了，阵列的其余部分将迫使电流通过它，在电池内部将会造成显著的温度升高，甚至会造成进一步的损坏，这种现象被称为"热斑"效应。在电池开路的极端情况下，阵列输出将为 0。

二极管是允许电流单向流动的半导体，通过并联二极管可以减小上述情况的影响。

7.7.1　旁路二极管

如果组件由电池串联而成，那么在下述条件下，组件的输出功率将会减少：

（1）电池有缺陷。

（2）一个或者多个电池被遮挡。

即使剩余的电池在理想的工作条件和全日照情况下运行，输出功率也会减少。

有缺陷或受遮挡的电池工作在运行的组件或阵列中时，会在其两端产生反向电压，如图 7.11 所示，当反向电压出现时，二极管可用来提供电流的替代路径，这种二极管被称为旁路（分流）二极管。

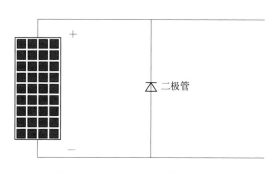

图 7.11　旁路二极管的使用方法

图 7.11 中电池/组件的极性为正常运行时的状态。如果电池/组件被损坏或者受到遮挡，其极性会产生反转，使得二极管能够导通，组串电流流过二极管。

针对大多数商用晶硅组件，旁路二极管并没有被安装到每一个电池上，虽然这应该是理想情况。很多制造商对一个 18 个电池组成的组串配置一个旁路二极管，36 个电池配置两个旁路二极管。如果制造商没有提供旁路二极管，推荐做法是在由电池串联组成组件的光伏阵列中，针对每一个组件至少配置一个旁路二极管。图 7.12 展示了一个组件的实际的接线盒，可以看到二极管与终端相连。

图 7.12　组件接线盒内的旁路二极管

注意：许多薄膜光伏组件已经集成了电池旁路二极管。

图 7.13 展示了旁路二极管的作用。在图 7.13（a）中没有旁路二极管以及缺陷电池，输出电压为 xV。在图 7.13（b）中当一个组件开路时，没有安装旁路二极管的阵列输出电压为 0。图 7.13（c）中安装了 2 个旁路二极管，阵列的输出电压为 $0.5x$V。图 7.13（d）中安装了 4 个旁路二极管，阵列的输出电压为 $0.75x$V。总的来说，如果阵列中的一个组件被遮挡（或有缺陷），安装的旁路二极管数目越多，组件的输出电压越大。

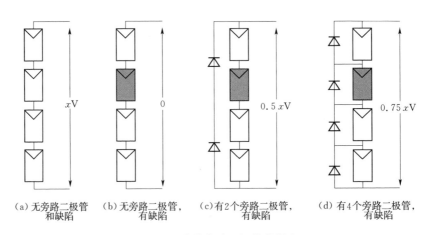

（a）无旁路二极管　　　（b）无旁路二极管，　　　（c）有2个旁路二极管，　　　（d）有4个旁路二极管，
　　　和缺陷　　　　　　　　　　有缺陷　　　　　　　　　　有缺陷　　　　　　　　　　有缺陷

图 7.13　安装旁路二极管的影响

对于图 7.13，如果每一个组件都运行在 18V 的电压下，并用来为 48V 的电池组充电，那么在图 7.13（b）中不能对电池进行充电（输出电压为 0），在图 7.13（c）中也不能对进行电池充电（输出电压为 36V），但是在 7.13（d）中可以对电池进行充电（输出电压为 54V）。因此如果组件被遮挡，旁路二极管的数量越多，其输出电压能够为电池充电的概率越大。

缺陷电池在产生反向电压的情况下会聚集热量，旁路二极管的主要目的是为了保护电池组在单个电池出现问题时免于局部过热（热斑效应），过多的热量会导致封装或焊接材料的永久性破坏，最终导致组件被替换。

7.7.2 阻塞二极管

阻塞二极管（也被称为串联二极管或隔离二极管）在正常系统运行时导通电流，与组件串联或者与组串串联使用。其主要作用是阻止夜晚电流在组件内部回流，同时阻止电流流入一个有缺陷的并联组串。图 7.14 展示了阻塞二极管的放置方式。

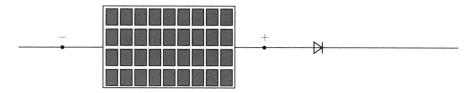

图 7.14　阻塞二极管

是否需要安装阻塞二极管主要取决于光伏技术以及夜晚的电气特性，在过去的独立供电系统中比较常见，在目前的系统中并不经常使用。

7.7.3 二极管的选用方法

在二极管的选择上，以下参数比较重要：

（1）在正方向上二极管允许通过的最大电流（最大正向持续电流 I_F）。

（2）在反方向上二极管所能容忍的最大临界电压（反向临界电压 U_R）。

注意：6A（9A）、600V 的二极管通常被用作旁路二极管和阻塞二极管。

AS 5033—2005 第二部分概述了阻塞和旁路二极管的选择和安装要求。

需要进一步考虑的是二极管正向导通压降。例如一个硅整流二极管在额定电流情况下的压降为 0.6～0.7V，即上述二极管在 6A 电流下将消耗 3.6W（6A×0.6V）的功率。肖特基二极管的压降则只有 0.2～0.4V，因此如果压降（功率损失）在系统设计中很关键，就应该选择肖特基二极管。

7.8　组件可靠性

光伏组件的寿命通常大于 25 年，尽管如此，由于光伏阵列暴露于大气中，组件需要能够经受环境条件的变化而运行到预期年限。

光伏组件通常由能进行机械固定铝制框架搭建而成，并用玻璃覆盖电池。搭建的最常用的形式是将光伏电池由乙烯-乙酸乙酯共聚物（EVA）封装，与玻璃以及一个或多个背面保护层层叠而成。

如果水分渗入，电池之间的电路连接将会出现腐蚀问题。组件必须能够承受的其他条件如下：

（1）热循环，这种情况发生在组件暴露于昼夜温差变化的情况下。

（2）湿度与结冰。

（3）循环压力负荷，由狂风引起。

（4）安装表面扭曲，由于组件被安装在非平面上而造成。

（5）冰雹考验，冰雹高速坠落在组件表面。

在安装组件之前应该查看制造商所提供的组件特性（或者尽可能近地查看，因为其实际所处的条件与实验室组件测试的条件是不同的）。简单的做法是在组件的终端接入一个万用表，记录组件的短路电流和开路电压。这种检查能够简单地测试组件是否有缺陷，但是一旦阵列被集成，检查存在缺陷的组件将会变得很困难。

在安装好阵列后，重点确认在测试光照条件下光伏阵列的输出与预期的总电流一致。例如，如果天气局部多云或在黄昏时刻，阵列输出电流就不会达到额定电流。

7.9　负载

在独立供电系统、太阳能抽水蓄能系统和并网系统中，光伏组件用于为电池充电。对于电池充电来说，如果由光伏组件产生的运行电压大于电池电压，充电才会进行。光伏组件设计为标准情况下产生的电压远大于给电池充电所需的电压，同时考虑温度等因素的变化。电池充电电压范围如图 7.15 所示。即使太阳辐射降低，运行的电压范围仍然大于电池充电电压。

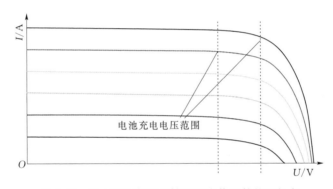

图 7.15　在太阳辐射变化情况下光伏组件的运行点

太阳能抽水蓄能系统通常不包含电池，而是由光伏组件直接驱动负载。对于像这样的感性负载，最大功率点与电动机的工作点不一致。因此最大功率点跟踪系统（MPPT）被用来对光伏组件的输出特性和负载所需功率进行匹配。

很多较大的系统中目前都配置有 MPPT 来保证获得光伏阵列的最大输出。

习　题　7

1. 在典型的单晶硅组件中一般连接有多少电池？
2. 如果 3 个相同的电池以串联或并联方式连接，其输出电流和输出电压各是多少？
3. 如果 3 个不同的电池以串联或并联方式连接，其输出电流和输出电压各是多少？
4. 概述下列名词，并说明它们之间的联系。

（1）电池。

（2）组件。

（3）阵列。

（4）组串。

5. 如果 7 个相同的光伏组件以串联或并联方式连接，其输出电流和输出电压各是多少？

6. 如果 6 个相同的光伏组件之间以下列串的方式连接，其输出电流和输出电压各是多少？

（1）6 个光伏组件组成 1 个组串。

（2）3 个光伏组件一组，组成 2 个组串。

（3）2 个光伏组件一组，组成 3 个组串。

（4）1 个光伏组件一组，组成 6 个组串。

7. 请解释热斑的概念及其产生过程？

8. 什么是旁路二极管？请解释它在光伏阵列中的作用。

9. 什么是阻塞二极管？请解释它在光伏阵列中的作用。

10. 请列出检查光伏组件可靠性所需进行的测试。

第8章 太阳能跟踪装置

8.1 太阳能跟踪支架

太阳能跟踪支架是光伏组件的支撑结构，通过一个或两个轴旋转，以增强或增加光伏组件的输出。

目前市场上基本上有两种类型：平衡驱动支架和机械驱动支架。

8.1.1 平衡驱动支架

平衡驱动支架示意图如图8.1所示。

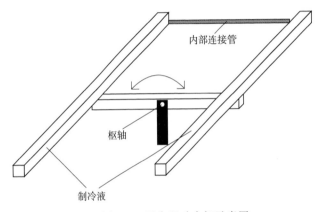

平衡驱动支架利用太阳的热量改变制冷液状态，进而使平衡点通过一个轴移动。随温度上升，制冷液密度变轻，并上升到系统的最高点，以改变平衡状态。平衡驱动支架通常设计为偶数个模块，也有一些为奇数，使用自动减振器来降低风的影响，强风情况下，它们会调整至对风阻力最小的状态，倾斜角可以通过手动调整。平衡驱动支架的大优点是，其运行不需要外部电源，这意味着，正常工作

图8.1 平衡驱动支架示意图

情况下的低维护成本，因此适用于在偏远地区。其优缺点见表8.1。

表8.1 平衡驱动支架的优、缺点

优 点	缺 点
(1) 无需电源。	(1) 制冷液有泄漏风险。
(2) 维护成本低廉。	(2) 安装要求高（它必须高精确度地垂直）。
(3) 移动部件少	(3) 强风引起的抖动会导致部件寿命减短。
	(4) 无用户可修复部件。
	(5) 制冷液稀少，获取困难

8.1.2 机械驱动支架

机械驱动支架采用了许多不同形式的设计，但是有一个共同的特点，都采用了一定形式的电动机来驱动阵列，通过安装齿轮箱或直线驱动器来完成，这两种驱动源一般都是由基于时间或者日光传感器的微处理单元控制。

1. 直线驱动器驱动单元

直线驱动器是一种机械驱动柱塞，通过改变柱塞长度来推动枢轴框架沿弧形转动，其示意图如图 8.2 所示。

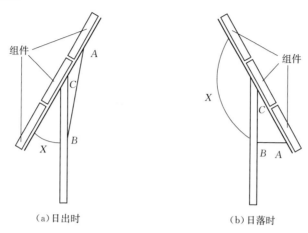

（a）日出时　　　　　　　　（b）日落时

图 8.2　日出日落时直线驱动器示意图

在图 8.2 中，三角形 ABC 的边 AC 和 CB 是固定的，随着 AB 长度的变化，角 X 发生变化。直线驱动器控制边 AB 的长度。因实现机制简单，基于直线驱动器的太阳能跟踪装置是最常见的驱动单元形式。图 8.2 中，跟踪器的稳定性由三角形 ABC 决定。当跟踪器几乎是垂直时（向东或向西），三角形几乎不存在。因此，太阳能跟踪装置在角度的极值情况下不是很稳定，有被风损坏的可能。在大多数情况下，太阳能跟踪装置通过手工调节倾斜角，在小风区域表现良好。其优、缺点见表 8.2。

表 8.2　　　　　　　　　　直线驱动器驱动单元的优、缺点

优　　　点	缺　　　点
（1）只有一个自带的替代驱动单元。 （2）通常设计紧凑。 （3）可现场修复。 （4）安装要求不那么严格	（1）当驱动器也成为一个节点（稳定器）时，直推建立 90°的弧度会产生几何问题：在最大延伸范围时，驱动器几乎可以与枢轴结构的平面平行，这导致了在驱动轴点会产生较大的应力，在大风区域可能会过早出现故障。 （2）需要外部电源

2. 齿轮箱驱动部件

齿轮箱驱动部件跟其他类型追踪器不同，它们通过一个或两个轴驱动，并且通常在最后的驱动器上有更坚固的结构。齿轮箱驱动部件也使用微型处理器来实现自我控制，其优、缺点见表 8.3，示意图如图 8.3 所示。

表 8.3　　　　　　　　　　齿轮箱驱动部件的优、缺点

优点	缺点
（1）具有较高的风载荷承载能力。 （2）强度大。 （3）维修少。 （4）可现场修复	（1）重量大，安装耗费人力。 （2）需要外部电源

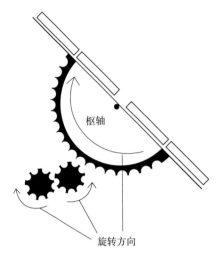

图 8.3　齿轮箱驱动部件示意图

8.2　安装注意事项

以下涉及所有类型的太阳能跟踪装置。

8.2.1　风荷载

由于太阳能跟踪支架不断改变与盛行风之间的角度，因此支架的受力也是不断变化的。这些受力中可能存在冲击支架、抬起或推动支架分力。为了抵消这些力量，安装时应该使组件四面之间有较大的间隙，这样风荷载可以显著减少。如风筝身上的孔使它很难翻倒。间隙实际上也是阵列的一部分，可增加有效表面积，降低风荷载。

8.2.2　发电增加比例

发电增加比例与成本效益是使用太阳能跟踪装置的最有争议的问题。多年来提出了很多观点，并基于计算机进行了计算、模拟和证明。

全年平均发电增加比例的普遍预期为 30％。这一比例已经考虑到太阳轨迹在夏天（＞180°）和冬季（＜180°）的区别。夏天日照时间更长，发电增加比例预期高于30％，而冬季日照时数较短，发电增加比例预期小于30％（也取决于纬度和地形）。由于上述原因，太阳能跟踪装置在太阳能抽水系统中的应用特别有优势，因其光伏阵列全天连在负载上。而在电池充电系统中，调节器有可能断开负载，使得太阳能跟踪装置产生浪费。这当然也取决于全年的负荷曲线，夏季高峰负荷会更多地利用到增量发电。

必须注意到，辐射强度也受空气质量以及太阳倾斜角的影响。清晨和傍晚，我们可以使用太阳能跟踪装置使光伏组件垂直，但受制于辐射强度，发电提高有限。由于遮挡等因素，地形特征也会对跟踪系统造成影响。

8.2.3　成本效益

检查太阳能跟踪装置成本效益的唯一真正方式是，分别设计有和没有太阳能跟踪装置的两套系统，计算两套系统的产出和成本并进行比较评估。

根据一般经验：跟固定阵列相比，一个包含太阳能跟踪装置的系统中至少要包含 8 块光伏组件，才能收回太阳能跟踪装置的成本。

【例】　组件成本如下：

8 个太阳能跟踪系统	4000 美元
8 组件固定阵列的安装框架	1200 美元
175W（4.9A）光伏组件	1500 美元/个

太阳能跟踪装置的实际成本＝太阳能跟踪系统成本－安装框架成本＝4000－1200＝2800（美元）。

假设日平均值日照时间为 5.5h，8 个 4.9A 的光伏组件在 5.5h 太阳高峰时间的输出为 215.6A·h/d（固定阵列）。如果使用太阳能跟踪装置的平均年发电量可增加 30%，因此有太阳能跟踪装置情况下的输出为 280.3A·h/d，增量为 64.7A·h/d，对应于 5.5h 峰值日照小时的 64.7A·h，相当于阵列中电流增加 11.8A（64.7A·h/5.5h）。这 11.8A 相当于额外增加 2.4 块（11.8A/4.9A）光伏组件。因此，需要额外的 2.4 块光伏组件来获得相同的输出。

假设可以不以整数购买光伏组件，每块组件 1500 美元，则购买 2.4 块组件的额外成本将是 3600 美元（2.4×1500 美元）。

因此，使用固定阵列发电 215.6A·h/d 的成本是：

10.4 块组件	15600 美元
10 个框架	1500 美元
共计	17100 美元

使用有太阳能跟踪装置的系统发电 215.6Ah/d 的成本是：

8 块组件	12000 美元
8 个太阳能跟踪系统	4000 美元
共计	16000 美元

以上没有考虑两个不同的阵列的导线和硬件成本差别。

从上面的例子中可以看到，太阳能跟踪装置具有成本效益，阵列越大，成本效益越明显。然而太阳能跟踪装置通常最大只能包含 12 块组件，因此该系统的经济性随组件数量而变化。在一些情况下，固定阵列仍可能会更经济。

第 9 章　电　　　池

9.1　概述

只有有足够的太阳辐射能、风能或水能，可再生资源供给的能量才能充足。显然，光伏只能在白天发电。然而很多电力需求发生在夜间，这便带来了储能需求。这同样适用于间歇性风力不足的风力发电系统和大部分输入小于需求的小型水力发电系统。

目前已尝试过很多储能装置，但针对独立供电系统，电池存储仍最为方便并且节省成本。电池通过材料中的化学键存放势能。

在可再生能源发电系统中使用的电池称为二次电池。相对而言，一次电池仅允许提供电能的化学过程发生一次，在此之后，电池被废弃，如便携式无线电设备、计算器等中使用的碱性电池。二次电池允许通过充电过程将化学过程逆转，从而使得电池重新充电，再次提供电能。

9.2　铅酸蓄电池

在独立供电系统中使用铅酸蓄电池极具经济性。它们都是由电池单元构成，每个单元额定电压为 2V。在这个类别中有许多不同的电池类型，可以适应各种应用。包括：

（1）牵引电池。用于叉车、高尔夫球车等，这些电池被设计为定期进行深度循环、快速充电。它们不适用于独立供电系统，因为它的充电/再充电效率通常较差。

（2）启动电池。用于汽车，通常被称为 SLI（启动、照明和点火）电池。这种电池被设计为可以在一个短周期（启动时间）内提供大电流，因此不适用于需要使用深度放电电池的独立供电系统。

（3）固定电池。用于紧急备用场合，例如电信领域，它不需要频繁深度充电，其电池总是维持在满充浮动电压上。这些电池已在独立供电系统中使用，但不具有良好的循环能力。

（4）深循环光伏电池。这种电池的设计使其能够执行有效的充电、放电循环，并且具有较长的寿命。

一个由电池单元组合连接而成的电池（通常是串联）可以在任何所需的电压下工作。例如，一个 12V 的铅酸蓄电池是由 6 个电池单元串联而成。

对于较小的独立供电系统，可以使用 12V 的电池。对于需要更大电池容量的系统，电池通常以 2V 为单元出售，因为单一的 12V 电池的重量太重（一些大容量 2V 单元已经可能超过 100kg，注意：有的厂商也会将 2 个或 3 个单元连接在一个容器中出售）。安装人员必须使用通常由制造商提供的电缆将它们串联起来使用（也可能并联）。

图 9.1 为典型铅酸蓄电池的结构。

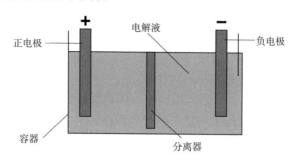

图 9.1 典型铅酸蓄电池的结构

在完全充电的铅酸蓄电池中，铅（Pb）组成了负极板，氧化铅（PbO_2）形成了正极板。硫酸（H_2SO_4）和水的溶液组成了电解液，将两个板浸入其中。Pb 和 PbO_2 称为活性材料。在放电过程中，H_2SO_4 与 Pb、PbO_2 分别发生反应。

化学反应式为

$$Pb + PbO_2 + H_2SO_4 \xrightleftharpoons[充电]{放电} 2PbSO_4 + 2H_2O$$

反应结束，电解液中的酸浓度降低，不溶解的硫酸铅（$PbSO_4$）沉积在正电极和负电极的表面。正、负电极之间电势差约为 2V。

在充电过程中，由外部电源施加一个比电池电压高的电势差，在这种情况下，上述反应被逆转，电池回到充电的初始状态，两个极板转换回 Pb 和 PbO_2。

在充电过程中，电解液中的一部分水通过电解过程转化为氧气和氢气，化学反应式为

$$2H_2O \longrightarrow 2H_2 + O_2$$

之后，气体通过电池顶部的通风孔逸出，一段时间后，电解液水位将下降。因此必须对电池进行监控，定时将水加满。

氢气高度易燃，因此，必须小心确保电池上方和四周有足够的通风空间。

9.3 阀控式铅酸蓄电池（VRLA）

阀控式铅酸蓄电池与铅酸蓄电池运行原理相同，但是此类型电池被密封在一个防漏装置中。阀控式铅酸蓄电池是为标准浸液式蓄电池和太阳能深循环电池等应用而设计。在密封电池中，电解液的移动会受到限制。

正常运行时，充电过程中由极板产生的氢气和氧气重新组成水。需要严密监控密封电池，以防止其过充或水分通过安全孔流失。一般情况下，这些电池的运输可以无需担心酸溢出。

阀控式铅酸蓄电池比浸液式蓄电池危害小，因为除非电池被过充，一般很少产生或不产生气体（氢气）。如果被过充，调节阀将打开以释放氧气和氢气。目前没有机制可用于替换释放的气体。

阀控式铅酸蓄电池是为多种应用而设计。它往往能够提供比浸液式蓄电池更高的充电和放电电流，并且可以用于无人值守或无法进入的情况，如太阳能街道照明。

但是，阀控式铅酸蓄电池更加昂贵，使用条件也更苛刻。如果过充时，它们就不能"充满"。然而在某些情况下，其优点超过缺点。

阀控式铅酸蓄电池通常被称为"免维护"电池，不过虽然它们并不需要补充水，其终端仍需要清洗。因此"免维护"说法并不确切。

阀控式铅酸蓄电池的制造有两种不同技术：

（1）吸收玻璃垫（AGM）。在这类电池中，铅钙极板通过浸入两个极板之间电解液的吸收玻璃垫隔开。其优点为避免了电池中的分层问题。其主要问题是，充电循环后活性材料易于流到玻璃纤维毡上，可能会导致短路。因而，这类电池往往循环寿命较差。

（2）凝胶状电解质。在这类电池中，电解质与胶凝剂（如石英粉）结合，组成一种厚凝胶，可以使得电解质固定。这类电池比 AGM 电池具有更好的深度循环性能。

9.4 其他类型电池

一直以来，铅酸蓄电池是独立供电系统中最常用的电池。最初常使用的是浸液式蓄电池，近年来，"密封"电池逐渐得到应用。然而，最近几年，随着锂离子电池和锂铁磷酸盐电池价格的下降，有望在未来取代铅酸蓄电池。本章主要介绍目前可用的其他几种类型的电池。

9.4.1 镍镉电池（NiCd）

镍镉电池发明于 1899 年，商业化应用于 20 世纪初。其成本要比铅酸蓄电池昂贵。镍镉电池通常有密封型和开口型两种，较小的电池往往为密封型，而在独立供电系统中将使用更大的开口型电池。

镍镉电池的自放电率高于铅酸蓄电池。通常镍镉电池在 20℃ 时每月自放电率约为 10％，在更高的温度下每月自放电率可高达 20％。

开口镍镉电池相比于铅酸蓄电池不会受到电气损害（包括快速充电和快速放电），而且非常坚固其具有更长的寿命（根据类型不同，长达 20 年或以上），并且可以在极端温度下运行（−40～70℃）。

镍镉电池也可采取密封型，在国内常常用于设备充电，诸如在收音机、磁带播放器、计算器、剃须刀、移动电话等中使用（现在此类型应用正在被锂离子、镍金属氢化物等电池取代）。

一般情况下，成本问题限制了它在可再生能源系统中的使用。这些电池必须在其使用寿命结束后将镉回收利用。因此，必须考虑回收成本。

不同于铅酸蓄电池，镍镉电池的电解液（碱性氢氧化钾水溶液）仅作为离子迁移介质，且在充电或放电过程中，其化学性质基本不变，不管充电电池的状态如何，其电解液的比重保持相对恒定。正极板由镍活性材料（在镍板上）构成，而负极板是镉活性物质浸透的镍板。

镍镉电池每个单元产生 1.2V 电压，因此一个 12V 的电池组需要 10 个电池单元串联，而一个 24V 蓄电池组需要 20 个，同理，48V 的电池组需要 40 个。

负极（镉）上放电过程的化学反应为

$$Cd+2OH^- \longrightarrow Cd(OH)_2+2e^-$$

正极（镍）上的化学反应为

$$2NiO(OH)+2H_2O+2e^- \longrightarrow 2Ni(OH)_2+2OH^-$$

放电过程中的总反应为

$$2NiO(OH)+Cd+2H_2O+2e^- \longrightarrow 2Ni(OH)_2+Cd(OH)_2$$

碱性电解液（通常为 KOH）未在此反应中消耗，因此镍镉电池的电解液比重不能反映其充电状态，这点与铅酸蓄电池不同。

当放电时，镍镉电池电压保持相对恒定（1.2V）。因此基于电池电压也很难准确地知道电池是否已经放电完成。这种电压的恒定特性不利于逆变器和其他设备（例如太阳能控制器的负载控制）为在低充状态时断开负载（和放电）而进行的电压监控。但是开口镍镉电池在过度放电时不会像铅酸蓄电池那样损坏电池。

当再充电时，上述方程式中的反应将从右到左进行。

与铅酸蓄电池不同，密封镍镉电池可以高速（如充电速率 C1）充电，即一个容量为 10A·h 的镍镉电池可以在 C1 速度下以 10A 充电。在充电过程中电压将从 1.2 V 升至 1.45 V，在电池接近满充时，这种上升速率更大。而铅酸蓄电池的终端电压会随着温度升高而降低。一些充电器将监测电池的温度，并在指定温度下断开充电。

密封镍镉电池在技术上处于带有安全阀的压力容器中。因此在充电时产生的氧气和氢气不会逸出，并在电池的压力容器中重组为水。如果电池过充，压力增加到一定程度，安全阀打开，氧气和氢气将逸出。电池电解液的多少与电池容量有关，所以水的损失将导致容量的损失。气体产生于快速充电过程，损失于过充时。因此电池充电器必须具有检测过充的能力。

注意：密封电池如果快速放电，可以产生氧气和氢气。

开口镍镉电池应用于需要更高容量和放电器的场合（例如与电网连接的电池存储系统）。此种类型的电池在快速放电或充电过程中会有控制安全阀来释放氧气和氢气，像铅酸蓄电池一样，必须定期添加蒸馏水以补充水的流失。根据不同的充放电循环，这个补充水分的维护工作的间隔时间范围为几个月到一年。由于电池目前不是一个压力容器，它们实际上更轻、更安全。在过度充电或放电过程中电池也不会被损坏。

充电期间，开口镍镉电池单元电压可以达到 1.55V，且电压在充电结束时迅速上升。优选的充电速率为 C1，然而针对可再生能源作为唯一充电源时，可能达不到 C1 的充电速率。

电池需要在均衡的充电状态下充电 4h。在此充电期间，电池单元电压可以达到 1.6V，但不应低于 1.55V 或大于 1.7V。过充电的目的是排走在极板上的气体，包括负极（阴极）板上的氢气和正极板（阳极）上的氧气。

9.4.2　全钒氧化还原液流电池

钒氧化还原分别存储电解液成分，并在单元之间输送。全钒氧化还原液流电池中，电荷存储在该溶液中，当溶液完全放电时，电池再次充电。电池的能量取决于存储溶液的体积，其可用功率（电流）则取决于组成电极的电池组大小。

全钒氧化还原液流电池中的电解液中含有钒。新南威尔士大学取得了含钒硫酸溶液电池的专利。在电池正极这半边中的电解液包含 VO_2^+ 和 VO^{2+} 离子，而在电池负极这半边中的电解液包含 V^{3+} 和 V^{2+} 离子。

当全钒氧化还原液流电池正在充电时，正极的 VO_2^+ 离子转换为 VO^{2+} 离子，此时电子离开电池正极。同样，在负极，引入的电子将 V^{3+} 离子转换为 V^{2+} 离子。电池的容量可以通过充电的电解液状态监测来确定。放电过程则相反。

由于溶液即电荷，理论上可以将一个电池放电而另一个电池充电，然后只交换溶液。而实际上在该领域这是不切实际的。

假设放电过程中，每个单元电压是 1.41V。因此，一个 12V 的电池将需要约 9 个单元电池组成。

全钒氧化还原液流电池有以下优点：

（1）容量是无限的，因为它仅依赖于存储的溶液的体积。

（2）它们能够迅速提供大电流，并可在短时间内提供过载电流（根据新南威尔士大学，可以在 10s 内通过 400% 的额定电流）。

（3）可以高速率充电。

（4）如果久未放电，溶液不会被破坏。

（5）如果正极和负极溶液无意中混合，不产生永久性损害。

（6）电池不需要均衡的过充电周期。

（7）溶液有无限长的寿命，因此替换成本低。

全钒氧化还原液流电池有以下缺点：

（1）电池中需要使用泵，使这种电池比其他类型的电池更加复杂。这可能成为它们在远端独立系统中应用的障碍。

（2）较低的能量体积比。

9.4.3　锌溴电池

锌溴电池的运行方式与全钒氧化还原液流电池类似，同样具有存储存储正极和负极溶液的电解槽，且电池位于两个极板之间，电荷也同样存储在电解液中。

在锌溴电池中，溴化锌和季铵盐的水溶液泵送通过电池组。充电时，锌金属被镀覆到电极上，释放的溴和季铵盐发生反应，产生稠油状复合物。放电时，锌重新溶解，使得电极回到初始状态。

电解液由溴化锌盐溶解于水中构成。充电期间，金属锌从电解质溶液中分离覆着在负极板上，而溴化物在正极表面转化为溴，并立即作为安全化学复合有机相（稠油状复合物）储存在电解槽中。

当放电时，负极端的反应过程为

$$Zn \longleftrightarrow Zn_{(aq)}^{2+} + 2e^-$$

而在正极端，溴被转变为溴化物，过程为

$$Br_{2(aq)} + 2e^- \longleftrightarrow 2Br_{aq}^-$$

因此，总反应方程为

$$Zn + Br_{2(aq)} \Longleftrightarrow 2Br^-_{(aq)} + Zn^{2+}_{(aq)}$$

每个电池单元的电压约为 1.67V，因此一个 12V 的电池通常需要 8 组。

溴化锌电池的优点如下：

（1）比全钒氧化还原液流电池能量密度高。

（2）容量是无限的，因为它只取决于存储的溶液的体积。

（3）如果久未放电，溶液不会被破坏。

（4）电极不受反应影响，不会腐蚀。

溴化锌电池的缺点为：电池中需要使用泵，使其比其他类型的电池更复杂。这可能成为它们在远端独立系统中应用的障碍。

9.4.4 锂离子电池

锂离子电池与铅酸蓄电池的相似之处在于，电解液中有正极和负极，锂离子在放电过程中从负极移动到正极 ，而在充电过程中相反。

常规锂离子电池的负极由碳构成，最常见的材料是石墨。正极材料是金属氧化物，如：锂钴氧化物、磷酸铁锂或锂锰氧化物。电解液是溶解在有机溶剂中的锂盐，是非水溶液。有多种盐可用于电解液，电池的电压、容量、寿命和安全性依赖于电池中实际使用的盐。

纯锂化学特性非常活泼，如果放入水中，它会发生化学反应生成氢氧化锂和氢。因此，电池中的电解液是非水溶液，严禁进入水分。

充电期间，锂离子在过渡金属钴中从正极移动到负极，在负极它们被嵌入石墨分子之间，该过程被称为嵌入，其定义为：分子（或团）可逆地嵌入另两个分子之间。

恒压限流充电这种情况发生在当电池电压上升到最大值 4.2V 时，随后会减少电流维持该电压。一些电池充电至电流为 0，而另一些在恒定电压下充电直到电流减少到初始充电电流的特定百分比。典型情况下，充电终止于初始充电电流的 3%。

早期的锂离子电池不能快速充电，它至少需要 2h 才能充满。新一代电池可以在45min 或者更短的时间内充满。有些锂离子电池可以在短短 10min 内充电达到 90%。

充电期间正极半反应式为

$$LiCoO_2 \Longleftrightarrow Li_{1-n}CoO_2 + nLi^+ + ne^-$$

负极半反应式为

$$nLi^+ + ne^- + C \Longleftrightarrow Li_yC$$

放电过程相反。

如果电池过充，钴氧化物的电压太高，则形成下列不可逆反应：

$$LiCoO_2 \longrightarrow Li^+ + CoO_2 + e^-$$

如果电池过度放电，则钴酸锂在如下的不可逆反应中转换为氧化锂：

$$Li^+ + e^- + LiCoO_2 \longrightarrow LiO + CoO$$

电池电压依赖于电极材料和电解液，并且每个电池单元的电压可以在 3.3～4.2V 范围内变化。

锂离子电池较为脆弱，并具有电压上限。如果过热或过充，锂离子电池可能发生热失控和电池破裂。在极端情况下还可导致燃烧。因此每个电池在充电期间必须单独监测温度和电压，如果需要，应与充电设备断开。因此可以和铅酸蓄电池一样，充电设备可以只连接其中的一个，而不是连接整个电池组。

注意：如果电池温度低于0℃，一些锂离子电池将无法充电。

深度放电可能会导致电池短路，这种情况下，再次充电将不安全。

为了降低这些风险，锂离子电池组可以包含自动防故障电路，在电压超出电池规定安全电压范围之外时，关闭该单个电池单元。安全范围一般是每个电池单元3～4.2 V。

如果电池具有自我保护电路并且电池长时间存放，那么电池可以通过自我保护电路在低于安全电压时放电。一般每月自放电5%～10%。

其他安全特性包括：

（1）超过温度时关断分离器。

（2）内部压力增大时扯去突舌。

（3）通风降压。

（4）过流/过充时热中断。

这些特性是必需的，因为阳极使用过程中会产生热量，而阴极可产生氧气。这些装置和改进的电极设计可减少或消除火灾或爆炸的风险。

锂离子电池的一个主要优点是，在容量相同的情况下，其重量小于铅酸电池。

9.4.5　磷酸铁锂电池（LFP）

磷酸铁锂（$LiFePO_4$）电池也称为LFP电池，是一种锂离子电池。然而，它比标准的钴基锂离子电池更安全，能够提供更高的放电电流，并具有有更长的使用寿命。基于这些原因，该电池已开始在备用电源中应用，因此适用于独立供电系统。因此，本节单独列入了此部分内容。

磷酸铁锂电池和标准锂离子电池的区别在于，相对于标准锂离子电池中的钴酸锂（$LiCoO_2$），磷酸铁锂电池的正极端是磷酸铁锂。

磷酸铁锂电池的主要优点是，与标准锂离子电池相比，其安全性更高，有更好的热稳定性和化学稳定性，因为Fe—P—O键比CO—O键强。

9.4.6　其他类型电池

关于电池的研究在不断增多，因此预计有其他类型的电池将陆续进入市场。其中的一些可能只适合于小型太阳能照明市场，但随着近年来锂离子电池价格的下降，在未来几年内，其中一些电池类型可能更适合于独立供电系统。

一些其他类型的电池包括镍氢（NiMH）电池和锂锰电池，但这些电池除了使用了不同的金属，与上述的电池类似。

双面电容器也被用作存储设备，并被开发为商业产品。然而，从时间点上预计，比起独立系统的长期存储需求，它们将更适合短期存储需求（例如电网的可再生能源存储）。

9.5　电池特性

针对独立供电系统，电池选型时必须考虑以下几点：

（1）需要在电池中储存多少能量。

（2）充电速率和放电速率。

（3）电池放电能达到什么程度。

（4）电池所需的电压是多少。

（5）如何判断电池是否过充或欠充。

（6）影响蓄电池的性能和寿命的因素。

（7）电池维护。

汽车电池的冷启动电流（CCA）是一个关键因素，但安时容量和循环寿命是深循环电池用于独立供电系统的主要标准。钢板厚度、合金混合物、隔板设计、电解液浓度和体积的选择必须在优化深循环电池性能的前提下进行。

9.6　电池储能

由各种电力设备产生和使用的能量通常用瓦时（W·h）或千瓦时（kW·h）衡量，但为了反映电池存储的容量，通常采用安时（A·h）来进行记录，称为电池容量。

注意：A·h 不是能量的单位，它是电池内的一个电量单位。

电池的能量取决于电池容量和电压。W·h 和 A·h 之间的转换公式为

$$A \cdot h = \frac{W \cdot h}{V} \qquad W \cdot h = A \cdot h \times V$$

kW·h 和 A·h 之间的转换公式为

$$A \cdot h = \frac{kW \cdot h \times 1000}{V} \qquad kW \cdot h = \frac{A \cdot h \times V}{1000}$$

9.7　电池容量

每个电池满充时，具有产生一定数量电量的能力。对于给定的放电速率和电池温度，电池容量由制造商给出。放电速率（通常是 C20 或 C100）指的是电池在一定的电流下供电的小时数。因此，如果电池容量表示为 C20＝100A·h，则可以提供 20h 的 5A 的电流；如果一个电池的电池容量表示为 C10 ＝100A·h，则可以提供 10h 的 10A 的电流；如果一个电池的电池容量表示为 C100＝100A·h，则可以连续地提供 100h 的 1A 的电流。

但电池容量也取决于其放电速率。对于给定的电池，放电速率越快，可用容量越低。

也就是说，如果一个电池容量为 C10 ＝100A·h（10A，10h），若以 20A 放电，则不会持续超过 5h，可能只能持续 4h（即使给定电池容量为 100A·h），因此在充电速率 C4 下，其电池容量只有 80A·h。

几种 Exide 储能电池的容量见表 9.1。

表 9.1   Exide 储 能 电 池 容 量

型号	放电时间				
	120h	100h	20h	20h	5h
6RP70	735	670	423	376	339
6RP830	910	830	565	501	452
Enersol130	132	130	108	100	95

9.8　充电速率

充电速率由电池制造商规定，并取决于充电状态。深度放电的电池可以在高充电速率（例如 C10 或更快）下充电一段时间，但当电池接近满充时，充电速率必须降低到 C50 或更低，以减少电池的水分损失。在任何情况下，要始终遵循电池制造商的建议。

9.9　截止电压

当电流从电池流出时，电池终端上测量的电压就会下降，该最小允许电压称为截止电压。当电压低于此截止电压时，电流可能导致电池的永久性破坏和电池容量的永久性损失。

当电池制造商规定了在特定放电速率下的容量时，他们通常也规定了截止电压。不同的放电速率和电流可能有不同的截止电压。

9.10　放电深度（DOD）

放电深度用来衡量总电池容量被消耗的数量，通常以百分比表示。例如，电池在额定容量 C10＝200A·h 下以 20A 放电 5h，则剩下的容量为 $200-(5×20)=100(A·h)$。在这种情况下，100/200 的初始容量已被消耗，因此放电深度为 50%。

确定精确放电深度的困难之处在于，实际容量总是取决于放电电流。

在上述例子中，如果以 10A 放电 10h，则电池放电 100A·h，但放电深度不一定是 50%，因为以 10A 放电，电池的实际容量预计会更大，因为它是以小于额定电流 20A 放电，所以实际上它的放电深度预计会小于 50%。

建议最大的放电深度一般为 70% 左右，但也应该参考电池制造商的规格。定期放电到这一深度会大大减少电池的循环寿命。

电池容量随着时间的推移会衰减，当电池不能被充电到其原始容量的 80% 以上，则认为其使用生命完结，之后会迅速恶化。电池寿命宜用循环次数表示，但是对于大多数的循环而言，循环次数的变化依赖于放电深度。

电池制造商针对特定的放电深度明确了其电池寿命，见表 9.2。

表 9.2
电池的电池寿命与放电深度

放电深度/%	电池寿命（循环次数）	
	Century Yuasa SSR@ C10	埃克塞德储能@C10
10		＞5000
20	3000	
30	2700	3300
40	2200	
50	2050	2500
60	1800	
75		
80	1400	1500

其他因素（包括电池温度）对电池容量的衰减也有影响。如果正确配置容量、选型和维护，有理由期望其使用寿命至少达到 10 年。有些电池已经运行了长达 15 年。埃克塞德 A400 电池温度和使用寿命之间的关系如图 9.2 所示。

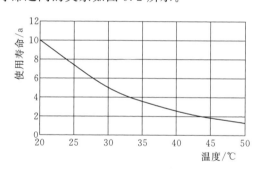

图 9.2　埃克塞德太阳能模块 A400 电池温度和使用寿命之间的关系

9.11　日放电深度

尽管电池在被损坏之前具有允许放电的最大深度，但在独立供电系统中，电池通常每天都会放电到一个更低的水平，这称为每日放电深度。每日放电深度通常保持在 20％ 以下，以延长电池寿命。

9.12　电池效率

在放电过程中，没有电池能够释放它在充电过程中获取的所有能量。原因包括：
（1）充电过程产生热能，并消散在周围环境中。
（2）充电电压高于放电电压，这代表了势能的损失，因此能量也产生了损失。
（3）分解水产生气体的过程会耗散能量。因此，电池的效率在接近满充状态时会降低。

电池的效率可以表示为安时效率（或如在 AS4509.2 中用库仑效率表示）或瓦时效率。

安时效率计算公式为

$$安时效率 = \frac{放电安时}{充电安时}$$

光伏电池的典型效率为 90%，但在均衡（析气期间）状态会大大降低。效率随着荷电状态变化，并且还取决于瞬时充电电流和电压。

电池的瓦时效率反映了电池的真实能量效率，其计算公式为

$$瓦时效率 = \frac{放电瓦时}{充电瓦时}$$

因为在特定的放电容量下，充电电压始终大于放电电压，所以瓦时效率将始终小于相同电池的等效安时效率。

9.13 放电速率

电池制造商不是通过安培数，而是通过电池放电时间来确定电池的放电速率，这通常是指下降到一个指定电压的时间（例如，每个电池单元 1.85V 或 1.8V）。例如，一个具有 C20＝100A·h 额定容量的电池，放电电流为 5A，将需要 20h 放电到指定电压（指定电压由制造商确定）。电池低于规定的电压放电通常会损坏电池。电池放电速率越快，从电池获取的可用能量越少。AS/NZS 4509.2—2010《独立供电系统　第 2 部分：系统设计导则》规定在可再生能源系统中使用的电池放电速率可为 C100，而在更大的并网系统需要的放电速率为 C20。C100 的安时容量高于 C20，因为其放电速率慢。然而，对于澳大利亚目前的独立供电系统中，典型的放电速率为 C20～C50。

9.14 均衡

在充放电过程中，电池系统中的一些电池单元可能与其他的电池单元的电压不同。为了均衡每个电池单元的荷电状态，当充电电压接近每电池单元 2.5V 时，系统将充电到满充状态。对电池组进行过充将"均衡"所有电池单元的充电状态及电压。

9.15 析气

充电中的电池单元可以分解水产生氢气和氧气（参见 9.2 节）而释放气体。析气伴随着电解液中的水分流失。如果周围有火花，在此过程中产生的氢气可能会爆炸。析气甚至也可以在不充电的电池中发生。

注意：在电池附近工作时一定要注意安全！

析气，同时导致了水分流失，但其有助于混合电解液。随着时间的推移，电解液较重

的酸往往会沉积到电池的底部（称为分层），但析气可以阻碍其沉积。

9.16 自放电率

即使在没有负载的情况下，电池单元中也总有化学反应发生，这会降低电池的容量。这个过程中电荷的损失率被称为自放电率。取决于电池的类型和其化学组成，自放电率每月可能为 1%～3%，随着电池的老化，其自放电率普遍提高。在不包括备用发电机系统中，自放电率应是决定系统大小的因素之一。自放电率也会影响电池的整体效率。

9.17 荷电状态（SOC）

荷电状态代表电池初始可用容量，用额定容量的百分数来表示。例如，一个放电深度（DOD）为 25% 的电池，其可能达到 75% 的荷电状态（SOC）。

即

$$DOD = \frac{放电容量}{额定容量} \times 100\%$$

$$SOC = \frac{可用容量}{额定容量} \times 100\%$$

因此，SOC 加上 DOD 始终等于 100%。

DOD、SOC 和电池容量之间的关系如图 9.3 所示。

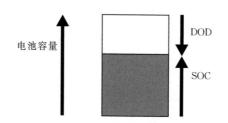

图 9.3　SOC、DOD 和电池容量之间的关系

9.18 比重

比重是电解液密度与水密度的比值。硫酸比水重，因此使用硫酸的电池的电解液比重大于 1。在电池放电过程中，比重下降与荷电状态呈线性关系，而电压与荷电状态呈非线性关系（图 9.4）。电解液的比重可较好地反映电池单元的荷电状态。使用比重计从电解液中取样进行测量，可用来监测电池的荷电状态。由比重确定荷电状态时，要明确制造商给出的电池的规格很重要，同时还要记得电池电解液比重是随温度变化的（图 9.6）。

9.19 硫酸盐化

当电池长时间处于低荷电状态时，会在两极表面沉积形成结晶形式的硫酸铅。当电池不经常充电时，自放电会导致硫酸盐化。硫酸盐化可导致电池容量的永久性损失，因为在长时间低荷电状态产生的硫酸铅的影响难以逆转。

通常在电池中加入其他添加剂可缓解这一问题。但最好能够保证频繁、完全充电以及按月均衡电池电压，以阻止电池的硫酸盐化。对于硫酸盐化电池，充电可能需要使用充电器长时间慢速充电。

9.20 电池电压

铅酸蓄电池的每个电池单元产生约 2V 的电压。由于诸如电池单元的内部电阻和温度等因素的影响，电池单元的工作电压不是恒定的。电池的内部电阻取决于电解液的比重和作为电绝缘体的硫酸铅的数量。在放电过程中的，电流通过电阻使电池两端的电压下降。

随着放电过程的进行以及放电深度的增加，电池工作电压沿每条曲线弯曲下降。这些下降通常称为电压曲线的拐点，这是放电过程的第一个标志。相对应的电压称为截止电压。由此可以看出，截止电压取决于放电速率。在超过电压曲线的拐点后，电池单元所能释放的能量较少。

铅酸蓄电池的充电电压取决于电池的荷电状态、充电速率以及它的运行历史，如图9.4 所示。

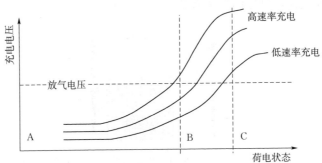

图 9.4　充电电压与荷电状态的函数

如果电池以一个恒定电流充电，那么根据图 9.4，充电电压将会随着荷电状态的变化而变化。

区域 A，电池充电过程中，硫酸铅变回铅和二氧化铅；区域 B，充电临近结束时，电解开始，产生的气体有助于电解液的混合；区域 C，由于析气过多导致了电解液的损失，因而不能再进行高效充电。

9.21 深放电后充电

给定一定放电深度和充电速率的充电曲线如图 9.5 所示。

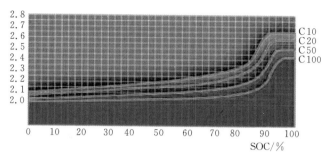

图 9.5 埃克塞德储能电池充电特性

9.22 荷电状态确定

9.22.1 比重

最常见的确定荷电状态的方法是使用比重计测量电池的比重。在使用比重计确定荷电状态时，必须使用制造商提供的曲线，同时应考虑和测量电池的温度。由于酸比水重，如果电池中出现分层或者电池在深度放电后重新充电，这种方法就会不准确。

9.22.2 开路电压

电池充电时，电池电压高于电池的标称电压，因为需要更高的电压推动电流流至电池。同样，当电池放电时，电池电压下降。

因此，使用电池电压来确定电池的荷电状态，必须使用开路电压。需要断开所有负载及充电装置，留出至少 20min 使得电池电压稳定。然后可以使用制造商提供的曲线或表格来确定荷电状态。如果用户使用电力在白天，并不希望浪费可用的太阳能时，这种方法并不总是可行的。

9.22.3 放电和充电电压

制造商可以提供电池的放电曲线、充电曲线，曲线上显示了不同的充电电流，同时显示了对应的放电深度（放电）或荷电状态（充电）下的电压。不同的温度对应不同的曲线。因此，通过测量电流、电池电压和温度，可以确定荷电状态。

9.23 电池维护

电池应定期对水分流失进行检查。水分流失主要来自于析气。如果需要的话，应仅将蒸馏水加到单个电池中，并且应确保所有电极被完全浸没在电解液中，除非发生泄漏，否则绝不添加酸。

电池应该对任何酸泄漏、终端腐蚀、套管裂缝进行检查。有关酸的抑制的规定应遵守澳大利亚相关标准。应测量电解液的比重。如果一个组串中的电池单元间比重的差别大于0.02，则应该进行单元均衡。

应定期检查与电池的所有电气连接，以确保其牢固可靠。电池必须放置在通风的地方，电池顶部应保持清洁和干燥。

9.24 温度影响

在寒冷时期，当电池温度低时，化学反应的速率降低，离子渗透入板材的速度变慢，所以可用于反应的裸露材料数量较少，伴随着可用电池容量的损失。电池容量通常在25℃的参考温度下给出，在更高或更低的温度下，应该使用修正系数曲线进行校正，如图9.6、图9.7所示。注意，校正因子取决于放电速率。

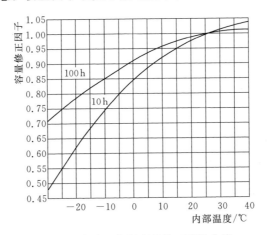

图 9.6　电池工作温度的修正系数曲线

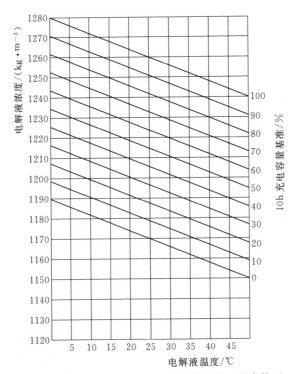

图 9.7　埃克塞德储能电池的电解液比重、温度校正

74

9.25 电池混联

铅酸蓄电池的额定电压为2V。电池可以串联排列以产生更高的电压；或并联排列以增加容量和保持恒定电压。如图9.8所示，如果每个电池容量为100A·h，电压为2V，则每个组串将具有6V的电压和100A·h的容量，而并联两个组串将获得200A·h的容量和6V的电压。

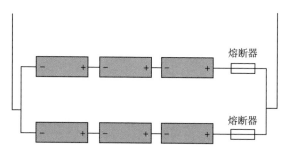

图9.8 电池单元串并联组合

电池组的电池必须具有相同的容量，并且来自同一制造商。

注意：不应当使用不同新旧程度的电池，否则会得不到相等的充电电流和充电电压。

针对每个组串应提供熔断器和隔离措施。

9.26 电池选型

电池选型时需要考虑如下因素（其中的一些因素已由制造商给出，因此要仔细查看其规格说明）：系统类型和运行方式；自放电率；充电特性，内部电阻；最大电池容量；放电电流的大小和变化；需要存储的天数；尺寸、重量和安装位置可达性；能量存储密度；允许的最大放电深度；放气特性；日放电深度要求；易被冻结与否；环境温度和环境条件；硫酸盐敏感性；循环寿命；电解液浓度；辅助硬件的可用性；终端配置；产品口碑；维修要求；密封与否；成本和保修。

9.27 安装要求

当电池析气时，氢气溢出。当其与氧气混合并且被点燃时极其容易爆炸。如果电池安装在通风不良的密闭空间中，并且电池组的正极板和负极板彼此接近（在这种情况下，如果一个导体放置在端子两端，例如在一个扳手正在保养，就有可能产生火花），那么就会引起爆炸。

因此，为了安全起见，必须遵循如下标准来安装放置电池：

（1）AS 4086.2《独立供电系统二次电池 第2部分：安装与维护》。

（2）AS/NZS 4509.1—2009《独立供电系统 第1部分：安全与安装》。

（3）AS/NZS 4509.2—2010《独立供电系统 第2部分：系统设计导则》。

（4）所有电池端子和连接接线片必须被遮盖（笼罩），以保证没有物体可以与之接触。遮蔽罩应能接受一个测试探针，而无需露出端子。

（5）电池必须放置在通风良好的空间，且须在平坦、坚固的表面上。

9.28 其他注意事项

（1）电池应远离水以防止腐蚀。可以使用市售的导电油脂、喷雾剂和端子盖，保护终端不受腐蚀。

（2）电池应离开地面或水泥地放置。如果放在地面上，电池将会吸收地面的温度，一般来说地面温度会低于电池的最优运行温度。此外，运行中的电池会产生一些热量，当电池底部较上部冷时，长期的热应力可导致电池过早失效。

（3）应该隔绝害虫。塑料等绝缘材料通常会被啮齿动物消耗和损坏。

（4）应该放置围墙来控制环境温度尽可能保持在 20～25℃。应提供温度计用于检查电池温度。

（5）应当提供安全设备，如保护眼睛、眼睛冲洗瓶和碳酸氢钠。电池附近应有高质量的比重计。

（6）确保比重计被插入到电池前非常干净。

（7）安全标志应该遵循 AS/NZS 4086.2—2010《独立供电系统　第 2 部分：系统设计导则》，且必须清晰可见。

9.29 商用电池

表 9.3 列出了独立供电系统使用的一些商用电池的参数。

表 9.3　　　　　　　　独立供电系统使用的一些商用电池的参数

型号	容量/(A·h)						电压/V
	10h	20h	24h	50h	100h	120h	
埃克塞德							
6RP670		423			670	735	6
6RP830		565			830	910	6
6RP1080		772			1080	1180	6
4RP1800N		1130			1800	1875	4
4RP1950N		1272			1950	2058	4
4RP2200N		1435			2200	2322	4
Enersol130		108			130	132	12
Enersol250		175			250	256	12

型号	容量/(A·h)						电压/V
	10h	20h	24h	50h	100h	120h	
Century Yuasa							
SSR450-6	335		374		450	460	6
SSR450-6	401		448		535	548	6
SSR450-6	531		593		700	718	6
SSR450-6	662		739		875	897	6
SSR450-4	774		867		1025	1050	4

9.30 影响电池寿命的因素

9.30.1 腐蚀

硫酸会逐渐腐蚀铅板，特别是正极板。过度析气、高运行温度（酸化学特性更活跃）和深度放电会加速腐蚀，而使酸深度穿透极板。

9.30.2 过载

大于制造商建议的电流会引起发热，从而加速腐蚀，同时也会产生机械应力。这些应力可能导致极板弯曲，从而导致过度的脱落，甚至可能使得极板短路。

9.30.3 电解液损失

电解液应始终位于极板之上，否则将会发生极板的损坏，可能包括过度腐蚀（暴露在空气中），或由于极板具有不均匀充电材料而导致损坏。

9.30.4 正极板增长

正极板不断扩大，并在放电/充电循环接触，在一些设计中，可能导致正极板增长而被向上推。这打破了密封，然后酸攀升后造成过度腐蚀。

9.30.5 板材疲劳

硫酸铅形成使极板膨胀，硫酸铅分解使极板收缩，均可能导致电池永久性损坏，包括极板上的活性材料损失、极板的开裂或弯曲。

9.30.6 分离器短路

分离器被放置在正极板和负极板之间，以防止它们接触。随着时间的推移，分离器会老化，从而使极板短路。

9.30.7 脱落

脱落指的是活性材料从正极板的二氧化铅中脱离。脱落在电池的充电、放电循环中很常见（会影响寿命），并可以通过析气加速。

活性材料的损失会导致电池的效率降低，最终达到其寿命的尽头，脱落也可能导致材料在电池的底部积聚，从而导致极板短路。

9.30.8 分层

分层指的是更重的酸会下降到电池的底部。如果电池长时间停留在此状态，酸的不均匀分布将会导致下列问题：

（1）极板底部腐蚀加速。

（2）极板电荷密度的不均匀分布导致了电池单元的不一致运行。

9.30.9 硫酸盐

放电时，极板转换成硫酸铅，充电时则反之。如果电池长期处于低电荷状态，可能会产生较大、较硬的硫酸铅晶体（硫酸盐），这些晶体在充电过程中更难以分解。硫酸盐的产生将导致容量降低、电池内阻增加，甚至导致极板的断裂。

9.30.10 振动

振动或冲击会损坏极板。专为独立系统设计的电池不像为汽车设计的那样强大，振动可能导致极板上的活性材料损失，甚至可能造成极板的开裂。

9.31 电池成本

电池的成本在从每2V低于100美元至超过600美元之间（通常取决于容量），在独立供电系统成本中占很大比例。确定电池的价格首先要确定所需的容量，然后调研市场上的产品，不仅要调查价格，还要考察电池选择标准的（如上所述）所有因素。

9.32 电池故障电流

在直流系统中，电池短路可以在短时间内产生极高的电流，大约是大多数应用中典型放电电流的 $100\sim1000$ 倍。电池的短路电流可以通过开路电压除以内部电阻进行估算。制造商将依据他们发布的信息中或根据要求来提供短路电流或故障电流值。

使用电池的系统必须通过双向熔断器（AS/NZS 4509《独立供电系统》）进行保护。没有这种保护，短路可能会永久性地损坏电池本身。

图9.9显示了一个短路的阀控式铅酸蓄电池的放电电压和电流随时间的变化。

需要注意的是，稳定的最小电压和最大电流读数可以在 $5\sim10ms$ 内达到。从图9.9可以看出，在10ms内达到1754A的短路电流，约为10h放电速率（2.73A @ C10）下的电流的 640 倍。

故障电流、短路电流对在电池边和电池附近工作的人员极其危险。AS/NZS 4509《独立供电系统》要求所有的独立供电系统必须设置标志显示电池系统电压及安装电池容量下的故障电流。

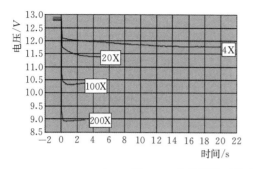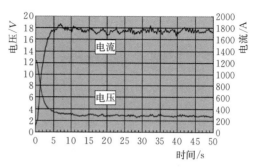

图 9.9　电池短路时放电电压和电流随时间的变化

习 题 9

1. 铅酸蓄电池的电解液由什么组成？

2. 与镉镍电池相比，铅酸蓄电池的优势是什么？

3. 请说明铅酸蓄电池过充时的问题和危险。

4. 为什么必须控制充电速率？

5. 将不同特性的电池连接入同一系统会有什么问题？

6. 为什么不能把电池放置在水泥地面上？

7. 为什么电池容量需要在特定的放电速率确定？

8. 如果一个 2V 的电池的容量是 250A·h，则要组成一个 12V、3000A·h 容量的电池组，需要多少个电池以什么样的方式连接在一起？

9. 安装端子上设有盖子的电池会产生哪些问题？

第 10 章 系 统 控 制 器

10.1 控制设备的目标

电池是独立供电系统的"心脏",必须防止其过充(过充会导致极板的腐蚀、析气和水分流失)和放电至低于截止电压,上述情况的发生可导致电池的永久性损坏和容量损失。过充导致的损害可表现为大量水分流失、极板膨胀和活性物质损失。活性物质例如沉淀物会在电池底部沉积,最终可能导致极板底部短路。控制器(也称为调节器)是任何基于电池的电气系统的重要组成部分,它可以防止电池过充以及由过充引起的损坏。

10.2 充放电循环

电池充电过程中发生化学反应,将正极板上的硫酸铅转化为过氧化铅,释放硫酸盐并增加电解液的比重。电池满充的典型比重为 $1225 \sim 1250 kg/m^2$,具体数值取决于电池的设计。电池的充电速度受化学反应的速度限制。当电池接近满充时,即使极板上仍有放电材料剩余,也不可能快速地给电池补充电荷。因此,为了达到较高的充电状态而不过多损失水分,有必要减少充电电流。电流超过最低充电速率仅将电解质中的水分解为氢气和氧气,导致电池开始析气。同时端电压开始迅速上升。

电池放电过程中发生化学反应,将负极板上的过氧化铅转化为硫酸铅。硫酸参与此反应使电池的比重下降。电池放电的速率受化学反应速率约束,例如在试图采用低电压状态下的电池启动汽车这种极端情况下,可以看到这种效应。当化学反应不能与输送电流保持一致时,终端电压下降,发动机启动功率将会下降。因为可用功率下降,可以听到启动变慢。如果给定时间使化学反应赶上所需的速度,电池可能重新获得足够的表面电荷,以尝试重新启动。

10.3 过充保护

为了防止电池过充使用,充电控制器来感知电池满充,以及停止或者减少充电电流。

任何控制器必须能够考虑到电池的固有特性,而无论其充电方式如何。充电控制器连接方式如图 10.1 所示。

图 10.1 中,当控制器跳开时,辅助负载使用多余的功率,例如,向集水箱中抽水。

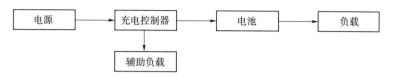

图 10.1 充电控制器在系统中的位置

10.4 控制器种类

控制器可大致分为线性控制器和开关控制器。开关控制器可以分为并联或串联类型。串联控制器可以采用电压控制开关或高速开关。

10.5 线性控制器和开关控制器

线性控制器在任意时刻连续地调节充入电池的电荷以保持最佳电压，通过与电池串联可变电阻元件以改变充入电池的电流。这就使得控制器能够提供电源的全部或一部分功率到电池。它的主要缺点是，需要功率非常高的晶体管来控制电流。

开关控制器是一个开关装置，当电池电压显示满充时移除充电电源。开关电源控制器是在光伏系统中使用的最常见的控制器。

10.6 并联控制器和串联控制器

如上所述，开关控制器可以是并联控制器或串联控制器。

并联控制器电路中，电源全功率运行，多余的功率可以储存或者转移到虚拟负载中，多余的功率也可被用于加热水或者运行其他系统。由于并联控制器与电源和电池并联安装，其主要优点是具有"零插入损耗"。在风力发电和水力发电系统中，它们还提供负载以防止发电机超速运转，但这种情况并不很常见。

串联控制器（通常是作为一个简单的开关控制器安装使用）连接在电源和电池之间。当不需要充电时，电源可轻易地断开，并且串联控制器将电源切换到备用系统中，例如抽水系统或辅助电池组。

10.7 开关控制器种类

10.7.1 单级电压传感控制器

单级电压传感通常被称为滞环控制器或双电压点控制器，其运行参照电池端电压。当电压上升到设定值时，控制器断开电源；当电压下降到一个设定值时，电源重新连接。此循环可以非常迅速，或者可以通过计时器设置最小周期来控制。快速循环会造成射频干扰，电池端电压也将出现波动，可能导致照明和一些设备的不可靠运行。这种类型的控制器在电池老化和条件恶劣时性能较差，因为终端电压可能不能准确地代表电池的充电状态，并且可能导致电池的硫酸盐化加剧。

滞环通常由一系列电压设置控制，例如强充和浮充电压，而不仅仅由一个电压变量控制。如图 10.2 所示。

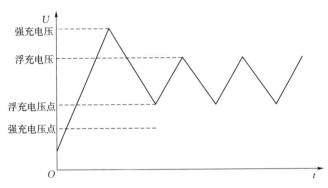

图 10.2　滞环双电压控制器

该控制器运行过程如下：

（1）开始充电时，控制器处于强充充电模式，因此持续给电池提供电荷，直到达到强充电压。

（2）一旦到达强充电压，充电电流将完全与电池断开（切断）。

（3）随后电压将下降，直到达到浮充电压点。然后电源将被重新连接，电压将上升直到达到浮充电压。

（4）在此点上，电流将断开，电压将下降，直至再次达到浮充电压点，然后再次重新被连接到电源。

（5）该循环将持续一整天，除非电池降到强充电压点。如果发生这种情况，控制器将返回到其初始状态，并给电池充电直到达到其强充电压。

10.7.2　多级切换控制器

多级切换控制器要求将光伏阵列划分为几个部分，每部分连接到控制器，控制器控制每一级，就像每个部分连接到一个单级控制器上一样。每一级的开关电压可以设置不同的值，使得电压上升时可以逐级顺序地移除，当电压下降时，可以逐级顺序地加入，而并非是一个全开和全闭的情况。这种类型的控制器在较大的阵列中运行良好，其中全阵列可能会导致电池的端电压迅速上升，增加过充的风险。这种控制器类似于前文所述滞后控制器，它基于电压设置来切换级的开与关。此种控制器不应该与开关模式控制器混淆。

10.7.3　开关模式控制器（类似线性控制器）

多年来，控制器已从基于简单的"滞后"充电方式（"滞后"充电方式不能有效地对电池进行完全充电）发展到基于更复杂充电方式的现代微处理器方式，以更有效地对电池进行充电。这种控制器也可以编程，以适应市场上不同类型的电池，它们通常被称为"智能"控制器。该技术的最新进展是基于脉宽调制（PWM）的控制器，使用一个小的微处理器以调节控制器的充电电压与电池充电所需的电压更好地匹配。

在澳大利亚最常用的一种控制器是 Plasmatronics 生产的"PL"系列。以下给出了该充电方式的描述，及其保证电池有效充电的原理。市场上的其他品牌也遵循类似的方式。（以下摘自 PL 参考手册）

1. 控制周期

PL 控制器的设计旨在保证电池完全充电而不过充。

为达到这个目的，它使用了包含三个主要状态的充电控制：强充、吸收和浮充。还有一个均衡状态，此状态发生在周期设定的情况下（例如，每 14 天或 30 天充电一次）。如图 10.3 所示。

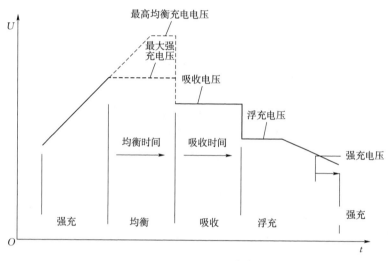

图 10.3　电池充电循环

2. 强充

在处于强充状态时，所有可用的太阳能电流直接给电池组供电。电池持续充电直到电压达到最大强充电压。电压设置由电池制造商决定。

电池电压保持该电压 3min 以上后，控制器将自动切换到吸收状态。该电压可以在每个电池 2.25～2.75V 之间调整，对于典型的铅酸蓄电池，电压值通常被设置为每个电池 2.5V。

3. 吸收

在该状态下，当电池充电处于结束阶段时，控制器将保持电池电压恒定在吸收电压，通过迅速通断充电电流来控制电池的充电脉冲而实现。它试图延长开通脉冲的持续时间，使其比关断脉冲时间长，但是开通脉冲的宽度也是根据实际吸收电压而变化的（即脉冲宽度调制 PWM）。其原理图如图 10.4 所示。

针对某些电池，强充电压和吸收电压是相同的值。此电压可在每个电池 2.25～2.75V 之间调整。对于典型的铅酸蓄电池，电压值通常被设置为每个电池 2.33V。

控制器将保持该电池的电压直到它达到吸收充电时间，通常被设定为 2h（可缩短）。吸收时间完成后，控制器将进入浮充状态。

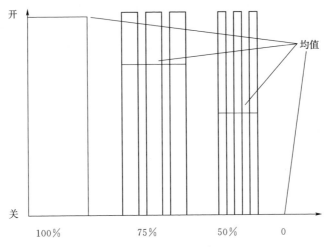

图 10.4　脉冲宽度调制原理图

4. 浮充

在这种状态下，电池已经充满电。充电电流连续地进行脉冲宽度调制以保持电池电压维持在满充水平。该电压应在析气电压以下，以避免过多的电解液损失。如果可以从电池中获得电量，控制器将允许恢复充电直到电池返回到浮充电压。

5. 均衡

许多电池制造商建议将电池组不定期地过充，旨在通过将电池组中所有电池的完全充电，以达到充电均衡，同时搅拌电解液中的电解质，以减少分层。这是均衡状态的作用。

当选定电池后，每隔均衡充电间隔天数（通常为 30～60 天），需要使电池电压升至最高均衡电压，然后在设定的均衡充电时间内维持该电压不变。

6. 返回到强充状态

为了使充电循环得以重复，控制器必须返回到强充状态。如下三种方式均可以使控制器进入强充状态：

（1）电池电压下降到返回强充电压以下，为期 10min。

（2）控制器会在强充充电最多间隔天数之后自动启动强充循环，无论此时电池的电压处于何种状态。

（3）通过编程手动实现。

10.7.4　基于最大功率点跟踪（MPPT)的开关模式控制器

这种控制器将电子器件与控制器结合以寻找光伏阵列的最大功率点，可将多余的可用功率转换给电池充电。

使用 MPPT 的优点是在低光照、温度不稳定条件下，此时电池电压要明显低于阵列的最大功率点，使用 MPPT 为电池充电更为显著。

此种控制器也经常用于无电池存储的太阳能抽水系统中，可在当天更早地进行抽水蓄能。

【例】　假设有一个具有 4.45A 充电电流和 14V 电压的电池模块，其最大功率点在

17.1V、4.38A（这个数据可从太阳能组件制造商处获得）。

假设电池电压为14V，一个标准的控制器将以4.45A对电池进行充电。

忽略组件温度降额效应，如果使用MPPT的效率高达95%，则输入MPPT的功率是75W（17.1V×4.38A），这是因为组件可以运行在最大功率点，而不是电池充电电压下工作。

输入电池的功率为

$$75 \times 0.95 = 71.25 （W）$$

因此使用14V电压的电池，充电电流为

$$\frac{71.25}{14} = 5.09 （A）$$

如果使用MPPT而不是一个标准控制器，电池会得到0.64A的额外充电电流。

虽然可以从一些小型制造商获得MPPT设备，但也是最近几年才得到普遍使用。现在有一些厂家制造MPPT，包括Morningstar、Steca、Outback和Phocus。请注意，某些控制器可以允许组件串联电压超过120V（直流），但这种级别的电压是致命的，并且只能由有资质的电工来安装和服务。表10.1给出了一些基于MPPT的开关模式控制器参数。

表10.1　　　　　　　　基于MPPT的开关模式控制器参数

型号	电池电压（直流）/V	输入电压范围/V	最大电池电流（直流）/A	最大光伏阵列功率/W	最大负载电流/A
STECA Solarix MMP2010	12、24	17~100	20	250、500	10
Phocus MMPT 100/20-1	12、24	≤95	20	300、600	10
Morningstar SS-MPPT-15	12、24	≤75	15	200、400	15
Outback Flex Max 80	12、24、36、48、60	≤150	80	1250（12）、2550（24）、5000（48）、7500（60）	
Outback Flex Max60	12、24、36、48、60	≤150	60	900（12）、1800（24）、3600（48）、4500（60）	

10.8　其他控制器特性

10.8.1　过放保护

当电池处于截止电压以下放电时，将会导致容量的永久性损失。此外，如果电源电压低于设备的工作电压范围，可能会造成电气设备的损坏。为防止过放，电池电压下降至过低时，控制器会简单地断开负载。如果配置了备用发电机，某些控制器会开启发电机。在许多独立供电系统中，可以由带有低电压断开特征的逆变器负责切换。

10.8.2 温度补偿

温度补偿将会根据电池电解液的温度变化调整充电电压。当电池温度下降时，需要更高的电压来完成充电；当电池温度上升时，较低的电压即可完成。温度补偿是一个非常重要的功能，有助于延长电池的寿命。

有些控制器兼作系统组件性能的监控设备，具有以下功能：

（1）电压检测。为避免电力电缆电压降造成的电压读数误差，会提供直接连接在电池终端的单独的电压探测引线。

（2）电表。提供光伏阵列和负载电流的数字或模拟显示。

（3）电压表。电压表（或 LED 显示器）通过指示电池终端电压来显示电池的充电状态。

（4）安时表。电池电压不是电池充电状态的最佳指标。当电池达到截止电压前，其电压都会保持相对恒定。另一种监测电池的方法是使用安时表充当电池的"电量表"。如果当电池充满电时将安时表设置为零，则电池的电量损失在安时表上指示为负数，但重新充满电时，安时表将归零。这意味着必须已知满充时该电池的容量，它是电池荷电状态的良好指示。请记住，电池充电效率并不是 100%，因此安时表仅仅是一个荷电状态指示器。安时表可以包含在一些逆变器和控制器中，也可以单独购买。

10.9 控制器安装

从电路的角度看，控制器可以安装在电池附近，也可以在便于监控的位置进行安装。当远程安装控制器时，考虑到电缆上可能出现的压降，有必要使用具有单独电池电压感测能力的模块。

电力电子设备需要良好的通风，但控制器是并联型的，当电流直接从电池中流出时，会产生大量的热量，这些热量必须被消散掉，因此并联型控制器必须安装在足够的通风处以消散多余的热量。考虑安全因素，电子设备不能安装在电池组上面，也不能安装在任何有可能点燃电池组产生氢气的位置。

10.10 控制器选型

选择控制器时必须考虑许多因素，控制器必须匹配系统的电压。例如，一个 12V 的系统应使用 12V 的控制器，而 24V 控制器应在 24V 的系统中使用，不能忽视这个基本要求。

光伏系统中，控制器必须能够承受最大阵列电流，因此应该使用阵列短路电流来保守地确定这个数字。如下特殊因素值得注意：

（1）在降雪地区，雪的反射会增加阵列电流。

（2）有些薄膜电池在最初安装时功率比其额定功率大得多。应确保控制器可以处理这个初始功率。

AS 4509.2 建议控制器在辐射强度超过 1000W/m² 时应能够承受阵列短路电流的 125%，如 Plasmatronics 制造的某些控制器其电流限制就为阵列短路电流的 125%，但很多其他制造商的控制器使用继电器，如果过流就可能导致控制器失效（烧毁继电器）。

习 题 10

1. 为什么并联控制器会散发热量？
2. 基于脉冲控制的多级切换控制器的优势是什么？
3. 为什么安时表通常包含在控制板中，对比电压表的优势是什么？

第11章 逆 变 器

11.1 交流（AC）和直流（DC）

纯电阻元件组成的负载（阻性负载）完全可以用直流进行供电，因此没有必要使用逆变器。但是由于阻性负载耗电量大，在独立供电系统中应限制此类负载的使用，包括电加热器、热水壶、热水器、电熨斗、电吹风，白炽灯泡中的电阻丝不在此范围内。你可能希望选择直流照明电路（例如卤素灯），需要专用的照明换流器（通常安装在灯罩中），荧光灯可以由交流电或者直流电进行供电（不需要逆变器）。

大多数家用电器都配有直流电机，但是由于生产规模小，其价格普遍较高。考虑到电压损耗的问题，超低电压直流电的使用也受到限制。因此，对于大部分家庭来说，通过逆变器转换使用交流家用电器比直接使用直流家用电器更划算、更方便。

如果在住宅中混合使用直流电路和交流电路，接线将变得非常复杂，所以一般来说最简单的方法就是使用逆变器为整个家庭提供交流电（包括照明）。由于逆变器和储能电池存在效率损耗，交流供电方案可能会导致整个系统的负载增大，所以是否采用此方案需要在评估过所有备选方案后才能做决定。如果选用效率高的直流制冷系统，再接入直流照明电路并不会额外造成过多的复杂性。请谨记直流电路和交流电路两者间必须进行物理隔离，且直流布线必须采用极化处理后的两针插头，而不是240V的三针插头和插座。除非采取必要的预防措施，不然直流电路也会增加无线电波干扰的问题。

注意：随着节能荧光灯的大量应用，澳大利亚的独立住宅的接线方式通常和接入电网的普通住宅相同，即一律使用240V交流电，整个系统与主配电板相连。

11.2 逆变器用途

光伏组件输出直流电，电池则储存直流电能，但是负载通常需要使用交流电。为照明电路供电的小型系统可以仅使用直流电，但是对于较大的供电系统最好使用交流电。为了将储能电池的直流电能转化为240V交流电，需要使用逆变器进行电能变换。

11.3 直流电和交流电的优点

交流电的最大优点是其可以直接通过变压器进行升压或降压，变压器原理是使用产生的交变磁场在另一侧导体中感应生成交流电流。此外，240V交流系统的电缆损耗和成本要比12～48V直流系统低得多。

以往直流电难以直接变压。要实现直流电的变压，需要将其转变为交流电，再转换成高压交流电的变压，然后再将其转回直流电。以上直流变压过程能够以和 DC－AC 逆变器相近水平的效率完成转换。

注意：随着技术的进步，DC－DC 变流器已经能够轻易实现直流电的变压。这同时也促进了无变压器式逆变器的发展。

为了便于理解逆变器的性能，首先必须掌握一些交流电波形相关的基础知识。

11.4　交流电测量

交流电的电压、电流和功率与直流电的计算公式不同。由于交流电的瞬时电压是不断变化的，为了精确地描述这些变量，有必要计算得出其波形的某种平均值。交流电路中常用的平均值有两种：第一种是均方根（有效值，RMS）电压，考虑到阻性负载消耗的电功率和瞬时电压的平方成正比，可以发现对于相同的电阻电路，交流电的均方根电压就是其等效直流电压；第二种平均电压是电压的时均值，该平均电压主要用于确定变压器和电机的励磁特性。对于不同的电压波形，时均电压可能大于均方根电压，也可能小于均方根电压。

交流波形的第三个重要特征是其峰值，240V 交流供电系统的正弦电压波形的峰值约为 340V。

均方根电压和峰值电压间的关系表达式为

$$U_{RMS} = \frac{U_p}{\sqrt{2}} = 0.707U_p$$

以交流正弦波和方波为例，其均方根值和峰值关系如图 11.1、图 11.2 所示。

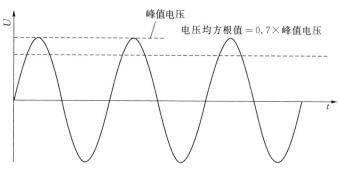

图 11.1　交流正弦波

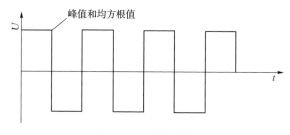

图 11.2　交流方波

当测量非正弦交流电源的电压和电流时，必须使用均方根值测量电表。

11.5 频率（Hz）

交流电的频率对一些家用电器的功能有不同程度的影响。许多自带计时器的家用电器要依赖于供电频率，若交流电频率不稳定，计时器时钟会发生漂移。较大的频率偏移对变压器和感应电机有不利的影响，频率过低则通常会烧毁此类设备。大多数现代逆变器采用石英晶体振荡器，其可以精确到百分位后的小数。澳大利亚的标准供电频率为50Hz（每秒循环次数）。

11.6 谐波畸变

交流电中存在谐波电流，会导致波形发生畸变。谐波是由非线性负载（如开关式电源、电池充电器和荧光灯等）产生的。交流电的畸变通常是正弦型的，但其频率较高，从而会导致波形失真。

逆变器的正弦波输出精确度用谐波畸变率描述，畸变率越小，精确度越高。

不同逆变器输出波形的畸变率如下：

（1）方波逆变器为40%左右。

（2）改进的方波逆变器大于20%。

（3）正弦波逆变器小于5%。

11.7 功率因数

交流系统中需要进一步关注的是电抗元件（正弦交流电路中的电感和电容元件）。电抗可以是容性的，也可以是感性的，但电流流经任一类型的电抗都不会做功。直流电路的电功率等于电压和电流的乘积，即

$$P = UI$$

功率表测量的是短周期内功率的平均值，然后不断累加功率测量值进而得出总电量（W·h）。

在交流电路中，负载的电抗会导致电流波形和施加的电压间发生相位偏移。电压和电流间的相位差 θ 使得供给负载的电量大于功率表计量的电量。提供给负载的电功率叫做视在功率，其计量单位为伏安（VA）。

$$视在功率 = UI$$

电压和电流之间的相位差用功率因数（PF）进行计量，功率因数等于电压和电流间相位角的余弦。所有电抗负载引起的相位差取决于其电感或电容值。

$$PF = \cos\theta$$

纯阻性负载（如加热器、白炽灯）不会导致电压和电流间产生相位差，此时，有功功率与视在功率相等。因为电压和电流之间不存在相位差，所以功率因数等于1（$\cos 0° = 1$）。

在交流电路中，负载消耗的电功率用单位 W 计量，被称为有功功率，有功功率和视在功率之间的关系如图 11.3 所示。其计算公式为

$$有功功率 = UI \times PF$$

通常来说，电力系统中感性（或滞后）功率因数是由电动机、变压器和镇流器造成的。尤其是交流电动机，其用功率表测得的有功功率可能较小，但其视在功率较高导致交流配电设备（如变压器和电缆），产生额外的热耗。

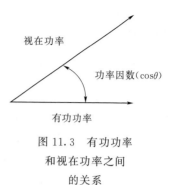

图 11.3　有功功率和视在功率之间的关系

为了计算用电设备的功率因数，需要先测量交流电流和电压的有效值，然后计算两者有效值间的乘积，得出视在功率（VA），再用交流功率表测量其有功功率，功率因数便可用如下公式计算

$$PF = \frac{有功功率}{视在功率}$$

注：功率因数只能取 0～1 的值。

低功率因数用电设备（$PF < 0.7$）往往会给供电部门带来困扰，高额的视在功率会导致配电系统产生额外的电损。因此，工业用户通常需要按供电部门的规定在现场安装补偿装置来修正功率因数。该措施所期望的效果是将功率因数调整至接近理想值 1。

表 11.1 所示为独立供电系统中常见的主要负载类型。以下部分就逆变器对不同类型的负载进行讨论。目前澳大利亚仅供应正弦波逆变器，因此本书中的一些只适用于方波逆变器的论述只适用于已安装和使用方波逆变器的场合。

表 11.1　　　　　　　　　　　　　负载类型和功率因数

负载类型	用 电 设 备	功率因数
电阻型	加热元件、白炽灯	1.0
电感型	电机、变压器、镇流型荧光灯	0.2～0.7
电感型（功率因数已修正）	电机、变压器、镇流型荧光灯	≤0.98
电子型	节能荧光灯（电子镇流器）、电视机、电脑、音响系统	0.4～0.7

【例】　一排装有 5 个单管的 36W 的日光灯照明设备，其采用传统的铁芯镇流器，一交流功率表被用于测量该负载的平均有功功率。交流电流则由一电流表测量，电表的度数为：功率表度数 243W，交流电流有效值 2.25A。

计算过程为：

视在功率 = 2.25A × 240V = 540VA

功率因数 = 有功功率/视在功率 = 243/540 = 0.45

11.7.1　阻性负载

此类负载包括烤箱、电熨斗、吹风机（带有发热元件的电器）和白炽灯，是所有负载类型中对逆变器最友好的。

功率因数等于1表明视在功率等于有功功率。对于逆变器最简单的负载是其电压和电流同相位。

11.7.2 感性负载

此类负载的低功率因数意味着逆变器（或发电机组）必须加载运行以使240V电路中的视在电流更大。这就是为什么 AS 4509.2 中要求逆变器按照视在功率而不是有功功率进行定容，此功率也是设备的额定功率值。

所有电机都可以被归类为感性负载，其中包括直流电机、交直流两用电机和交流感应电机，便携式电动工具及部分厨房电器采用直流电机。此类电器可以由方波和纯正弦波逆变器供电，但需要额外考虑此类工具会有相当大的启动电流，特别在其低载运行时。所有电机中功率因数最低的是感应电机。冰箱和水泵的感应电机低载启动时的浪涌电流最大。对于铁芯镇流荧光灯，其持续运行额定功率值可增加30%～40%。

11.7.3 带功率因数修正的感性负荷

从使用直流电的角度来看，为电感型用电设备配置无功补偿电容并不一定能保证效率会提高。功率因数修正导致的效率提升的结果取决于逆变器的类型（如正弦波型或修正正弦波型等）及感性负载的类型，具体情况应具体分析。

11.7.4 电子负载

此类负载类型的用电设备不能通过配置补偿电容来修正功率因数，即使是由纯正弦波驱动的电路。这种负载具有低功率因数的原因和感性负载完全不同，使用非正弦波逆变器供电时，建议实际用电中时，可在此类用电设备的持续功率额定值的基础上增加20%～30%。

11.7.5 高功率因数电子负载

未来的电脑、电视机和工业驱动电机等行业将强制要求其具备高功率因数。几家当地的节能荧光灯制造商正在生产高功率因数的产品，但就直流电消耗而言，其在修正方波逆变器供电测试中并未显示出任何优势。

11.8 逆变器类型

区分逆变器的类型主要有两种不同的标准。

11.8.1 直流电转换为交流电的方式

1. 旋转式逆变器（电机逆变器）

在固态逆变器出现之前，由直流电动机驱动的240V交流发电机被广泛用于直流电和交流电之间的转换。这种变换方式受益于旋转设备的机械惯性，使得直流输入电压在低载工况下发电暂时跌落时仍可正常运行。

2. 基本型固态逆变器

超低压直流电转换并输出 240V 交流电分为两个不同的步骤。过程中必须提升电压的幅值，而且输出电压频率为 50Hz。多年来，所有逆变器都是先将直流电转换为 50Hz 的交流电，然后通过变压器将交流电压升至 240V。这种逆变器相对简单、有效，是许多偏远电力系统的主流逆变器。目前容量可达几 kVA，但由于 50Hz 交流电的变压器较大，因此逆变器也相当重。

3. 开关型逆变器

随着技术发展，目前有些逆变器首先采用高频 DC-DC 开关型变流器将直流电压提升至 338V，然后再将直流电转换为交流电。这种类型的电压变换器和现代开关型电源的原理相同，已使许多用电设备（如电视机、电池充电器）的重量在过去的十年中急剧下降。

尽管逆变器尺寸小是一个优点，但并不是一项绝对的优势。高频逆变器和相同额定功率的低频逆变器相比，在散热量相同的情况下，其散热面积更小，设备工作时本体温度更高。这一缺点可以通过整体增加逆变器的尺寸得到一定程度的克服，但由于高频逆变器热容较小，短期过载仍可造成其快速过热。因此，根据逆变器的额定容量进行选择，并不是所有的开关式逆变器都适于那些装有大启动电流电机的用电设备。

11.8.2 输出波形

逆变器也可以根据输出波形进行分类。晶体管开关也可以用于产生正弦波，其原理和立体声放大器相同，同样通过在其线性区域控制晶体管结上的电压降来产生。然而，除非晶体管能够在完全关断和完全导通之间快速切换，否则晶体管不能高效地工作。对于在这两种状态之间的所有点，晶体管都会消耗大量的能量。因此对于晶体管而言，在逆变器中直接产生正弦波输出是不切实际的。

为了克服这个限制，在所设定的波形上使用了多种近似。最简单的方法就是产生方波，这些波将可以在多种用电设备中运行，许多设备（如白炽灯泡和阻性负载）在方波下通常运行得很好。

1. 方波逆变器

方波逆变器最简单的形式就是提供一个全脉冲宽度的方波电源，其波形的峰值与平均值都为 240V。大多数电源类设备都可以直接连接此类逆变器（图 11.4）。由于这些逆变器没有输出电压调整，因此当输入电源和负载有变化时，逆变器输出电压波动辐度较大。一些不稳定的负载会使得逆变器端电压超过 300V，这很有可能会严重损坏比较灵敏的设备。

如果峰值电压低于 300V，即使当电压的平均值和均方根值均处于正常水平，有些负载仍将无法正常工作。受影响最严重的设备是用在电视机、计算机和监视器中的开关电源。这些装置对输入进行整流并在电容器中储存能量，然后通过电压变换器来产生各种系统电路所需的电压。如果峰值电压过低，电容器将不能进行充分地充电。不过大部分电压变换器设计的输入电压范围较宽，且补偿低输入电压较为容易。在澳大利亚，由于240V 电压处于所有设计输入电压范围的高端，所以对用电设备来说欠压基本不成问题。

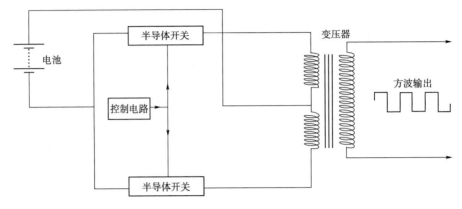

图 11.4　方波逆变器

然而，一个略高的输出峰值电压很可能会损坏设备或引起供电故障。

随着所有非正弦波逆变器与开关电源装置的投入运行，需要进一步考虑波形的快速上升时间，这将使整流器和用电设备的输入元件中产生非常高的峰值电流，从而导致这些设备烧毁。至于哪些设备将会受到影响，则很难做出可靠的预测。设备制造商不预设正弦波以外的波形，所以性能不一定与质量相关。很多设备开关电源都设计为 $90\sim260\mathrm{V}$ 的输入，这是因为当运行在一个低电压输入（比如 $110\mathrm{V}$ 交流）的情况下时，会设计一个更高的输入电流以保证供电可靠。

有趣的是，当负载足够时，由于方波逆变器整流电压几乎恒定，所以产生问题的可能性很小。阶梯式方波逆变器可以为开关电源中的存储电容器放电，从而在下一个脉冲的开始引起快速浪涌电流。

大多数全脉冲方波逆变器的电压很难控制，因此建议在使用如计算机和电视机等敏感设备前应特别注意。

在输出控制电路中没有反馈，因此没有电压调节。

2. 修正（阶梯）方波逆变器

为了控制交流输出电压，可采用"脉冲宽度调制"（PWM）技术。通过减少脉冲的持续时间可以降低输出电压的均方根（图 11.5）。如果输出电压被反馈到控制电路，那么将会产生一个稳定的输出电压。这项技术可以用于补偿电池电压和负载变化。

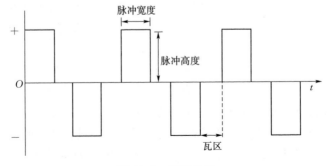

图 11.5　修正方波

使用窄脉冲可以使峰值电压接近一个真实的正弦波，输出也会承载更少的能量以及更多的谐波电流。然而，峰值电压不能保持稳定，并随输入电压成正比关系变化。这仅仅是变压器匝数比和峰值电压的一个函数，并随着输入电压和负载的变化而变化。

这类逆变器通常被称为"修正方波""准正弦波"或"修正正弦波"（不十分准确）。但是请注意，在大多数情况下，它们的性能在满负荷时会恢复为方波。修正方波逆变原理图如图 11.6 所示。

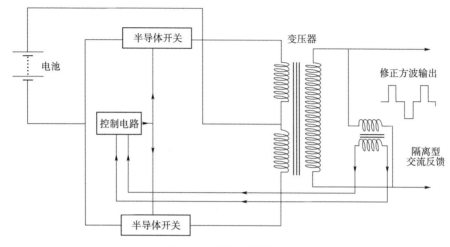

图 11.6　修正方波逆变器

输出控制电路中的反馈允许通过改变输出脉冲宽度来进行电压调节。

最初形式的修正方波逆变器有严重的局限性。在交替脉冲之间的波区域能够简单地找到自己的电平，存在于负载电路的任何电感或者电力变压器本身的电感会导致脉冲间的电压成为非零。实际上，所得到的波在常规输出脉冲之间会携带小宽脉冲，这种情况会破坏使用市电的设备，引起时钟以设计速度的两倍运行；还有可能导致感应电机以双倍时速运行，使感应电机发出嗡嗡声和振动声。解决这个问题的方法就是控制"死区"电压（图 11.5）。

不同的设计理念会以不同的形式实现，并且会以不同的名称在市场上销售。其基本思想是在"死区"内短路负载，并允许感应电流通过逆变器进行自然衰减而不产生错误的脉冲。许多制造商将变压器绕组进行短路，而不是负载本身。在负载为感性时，同样的电路常常会被用来抑制发生的高电压峰值。

值得注意的是，这一电路往往不如主逆变器功能强大，很有可能会在小于全额功率的情况下使逆变器的感性控制单元过载，如大型感应电机的启动。电机由于失速几乎表现为纯电感，逆变器产生一个大的输出浪涌电流，然后反馈到较小的感应控制电路，从而造成潜在的过载。这些电路通常会进行热保护，但在极端情况下，浪涌电流可能会因为太高而无法控制，导致在温度传感器过热之前损坏电路。

这类逆变器通常可以通过一个专门的同步输出进行并联，从而使峰值功率增加一倍。

3. 正弦波逆变器

一些设备只能在低失真的正弦波下才能正常工作，如越来越多的"智能家电"。在 20

世纪 90 年代，逆变器制造商就开始专注于发展这种高质量的正弦波逆变器，目前这种逆变器非常占有优势。

如图 11.7 所示，这些"合成的"正弦波逆变器中的波形由短脉冲建立起来。通过充分切换，可以使晶体管有效地发挥作用。晶体管波形是一个高频方波，它的脉冲宽度是在 50Hz 频率下用正弦波调制出来的。滤波器用于把波形平滑为纯 50Hz 正弦波。电容器也可以用来存储电荷。

工频的选择是任意的。使用更多脉冲可减小滤波器组件的尺寸，但也会导致更多的开关损耗。

在这类逆变器中，由谐波造成的噪声（包括声学和电中的）可能是一个重大问题。

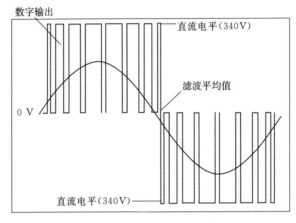

图 11.7　数字合成正弦波

正弦波逆变器最简单的形式如图 11.8 所示，每个周期有两个脉冲，滤波器是一个含电容器的复杂谐振类型。其谐振类型包含串联谐振和并联谐振，这两类已经有广泛应用。大循环谐振电流使得并联谐振在部分负载下运行时非常低效。串联谐振中，负载电流是谐振的，并且损失和负载成比例。目前这类逆变器已不常见。

在比方波逆变器输入电压变化更大时，合成正弦波逆变器可以通过调整来进行补偿，而不改变其峰值电压，一些类型可以在 12 或 24V 输入电压下正常工作。

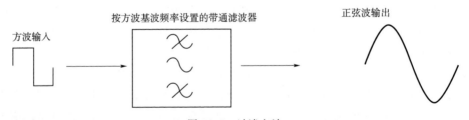

图 11.8　过滤方波

正弦波逆变器最好通过使用微处理器来进行管理，可添加许多附加功能，如用户修改控制参数、数据记录（例如对电池的电量监测）及充电电源控制。当电池电量变低时，许多情况下只需要提供一个信号来启动辅助发电机，同时，使用微处理器还可以允许用户设置控制参数。

通过在系统中添加调制解调器，可以将信息发送到装置，也可以从装置获得信息，并能进行性能监视，在大型或远程系统中，这是一个非常有用的功能。

4. 双向逆变器（电池充电逆变器）

有些逆变器有额外优势，比如在微处理器上进行适当的编程后，逆变器也可以作为电池充电器，因此，当电池需要从交流电源（发电机）充电时，电流可以馈送入逆变器，转化成直流，然后用于电池充电。这样可以节省成本，减少了系统组件的数量，并且不需要在逆变器和发电机之间添加外部交流转换开关。唯一的缺点可能是，当逆变器需要维修而不能运行时，电池充电器也将不能运行。

这种多功能化的一个扩展就是交互式逆变器，它可与外部源进行同步。

当电池需要进行充电或者交流负载大于逆变器供电能力时，发电机的交互式逆变器/充电器通常会启动发电机。对于后者（交流负载大于逆变器供电能力），逆变器将会以和发电机并联的方式供电。例如，如果逆变器是 2kVA、发电机是 4kVA，那么就有共计 6kVA提供给交流负载。

逆变器与偏离设计频率的电源同步的能力是区别不同交互式逆变器性能的主要因素。有时发电机与逆变器太不稳定，无法正常运行。安装交互式系统时，通常使用逆变器制造商所推荐的发电机（见第 12 章）。

11.9　保护电路

逆变器一般有多个保护电路。

11.9.1　反极性保护

反极性保护功能可以防止和电池不正确地连接，虽然是以降低效率为代价，但对移动应用还是有价值的。应注意并不是所有的逆变器都具有反极性保护。

11.9.2　过负荷保护

过负荷保护最重要的是控制逆变器输出的最大电流，可以避免因过负荷或短路故障而损坏逆变器。

逆变器应设计为允许通过大浪涌电流且不受损坏，这一点非常重要。当晶体管在浪涌或短路情况下遭到破坏时，逆变器也会损坏。这种情况下晶体管温度会迅速增长，并且和晶体管结电阻的平方成正比。更糟的是，这个电阻随着温度的上升而增加，正反馈效应相当迅速，因此逆变器电路必须快速判断电流是否超出安全限制并对其进行控制。

以感测温度升高为原理的保护电路通常由于反应太慢而不能防止大规模的过载电流。当逆变器过载时，多数电路都会感应交流电流并迅速响应，即缩短脉冲宽度，从而限制最大电流。

另一种策略是用于串联谐振电容控制的正弦波逆变器。在这种类型的逆变器中，输出电路已被配置，因此它的阻抗有限，无法通过超出安全水平的电流。由于没有主动控制电路的要求，因此这种策略非常可靠。这种策略的缺点是缺乏浪涌能力，特别是当接入感性负载后。

11.9.3 过热保护

在低于浪涌极限的情况下，中度过载便会导致过热，因此需要温度传感器进行保护。风扇通常是由这样的温度传感电路控制，以提高在高功率输出和高外界温度环境下的冷却能力。

11.9.4 过压保护和低压保护

在大多数逆变器上都设置了电压切断装置，以防止损坏逆变器、电池和负载。过高的输入电压将加压于开关器件，并导致低频变压器下型修正方波逆变器的输出波形达到峰值。大多数制造商将输入电压限制为额定输入电压的130%～135%。

当电池电压过低时需要切断电池回路，防止过度放电而损害电池。在响应重负载时，一些逆变器会在低压电路跳闸前对电压进行自动调整，且许多逆变器在中断输出之前会发出即将停止的警告。在一些设备中，切断电压等级可以进行手动调整。

一些逆变器会对输出交流电压进行监控，如果输出电压在预设时间内持续过低，那么这些逆变器将会关断。这个功能有助于防止无法启动的负荷受到损坏。

11.10 逆变电源

逆变器的连续输出功率表示逆变器在标准作业期间可以提供的功率的大小。这对于逆变器选型非常重要，在运行条件下要满足系统在外界额定温度下的峰荷要求，在澳大利亚所使用的逆变器应表明在40℃环境下的连续输出功率和浪涌输出功率。这种逆变器需具备在最高温度时提供稳定交流负载能力。考虑到国内负载的可变性质，较大的用电设备往往在有限的时间段内使用，因此，30min的额定功率是可用的。

11.11 浪涌容量

多数逆变器允许超过其额定功率运行一段时间，这个功能非常必要，因为设备可能会在启动过程中吸收多倍的额定功率，特别是带负载启动电机。逆变器的浪涌容量通常情况下至少是连续额定值的三倍，但在选择合适的逆变器时，应重点考虑它是否能够启动所有与其连接的电机。

11.12 逆变器额定值

制造商宣传其逆变器时以W或VA为单位，当功率因数为1时这两个额定值是统一的，例如一个额定值为1000W的逆变器也可以认为是1000VA。因此，在选择逆变器容量时，非常重要的一点就是确定所有负载的总视在功率，作为该逆变器的最低额定值要求。尤其对小负载进行逆变器定容时，这一点非常重要。

如：一位客户想要运行他们的电视和两个指示灯。电视机的额定功率为150W，但它的视在功率200VA。这位顾客购买了一个200W逆变器来给这台电视和两个15W的指示灯供电，发现逆变器在15~30min后超负荷跳闸。

AS 4509.2指出逆变器应该比额定容量高10%。如果客户打算在未来扩展系统，或者负载会比预期显著增加，逆变器容量选大一些将非常有好处。确保逆变器可以提供设备所需的浪涌视在功率同样重要。

11.13 自动启动/需求启动功能

当没有负载时，逆变器将停留在待机模式。逆变器会用少量的脉冲功率停留在这个就绪模式下，并不断地监视负载电路以"寻找"负载，一旦负载接通，逆变器就需要在0.5s之内给出响应。

在待机模式下，逆变器通常使用20~60mA的电流维持运行。如果逆变器不具有此特性，那么在系统定容时就需要考虑额外的能量需求。

另一种选择是当没有负载时关掉逆变器。然而，这意味着每当一个负载被接通时将必须手动开启逆变器。

11.14 隔离

输入（直流侧）和输出（交流侧）应在内部进行电气隔离，然而无变压器的逆变器在市场上确实存在，并且安装在有中性或直流接地系统时可能会比较危险，那么在安装逆变器之前，务必参考AS/NZS 5033—2012《光伏阵列安装及安全要求》，AS/NZS 3000—2007《布线规则》等相关标准。

11.15 射频干扰（RFI）

由于在逆变器中使用的功率器件开关速度非常快，因此不管输出什么类型的波，他们都会发出某种形式的RFI。根据设计方案的不同，发射RFI的数量在逆变器之间各不相同。由逆变器产生最显著的RFI范围为500kHz~30MHz，这个区间段对调幅收音机、船用对讲机和以无线电话等收发器的影响最大。在澳大利亚，逆变器应满足C-Tick对RFI的要求。

有些逆变器可以从直流电池引线产生，这意味着任何连接到电池的导线也将辐射电气噪声。为了最大限度地减少这种噪声的影响，直流电缆不应该在室内或靠近通信设备。噪声抑制设备和技术将有助于电池和直流电路布线。

有些逆变器的干扰来自于逆变器本身。尽量减少这种干扰的最好方法就是尽可能地把逆变器放在离房屋或通信设备比较远的地方。RFI也可以从交流线路中发射。RFI不应与50Hz的嗡嗡声相混淆，即音频设备或嘈杂电机中（如吊扇）中的低频嗡嗡声。这些问题通常只能通过安装一个质量好的正弦波逆变器来解决。

习 题 11

1. 如果某座房子离光伏阵列 50m，可以在附近的房子附近或阵列附近安装逆变器和电池吗？为什么？

2. 为什么会优先选择正弦波逆变器而不是方波逆变器？

3. 相对正弦波逆变器而言，修正方波逆变器有什么优缺点？

4. 一套房子通过逆变器给以下电器供电：①8 个灯，20VA/个；②一台电视，100VA；③一台搅拌机，300VA；④一台锯，900VA；⑤一个真空吸尘器，640VA。同时，不会同时运行锯和吸尘器。

逆变器额定功率为多少？合理的浪涌容量为多少？

5. 逆变器中在待机过程中为什么会有损耗？

第 12 章 后备燃料发电机组

以下内容基于太阳能产业协会的原版材料和布里斯班职业技术教育学院的教材《混合能源系统》的第 3 章。关于更多有关电机的实际操作，请参考上述材料。

12.1 后备燃料发电机组的作用

可再生能源系统规模设计时可以是 100％独立的，不需要后备发电机组。但是由于可再生能源发电系统提供的可用电力与用户负荷需求时时变动，一个完全由可再生能源供电的系统规模庞大、花费高昂。"需求侧"管理是解决这种"超规模"问题的方法之一，例如，减少用电行为以削减总用电负荷，与可再生能源系统发出的电力时时匹配。但是这通常不是消费者的首选方案。

注：标准 AS/NZS 4509.2—2010《独立供电系统 第 2 部分：系统设计导则》规定，如果系统不设有后备燃料发电机组，光伏系统需增加规模至 130％～200％（1.3～2.0 倍）。

可再生能源发电在不同的季节变化很大，如夏季时，光伏发电较多，同时因空调需求量大负荷也增加（夏季高峰）；冬季时，由于日照时间变短，光伏发电减少，同时夜间照明负荷增加（冬季高峰）。

理想情况下，系统应该做到能量的平衡，即从可再生能源系统、后备燃料发电机组以及蓄电池输出的电能与负荷所需的电能之间的平衡。需要记住的是，可再生能源输出电力和当地的情况有关，比如光伏的天阴时长、风电的平风时长。

12.2 后备燃料发电机组在独立供电系统中的用途

传统的燃料发电机（发电机组）直接与负荷连接，并依据负荷情况运行。这种方案尽管简单，但是效率不高，特别是在电机轻负荷的情况下。此外，每次有电力需求时，电机不得不运行，对电机驱动非常不便，使得燃料效率降低，降低发电机组的使用寿命。

一种更有效的系统方式是负荷与蓄电池连接，后备机组对蓄电池充电。这样发电机组的负载率较高，因此效率更高；发电机组也只是间歇运行，为电池充电，又提高了效率。如果系统突增一个大负荷，后备发电机组直接参与给负荷供电。这一做法降低了调整系统其他部分（例如逆变器）以满足这些突增大负荷的必要性。

发电机组既可以只与蓄电池直接相连，又可以在必要时一边给蓄电池充电一边直接给负载供电，如图 12.1 和图 12.2 所示。

在图 12.1 中，由发电机组产生的电流经过蓄电池充电器整流，蓄电池充电器给蓄电池充电。在自动化系统中，会设一个传感器，在蓄电池电压跌至预设值时传感器会给发

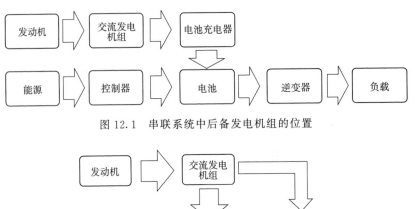

图 12.1　串联系统中后备发电机组的位置

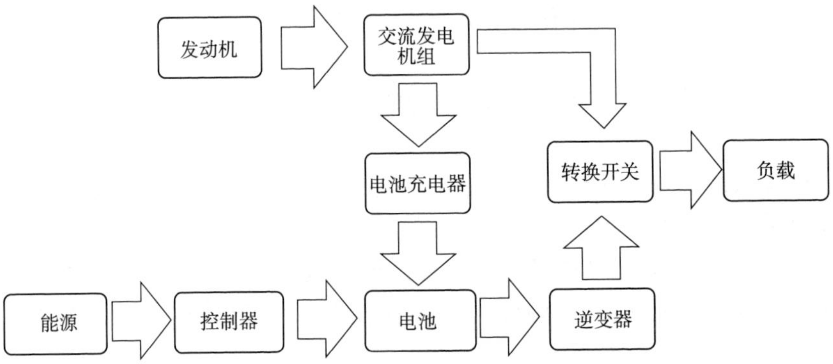

图 12.2　开关系统中后备发电机组的位置

机发送信号，启动发电机。

　　如图 12.2 所示，发电机组既可以向蓄电池充电也可以直接向用户提供电能。在这种情况下都会设置转移（转换）开关，可以在发电机组和逆变器交流侧之间切换。这个转换开关可以是采用发电机组交流供电的大型继电器，也可以是手动转换开关。当交流发电机组启动时，继电器动作，将逆变器的负载切换至发电机组供电。断-合开关设计时应有 10～30s 的延迟，因为发电机需要时间到达正常转速，到达后，切换开关将负载与交流发电机组连接。这种转换开关系统的优势在于，再大的负荷也可以直接由交流发电机组驱动，这将有效降低诸如逆变器等系统部件的投资成本。

　　双向逆变器是将逆变器、蓄电池充放电变流器集中在一起的设备。转换开关（继电器/接触器）应用时都有固定的额定电流。与其相连接的发电机组供电电流不可以超过逆变器转换开关（继电器/接触器）的额定电流。如果发电机组的电流超过该额定值，需要在双向变流器外加设辅助继电器/接触器。

　　串联/开关系统的发电机组启停可以采用以下方式：

　　（1）手动。

　　（2）由系统控制器控制（例如太阳能控制器/调节器）。

　　（3）通过变频器控制。

　　在图 12.3 所示的情况下，逆变器运行在"交互"的模式下，既是逆变器又是充电器，与内部继电器/接触器相连，将负荷在逆变器和发电机组之间切换。

　　前文所述的标准逆变器和充电器之间的区别是逆变器与发电机组并联运行，这样做会有如下优点：

　　（1）两个交流电源之间的切换不会造成负载供电中断。

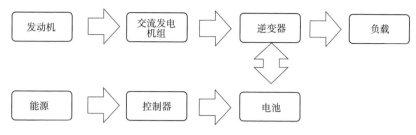

图 12.3　后备发电机组在互动系统中的位置

（2）逆变器输出和发电机组输出可以相加，以满足大于逆变器或发电机组单独供电的负荷量。

系统安装/设计者可选择一些参数，以影响交互式逆变器对发电机组启停的控制。

12.3　发电机组部件

发电机组由一系列的组件组成，包括电机、调速器等关键部件和控制设备等非必要部件。下文将叙述组成发电机组的各个组成部分。

12.3.1　原动机

在澳大利亚常见的发电机组一般使用汽油、柴油或液化石油气，也有一些蒸汽机，生物柴油机也有望在未来普及。原动机带动发电机旋转产生电力，因此，原动机的必须符合交流发电机的额定功率。原动机在机动车辆上很常见，与之类似，发电机组中的原动机需保持恒速运行，以确保输出电压的频率稳定，这与调速器的功能相同。

原动机包含以下组分：

（1）发动机座。发动机座内含汽缸。

（2）活塞。活塞位于汽缸内。燃烧的燃料膨胀成气体推动活塞移动。活塞环顶住气缸壁膨胀，以提供一个燃烧密封和油密封空间。油有助于减少气缸上的摩擦和磨损损失。

（3）汽缸盖。汽缸盖密封汽缸的顶部以维持燃烧过程的完整性。汽缸盖还设有气阀，用于控制空气流入、废气排放和燃料注入。

（4）凸轮轴。凸轮轴以半曲轴速度转动，通过推杆或直接接触控制进气和排气阀。

（5）曲轴箱。曲轴箱包含支撑曲柄轴的主轴承，以及前部和后部主密封件，防止润滑油在压力下泄漏。

（6）连杆。连接杆或连杆，通过在活塞上的耳轴和在曲轴上的大端轴承将活塞连接至曲轴。

（7）凸轮轴。由于活塞在其偏置的轴颈轴承上的作用，凸轮轴绕其中心线旋转。

（8）油底壳。油底壳位于原动机的底部，贮有润滑油，用来润滑原动机。

（9）供油系统。供给到气缸的燃料既可以通过注射，也可以通过化油器供给。

（10）涡轮增压器（可选）。涡轮增压器是一个由废气驱动的空气泵，以增加气缸的进气量。与此同时，燃料也会相应的增加，其功率也会增加，从而超过自然状态下相同引擎的出力。随着涡轮增压器可靠性的提高，现在越来越受欢迎。

自然吸气原动机以普通大气压将空气吸入汽缸。在采用涡轮增压器的内燃机中，吸入汽缸的空气气压大于大气压。在输出既定功率的情况下，采用涡轮增压器的内燃机的成本比自然吸气原动机的成本低。

此外，大型原动机也可以包括后冷却器，这也将增加原动机的额定输出功率。这种通过涡轮增压器再冷却空气的做法使得空气更为稠密，因此可以将更多的空气推入汽缸。

（11）调速器。调速器通过根据驱动负载所需的功率调整燃料供应，使得原动机的速度稳定在预设值附近。调速器在输出功率应用中的精度一般可分为 A0、A1 及 A2 三挡。所有调速器都包括速度传感器、控制器和执行器。

A0 等级是最严格的，必须保持恒定的速度（也称为同步调速）。通常这一级别的调速由电子调速器完成。

A1 级调速器在空载情况下控制原动机输出频率 52～53Hz，从空载到满载，其频率有 4%～5% 的跌落，因此满载时原动机输出频率控制在 50Hz。高级别的机械调速一般都采取这种形式。

（12）飞轮。飞轮位于凸轮轴后方，它提供了一个惯性质量，以克服燃烧过程的反复不规则性问题，也提供了控制输出功率的一种方法。这样发电机组就可以为电机负载提供其启动所需的浪涌功率。通常汽油机、小型高速柴油机没有飞轮，而低速柴油机上的安装则较为典型。

发电机组原动机和汽车发动机之间的一个区别是，汽车发动机采用水冷却，而发电机组的原动机既可以采用水冷却，也可以采用空气冷却。尽管许多原动机包含电启动机构（柴油机的启动电机、汽油机组的点火系统），但有些小型汽油发电机组被设计为手动启动。包含启动电机的发电机组也包含直流充电交流发电机，以下的几个部件在原动机中也很常见，包括燃油和机油滤清器、燃料泵、空气净化器。而如果原动机采用水冷方式，还将设有风扇和水泵。

此外，某些发电机组具有监测原动机运行的控制系统。监测内容包括油量、温度和原动机速度。如果该发电机组包括这有监测功能，则原动机内将装设各类传感器。

12.3.2　交流发电机

交流发电机通常也称为发电机，但是准确的说法应是交流发电机，包含定子、转子和励磁系统。

（1）定子。定子是指交流发电机的外部静止部分，包含产生感应电压的主绕组，绕组分为 2 极和 4 极。定子的电压加在输出端上，同时与自动电压调节装置（AVR）相连，以确保输出电压稳定。定子还包括定子励磁线圈。

（2）转子。转子是交流发电机的旋转部分，可以分为单相和两相。单相转子和原动机飞轮统一考虑设计，并省去在驱动轴末端增加轴承的需要。两相交流发电机必须通过弹性联轴器与原动机相连。

转子上缠有转子主线圈或者"场线圈"，该线圈可作为电磁铁提供磁场。当磁场转过定子线圈，会在定子线圈内产生感应电压，即交流发电机的输出电压。该磁场因而产生励磁功能使得交流发电机工作。

转子的速度取决于定子的极数。4 极发电机的转子转速为 1500r/min，产生 50Hz 的交流输出电压；2 极发电机要产生 50Hz 的电压，转子的转速要达到 3000r/min。

转子磁场由直流电源（励磁器）供电。励磁器是机械耦合到交流发电机的外部设备，或者本身就是交流电机的一部分。比如无刷交流发电机的转子部分就包括转子线圈励磁部分。

（3）励磁系统。励磁电流来自励磁器，其本身就是一个小型交流发电机。发电机组中的现代交流发电机通常采用无刷励磁系统，即不再采用老式或者大型发电机组常用的碳刷和滑环的励磁器系统。参考图 12.4 和图 12.5，交流发电机既有主线圈，又有励磁线圈（体积较小）。

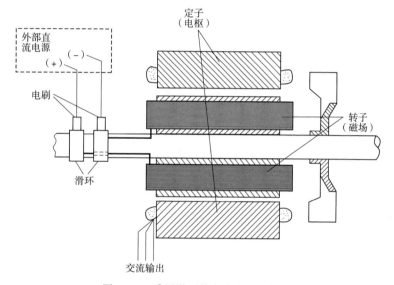

图 12.4 采用滑环的交流发电机结构

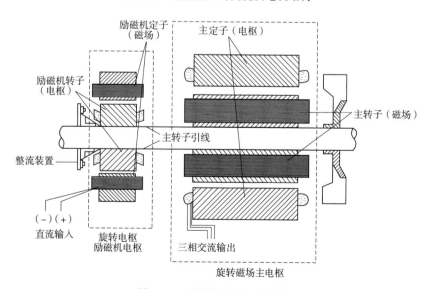

图 12.5 无刷交流发电机结构

励磁绕组的组装方式与主绕组相反，即励磁绕组设置在定子上，其输出绕组在转子上，励磁器的输出经由安装在转子上的全桥整流器进行整流，提供产生主磁场所需的直流励磁电流。励磁磁场则由自动电压调节器供给，并在转子励磁绕组产生交流信号，该信号经整流后施加到转子主绕组上。

自激是指交流发电机励磁系统利用主磁场的剩磁建立励磁电压的能力。在电机启动阶段，这些剩磁可以建立起很小的电压，给 AVR 和励磁器提供电流，从而产生较强的磁场，从而使输出电压进一步增强，直到 AVR 调整输出至正常水平。

12.3.3 自动电压调节装置

自动电压调节装置，在定子绕组测量交流发电机的输出，将其与基准电压比较，并调节其施加在励磁器的输出电压，以维持主定子输出电压在合理水平。温度、负荷类型和电机转速都会影响电压调节。

（1）底座。发电机组底座用于支撑起原动机、交流发电机和发动机所有部件。通常由 2 个平行导轨组成，也称滑轨。原动机和交流发电机通常通过弹性振动装置与底座相连。

（2）燃料箱。汽油发电机在原动机上方设有燃料箱。汽油可以通过类似罐或者沿基座安装的燃料槽提供。用户往往会安装辅助壁挂式或立式罐来增大存储容量。天然气发电机组没有燃料箱，但需要将原动机连接到气缸（或气瓶）。

（3）电池。若原动机通过启动电机启动，那么发电机组应该还包括启动电池。启动电池或者电池组（静态电压 24V）通常安装于发电机组基座。电池既可以由交流电机直接充电，也可以经由发电机组输出供电的电池充电器充电。在独立供电系统中，交流发电机不应该是电池的唯一电源，除非该机组每周至少一次供电 4~6h。标准交流发电机应按照启动后运行 4~6h 设计。在经历短时间运行测试后，输出功率会在控制系统调整下随之下降，由交流发电机提供的充电电能不足以给电池重新充电，此时应设置辅助电池充电器与发电机组输出端相连，给电池充电。

（4）消音器。消音器通常应用于独立系统的小型发电机组（小于 20kVA），通常使用某种形式的柔性连接将排气管连接到消音器上，确保废气外排。

12.3.4 交流发电机参数

（1）输出功率。发电机组的额定功率为视在功率，通常以功率因数为 0.8 条件下的输出为准。功率因数 0.8 是多数场合下一般负荷的功率因数，但实际上有很多负荷的功率因数不为 0.8。不考虑功率因数的情况下，比如逆变器，电机的容量（kVA）就是可以提供的最大安全输出功率。对于三相设备来说，每相可以提供 1/3 的最大输出功率。

如果负载功率因数非常低（例如小于 0.5），交流发电机可能无法提供全部额定容量。因为在功率因数低的情况下励磁电流增加，可能会达到 AVR 的上限。

在比较高的功率因数下（例如单位功率因数，PF=1），交流发电机输出功率不超过额定容量。然而，驱动发电机旋转的实际机械功率会更高，需要原动机提供更多的功率。根据发电机组的设计，这一要求也许超过原动机的能力，此时需更换高额定容量的发电机。

物理尺寸一定的发电机的额定容量会随绝缘的类型而不同，根据环境温度 40℃以上时所允许的温升来进行分类。

（2）电压。在澳大利亚，交流发电机的输出电压通常为 415V（3 相）和 240V（单相）。独立供电系统中的后备发电机组大多为单相，只有在驱动某些设备的大型电站需要三相发电机。

在三相供电系统中，415V 是线电压，240V 是相电压。在重构式交流发电机系统中，可以从一种模式切换到另一种，但是额定容量会随之改变。比如说，1 个 10kVA 三相交流发电机系统单相额定容量为 6.7kVA。

（3）满载电流。满载电流是指电流在额定输出下可以输出的最大电流。即发电机的额定容量与输出电流特性相关，不考虑功率因数的情况下，这就是所能提供的最大安全输出电流。

发电机允许短时超载，例如，发电机一般允许 12h 内超负荷 10% 运行 1h，这取决于发电机出厂规格特性。

（4）瞬时电流。瞬时电流是指交流电机在带动负荷瞬间可以承受的瞬时电流值，表征了电机的高启动电流特性，例如电机直接启动时的启动电流值。典型额定值为 10s 内达到满载电流的 300%。

（5）转速。电机转速一般为 1500r/s（4 极）或 3000r/s（2 极）。其计算公式为

$$频率 = \frac{转速 \times 极对数}{120}$$

从设计的立场来说，转速的重要性在于设计时即需要确定电机转速。一般来说，转速慢的电机寿命长、噪声小，也省油，当然也更重、更贵。电机的选型取决于用户的预算和运行环境，比如，皮带传动就是一个考虑选项，原动机在以 1500r/s 的中等速度运转时，不同种类的皮带传动，会产生 5%～20% 的功率损耗。

（6）降额。电机的额定参数是在功率因数 0.8 的情况下给出，以 kVA 为单位，同时还有电机超载能力参数以及瞬间电流参数。

电机输出额定数值与温度、海拔、湿度相关：超过 40℃ 的情况下每增加 5℃，额定值下降 3%；海拔超过 1000m 时，每上升 500m，额定值下降 3%；在湿度高的情况下，通常要采用可以适应热带条件的交流发电机。

12.4　发电机组降额因子

原动机制造商数据手册的输出功率和油耗等相关数据是在标称温度和压力条件下测得的。若外部环境（尤其是海拔、温度和湿度）发生改变，原动机输出也会相应变化，通常根据预设的条件将电机的输出降额一个固定的百分比作为输出额定值。

电机额定输出条件包括 1000 毫巴的气压（海平面）；环境温度 25℃；相对湿度 30%。

表 12.1 列出了标准运行条件下的典型降额因子（海拔、温度、湿度），但具体数值要与制造商确认。

表 12.1 标准运行条件下的典型降额因子

运 行 条 件	电 机 类 型	
	自然吸气	涡轮增压
温度	超过 25℃时，每上升 5.5℃下降 2.5%	超过 25℃时，每上升 5.5℃下降 1.5%
海拔	超过海平面 150m 后，每上升 300m 下降 3.5%	超过海平面 150m 后，每上升 300m 下降 2.5%
湿度	在极度潮湿的情况下，湿度超过 60%时，每上升 10%，降级因子将在其他降级因子的情况下叠加：30℃下降 0.5%，40℃下降 1%，50℃下降 1.5%	

降额因子可以叠加。

【例】 假设一台发电机组运行环境 40℃，海拔 600m，湿度 80%。

根据表 12.1，降额因子包括：由温度因素导致下降 5%；由海拔因素导致下降 3%；由湿度因数导致下降 2%。

因此总的降级的因子为 5% + 3% + 2% = 10%。

12.5 汽油发电机组与柴油发电机组对比

汽油发电机组和柴油发电机组相比，具有如下优缺点：

（1）汽油发电机组质量小，方便移动，经常作为便携设备带往特定地点。

（2）同一规格下汽油发电机组更便宜。

（3）汽油发电机组噪声更高，高速运转时（3000~1500r/s）需要更多维护（有些柴油发电机组也是高速运转的）。

（4）汽油发电机组在输出同样的功率下耗油量大，因此耗油成本较高。

（5）汽油发电机组未安装自动调压设备时，其输出端电压控制较差。

（6）汽油发电机组因为油箱小，一次加油可以运转的时间较柴油发电机组少，除非汽油发电发电机组设有辅助油箱或者采用液化石油气作为燃料。

（7）汽油发电机组的平均设计使用寿命只有 1000h。而低转速柴油发电机组最小使用寿命为 10000h，高速柴油发电机组也可达 3000h。

如果必需设定可靠平稳的发电机组，且要频繁使用，一般选择柴油发电机组。但是，如果发电机组仅是偶尔或短时间使用，汽油发电机组更具成本效益。

12.6 发电机组控制系统

因为柴油发电机组没有电子点火系统，所以采用压缩点火方式，因此其启停方式和汽油发电机组大不相同。柴油发动机启动是通过手动或电动方式，由专用启动马达对柴油发电机组进行启动。它同样不能像汽油发动机一样通过关闭点火装置来停机，而必须通过切断供油线路来实现，这可以通过手动或远程电操作切断燃料控制电磁阀完成。

发电机组原动机可以采取下述方式启停：

（1）手动启停。

（2）钥匙启动：启动电机、电池和钥匙开关，采用手动停机。

（3）本地或远程通过按钮手动启/停，启动电机、电池和燃料电磁阀。

（4）自动启/停，与通过按钮手动启停类似，但包括整个发动机控制和保护。

12.7 发电机组的选址

发电机组不能放置在废气、烟雾、油烟浓度可能达到危险标准值的地方，也不能直接或间接进入人群聚集的房间。除此之外，发电机组不能在如下地方放置：

（1）除非有适当的保护，不能放置在潮湿的环境中，或暴露在风雨中。

（2）在危险区域或者与蓄电池处于同一外壳内。

固定发电机组选址必须符合 AS 3010.1—1987《电气安装 发电机组供电 第 1 部分：内燃机驱动装置》。便携式发电机组必须通过适当的接线以防止移动。还需注意发电机组的噪声，以及周围的气流，以使发电机组在制造商规定的温度范围内运行。标准 AS/NZS 4509.1—2001《独立供电系统 第 1 部分：安全与安装》也对发电机组选址安全性方面做了相应规范，涉及了对具有自启动能力和油料存储的发电机组的要求。

习 题 12

1. 采用后备发电机组可以降低光伏发电系统的总成本的原因是什么？

2. 通过转换开关将发电机组与电路相连的优势是什么？

3. 汽油发电机组与柴油发电机组相比，其优缺点是什么？

第 13 章 风力发电机

13.1 概述

风力发电是一种被广泛接受的绿色技术。在一些风力资源比较丰富的地方，除了环境效益外，风力发电在成本上也比低成本化石能源发电有竞争力。目前世界上已并网的风电机组容量巨大，许多欧洲国家政府的工业宏图也促进了这一行业的快速发展。澳大利亚早期的强制可再生能源目标(MRET)计划鼓励了本国风电场建设，特别是南澳大利亚州和维多利亚州的风电场。

13.2 风力发电机类型

水平轴风力发电机如图13.1所示，即风力发电机叶片围绕旋转的轴是水平放置的。

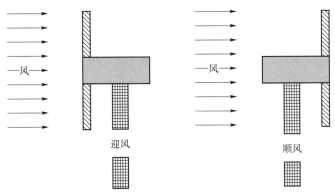

(a)迎风和顺风水平轴风力发电机

(b)Pawicon 25kW 迎风风力发电机

(c)Proven 15kW 顺风风力发电机

图 13.1　水平轴风力发电机

各类型风力发电机的叶片都可以分成牵引型和升力型两类。牵引型叶片多用于旧式风电机组，由叶片上的风阻力推动而转动，因此工作条件的风速范围有限。升力型叶片多用于现代风力发电机，采用翼型外观，由穿过叶片的风在其上产生不同压力，从而推动叶片转动，如图 13.2 所示。只要有气流通过叶片，就会产生推力使得叶片转动。升力型叶片所需的启动风速很低，其转速可以几倍于风速。

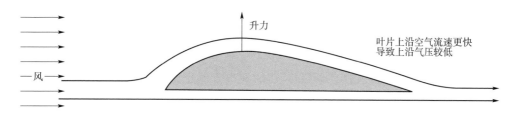

图 13.2　升力型叶片的翼型外观

垂直轴风力发电机如图 13.3 所示。

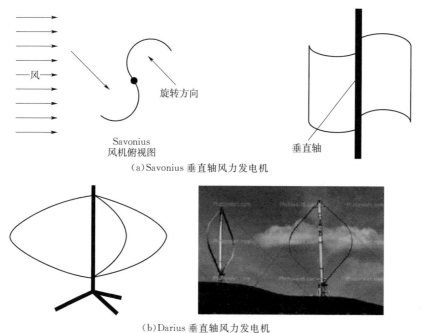

（a）Savonius 垂直轴风力发电机

（b）Darius 垂直轴风力发电机

图 13.3　垂直轴风力发电机

垂直轴风力发电机应用不是很多，特别是 Savonius 风力发电机需要较大的启动转矩，而且其转速受风速限制。Darius 电机转子同样要求较大的启动转矩，但是一旦其超过特定速度，就可以以几倍于风速的速度旋转。在大型风电场，当风速传感器显示当前风速合适时，一般由小型电机拖动风力发电机转子至一定转速使其正常工作，随后小型电机退出运行，小型电机多是由风电供电的电池提供电能。

迎风水平轴风力发电机是目前独立供电系统中使用最为广泛的风力发电机。

13.3　风电机组输出功率

一台风力发电机产生的电力取决于以下几点：

（1）风力发电机叶片的长度。以风力发电机叶片为半径形成的圆的面积，称为扫风面积。风力发电机的输出功率和扫风面积相关，由于旋转区域面积计算公式为 πr^2（r 为圆的半径），因此旋转面积和叶片长度的平方成正比。比如说，叶片长度增加至 2 倍，输出功率会增加至原来的 4 倍。

（2）风速。风力发电机输出功率和风速的 3 次方成正比。比如说，风速增加至 2 倍，那么输出功率会增加至原来的 8 倍。

（3）风力发电机的风能转换系数。即风力发电机将风能转换成风力发电机旋转动能的能力。

风力发电机输出功率公式如下：

$$P = \frac{8}{\pi} \delta d^2 v^3 C_。$$

式中　P——风力发电机输出功率；

δ——空气密度（温度 20℃、气压 101kPa 的干空气密度为 1.205kg/m³）；

d——叶片直径，m；

v——风速，m/s；

$C_。$——风力发电机风能转换系数〔理论最大值为 0.59，典型均值为 0.25（小机组）至 0.35（大机组）〕。

根据该公式，风速增加，输出功率增加，因此风电机组应该能在所有风速下工作，但实际情况不会这样。如果风力发电机旋转过快，会对风力发电机部件造成机械损害。风电机组的输出效率和其旋转频率相关，应尽可能使风力发电机接近最优旋转频率工作。许多大型风电机组配有多种叶片，以便其可以有效工作在一个广范围的风速下。

新型顺风风电机组的叶片角度可以向内调整，从而扫风面积可调，因而可以在极高的风速下正常工作。这样设计的目的是叶片的最大转速维持在稳定的 200r/min，同时也限制了可能的叶片噪声。这与迎风风力发电机的设计不同，迎风风机在超高风速下将会退出运行，以实现风电机组自我保护。

风电机组输出的电功率通常比通过风能转换系数计算出来的值小。例如，在低风速情况下，风力发电机不能输出任何功率，因为风电机组需要风速达到最小风速时才可以启动。这个启动所需的最小风速称为切入风速。在低风速地区应安装低切入风速的机型。同样，当风力发电机输出功率达到额定值时，为了保护风电机组防止过载，需要人为地降低效率，限制出力在额定功率值附近。当风速非常大的时候，风电机组会完全停机（切出风速）。风力发电机出力曲线图如图 13.4 所示。小型商业风力发电机的出力样本——AIRX 风力发电机输出功率见表 13.1。

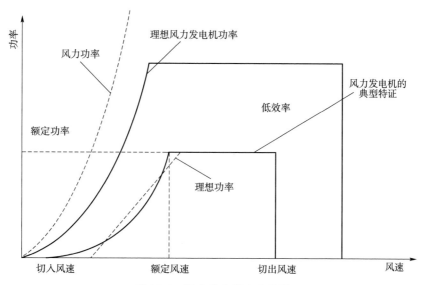

图 13.4 风力发电机出力曲线

表 13.1 　　　　　　　**AIR X 风力发电机输出功率**

风速/(m·s⁻¹)	转速/(m·s⁻¹)	电流 (12V) /A	风速/(m·s⁻¹)	转速/(m·s⁻¹)	电流 (12V) /A
2.5	400	启动	10	1500	11.1
4	600	1.2	12	1800	18.4
6	900	2.9	14	2100	26.9
8	1200	5.5	16	2250	34.1

13.4 风力发电机的可用能量

如前所述，风电机组并不一直发电，而且风速时时变化，因此，预测风电机组在一天、一周、一个月或者一年内会发多少电十分重要。

13.4.1 曲线图法

下面介绍如何计算风电机组一年产生的电量。

图 13.5 是一年期内风电机组的平均功率。图中这些曲线假设风速频谱按一定方式分布，而不是取风速年平均值或者任意小时或天数的平均值。

若风电机组的额定风速和切出风速已知，就可以在图 13.5 中选择相应的曲线。在当地平均风速和风电机组额定风速已知的情况下，在该曲线上就可以找出风电机组预计输出功率与额定功率的比值，这个比值也称作容量系数，是衡量所安装机器的总利用程度的指标。通常用风电机组实际年发电量计算容量系数，最大值一般为 0.3。

由于风的频率分布不同，使用这个方法预测给定地点的风电机组输出功率可能有上下50% 的浮动。

【例】 若某地年平均风速为 7m/s，而某台风力发电机的额定功率为 5kW，额定风速

113

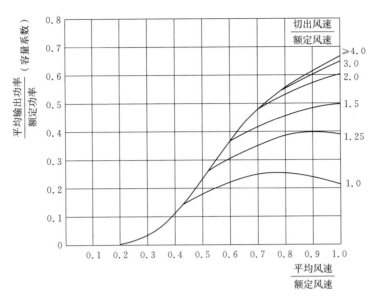

图 13.5　风电机组预期输出功率评估值（Cliff 1977）

（假设风速分布满足威布尔形状因子 $k=2$）

为 10m/s，切出风速为 15m/s，计算该风力发电机的年发电量。

切出风速与额定风速的比率为 15/10＝1.5，因此，可以在图 13.5 中找到相应的曲线。

平均风速与额定风速的比率为 7/10＝0.7。从图 13.5 中的纵轴可以确定相应的数值，该数值表示风电机组年平均输出功率和额定功率的比值为 0.42。

可得年平均输出功率为 0.42 × 5 ＝ 2.1kW。

则该风力发电机年发电量为 24h×365×2.1kW＝18396kW•h。

13.4.2　风速平均法

由于风力发电机产生的功率与风速的 3 次方相关，因此风速平均分布这种简单假设并不适合风电预测。

一种表征风场特性的有效方法是采用一个称为均三次方根（v_{RMC}^3）的参数。该参数先根据大多数风力发电机工作风速（通常为 3～16m/s）外的数据列表整理出风力发电机工作的风速上下限。风力发电机正常运行范围内的月平均风速可以用下面的公式计算：

$$v_{RMC} = \frac{\left[\sum (v^3 - v_s^3) \right]^{1/3}}{n}$$

式中　v_{RMC}——月平均风速，m/s；

　　　v_s——切入风速，m/s；

　　　n——天数，d；

　　　v——实测风速，m/s。

20 世纪 90 年代，当时的联邦第一产业和能源部（DPIE）的报告就已经列表或绘制了许多地点的数据，范围涵盖了澳洲大部分地区。风电机组可产生的平均功率为

$$P_{AV} = \frac{P_R v_{RMC}^3}{v_R^3 - v_s^3}$$

式中　P_{AV} ——风力发电机的平均功率；

　　　P_R ——额定功率；

　　　v_R ——额定风速，m/s。

风电机组每天可产生的电量可以用 $E = 24P_{AV}$ 计算。

使用上面提及的数据和 VRMC 表格，计算机可以算出特定地点风电场或风电机组的预计月发电量。有些风电机组制造商也是基于此提供发电量预测数据。

上面列出的概念给出了风速与输出功率之间的联系，以确保避免在系统设计和用户期许上出现性能预测过简单化。

13.4.3　在线数据采集法

最精确的方法是在风电机组所在的高度进行实地测量。这种方法提供了每个风速范围对应的小时数。这些数据组成了风速分布频谱，也就是说，可以表明每个风速范围出现的频率。这里所提的风速分布范围是指从 0 到该地风速最大值。

风速频谱图如图 13.6 所示，这种类型的曲线图被称为直方图。

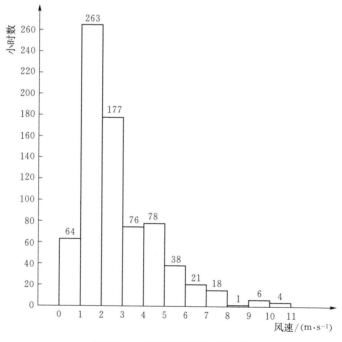

图 13.6　风速频率分布直方图

v_m 是整个测量周期的平均风速，可以采用如下的方式计算

$$v_m = \frac{v_1 N_1 + v_2 N_2 + \cdots + v_n N_n}{N_1 + N_2 + \cdots + N_n}$$

式中　N_n ——第 n 个等级的风速观测小时数；

　　　v_n ——第 n 个风速等级的中点，m/s。

【例】 根据表 13.2，平均风速 v_m 值为

$$v_m = \frac{3639.0}{744} = 4.89(\text{m/s})$$

表 13.2　　　　　　　　　　　平 均 风 速 计 算 表

风速分组名	分组范围/(m·s⁻¹)	中间值/(m·s⁻¹)	小时数/h	中间值×小时数
H0	0～1	0.5	5	2.5
H1	1～2	1.5	19	28.5
H2	2～3	2.5	82	205.0
H3	3～4	3.5	144	504.0
H4	4～5	4.5	175	787.5
H5	5～6	5.5	144	792.0
H6	6～7	6.5	86	559.0
H7	7～8	7.5	41	307.5
H8	8～9	8.5	24	204.0
H9	9～10	9.5	14	133.0
H10	10～12	11	7	77.0
H12	12～14	13	3	39.0
H14	14～16	15	0	0
合计			744	3639.0

对这种分布统计模式进行数学建模，所得模型称作威布尔分布。威布尔分布的图线形状和一个称为形状因子的变量有关，该变量用 k 表示。图 13.7 显示了 k 由 1 变到 4 的不同的威布尔分布曲线。k 值越高，相应的风速谱越窄。比如 $k=4$ 表示风速很稳定且维持很长时间，比如说信风。k 值较低，表示风速变化范围大。表 13.3 给出了 k 的典型值。

表 13.3　　　　　　　　　　威布尔形状因子 k 的典型值

地点类型	测量高度 （距地面高度）/m	k 值（有遮挡～无遮挡）
内陆-平坦地带	10	1.5～2.0
内陆-平坦地带	10～30	1.7～2.4
内陆-山顶	10～30	1.7～3.0
内陆-高地	10～15	1.5～3.0
海岸和海岛	10～30	1.4～2.2

注：（1）遮挡地点是指该地点建筑物或者树木处于当地盛行风的方向，且遮挡范围超过 180°。

　　（2）无遮挡地点是指本地很少有或者没有树木及建筑。

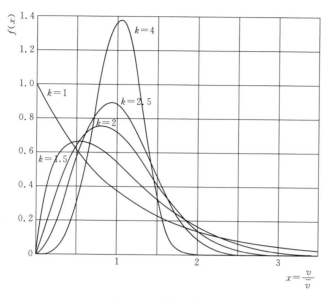

图 13.7　威布尔分布

某地的平均风速和 k 值决定了当地风能的可利用率。一般来说，平均风速增加，离地高度增加，k 也会相应增大。最适合的风电场选址地点是指平均风速高、k 值低的地点。

13.4.4　风速相关性

某地风能评估可以通过下面步骤进行：

（1）只用附近的气象局记录站提供的数据。

（2）将现场固定时段的测量数据（例如 3 个月）与附近气象局记录站的数据进行对比。

（3）在现场记录最少 1 年的数据。

使用附近的气象局即要求被评估的地点和气象记录站需要有非常相似的地形，且处于盛行风路径上。在大面积平地上选择与风电场距离不超过 40km 的气象记录站数据得到的结果最精确，但这种方法可操作性和精度很有限。

有限的现场测量需要相似地形和裸露程度，以获得最优结果。然而，可以通过依次检查各个方向不同地点的风速数据、地形类型、地表粗糙度、反演效应和盛行风的裸露程度，对地形和盛行风的裸露程度进行比较。有些方向风出现的频率小，可以忽略。由此可以计算出不同风向下风速的相关比例系数。这一方法应用范围和精度有限，也不容易考虑季节变化影响。

长期现场测量是精度最高、最为可靠的方法。由于需要使用数据记录风速计，因此成本较高。测量周期最短为 1 年，之后这些数据可以和气象局记录的长期历史数据做比较，确认测量年份的数据是低于、持平、还是高于往年数据。

13.4.5　利用出力曲线和风谱图估算电量

若完整的风速频谱图和风电系统出力—风速曲线可得，可以计算在可能的风速范围的各风速对应的风电系统出力。下面详述这一过程，并在表13.4给出算例。

（1）列出风速范围以及对应的出现频率（时长）（第1列和第2列）。

（2）从制造商提供的说明书上选择各风速范围中间点，并读出对应的风电系统出力，这是根据相应的频率列出的（第3列）。

（3）第4列列出每个风速范围的风电机组的发电量，由风电系统出力乘以该风速范围的频率得到。

表13.4　　　　采用风速频谱图计算超过1月的风电出力

风速/(m·s⁻¹)	时长/h	风力发电机输出功率/W	风力发电机产生电量/(kW·h)
0~1	25	0	0
1~2	44	0	0
2~3	122	10	1.22
3~4	180	45	8.10
4~5	144	86	14.38
6~7	75	144	10.80
7~8	44	250	11.00
8~9	35	466	16.31
9~10	24	802	19.25
10~12	18	1000	18.00
其他	9	1000	9.00
		共计	106.06

13.5　过速控制

若风电机组旋转越来越快，将会产生巨大的作用力使得设备自毁。为了保护设备，在设计风电机组时会引入对应措施，在风速较高时启动。这类保护机制设计可以分成三种基本类别。

13.5.1　机械刹车

在风电机组转速达到切出速度时，会利用离心力强制风电机组停止运行（和汽车刹车机制类似）。风力发电机运行在切出速度会产生大量热量，对风电机组造成磨损，这是不可接受的。100m长叶片的大型水平轴风电机组在风速高的情况下必须完全停机。

13.5.2　顺桨

当转速达到切出速度时，有些发电机会顺桨。发电机组可以通过旋转桨叶使单个叶片顺桨，以减小迎风角度；或者采用尾舵控制偏航，原理类似于抽水风车，使得全部叶片不迎风，以减少旋转速度。

13.5.3 变轴

顺桨的另一种方式是采用可变轴方式。在低风速下，桨叶和下游水平轴发电机的桨叶类似，桨叶迎风，扫风面积大。这样可以在风速不高时有效运转发电。这些桨叶的横截面呈翼形，当开始旋转时，它们向发电机的主体施加提升力，如图13.8所示。随着机翼提升，暴露于风中的叶片的有效扫风面积减小，叶片的转速在宽风速范围内几乎恒定。在最大转速时，机器将是水平的，使其成为垂直轴。尾翼作为缓冲器来起吊机器，以防止损坏叶片，并且如果风力突然下降，则可以抵消施加到机器的旋转扭矩。即使在气旋中，风电机组仍可发电。

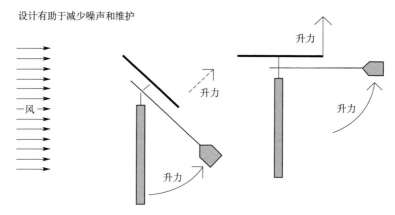

图13.8 风力发电机用于限速的倾斜度

13.5.4 采用变桨系统的顺风向风力机

现在顺风向风力机采用变桨系统，可以使得风力机在轻风或者强风下都能运转产生电能。变桨系统可以使叶片弯曲和挠曲。当风力变强，叶片旋转迎风面，以减少空气动力。这使得风力机即使在最恶劣的条件下也能保持高输出，从而使风力机在高风速下也不会因为保护自身而停止供电。叶片也会调节自己的速度，防止损坏，特别是因停电或电力故障而使风力机从负载断开时。这种设计有助于减少噪声和风力机维护。

13.6 发电

风力机的桨叶与发电机的轴相连接，后者带动电机旋转发电。如果发电机与轴直接相连（直驱），则系统维护成本会很低，但发电机将变得笨重。增加一个齿轮箱可以提高发电机的转速，还可以降低发电机重量。

发电机的输出频率将取决于叶片的角速度和风速，当交流发电机用于直接供电时，风速的变化会产生很多问题。这些问题可以通过在风力机上安装速度控制装置来克服。但这些增加了系统的成本，也增加了系统崩溃的可能性。

为了解决这些问题，直流发电机开始被采用。直流发电机产生的电流被送入静态逆变器，转换成固定频率的交流电流。风力发电机常常距离负荷较远，电缆上的功率损耗相当显著。通常的做法是，将风力发电机输出电压变换为更高的电压，以减少功率损耗。在负荷端，电压又会变换成该负载所要求的电压等级。

同样，风力发电机所产生的电力也可以用来给电池充电。这意味着，风速的变化将仅改变电池的充电速率。与在光伏发电系统中类似，需要使用充电调节器限制充电速率在电池要求的范围内，以保护其不受损害。这和在电机上的控制系统不同，后者需在电机负荷处时刻保持负荷运行，否则电机会超速导致自毁。负荷通常为阻性负载，可以是热水元件、辅助电池组或类似于水泵的负载。

13.7 风力发电机安装

显然，风力发电机安装应该尽可能靠近到电池，以减少电缆的功率损耗。但问题是，电池安装地点附近有可能不会有太大风力。因此，必须做出折中选择。

为了优化从风力发电机的输出功率，其安装高度应 2 倍于其附近建筑物的高度。根据经验，风力发电机在下风向距离障碍物不应低于障碍物高度 10 倍，20 倍于障碍物高度是首选，如图 13.9 所示。

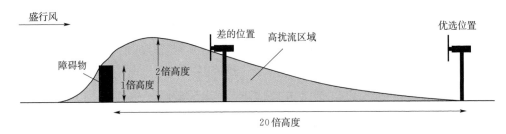

图 13.9　由障碍高度 H 引起的扰流区域

需考虑到植被生长的影响，一个合适的地点可能在 2 年的时间后就不合适了。土地斜坡可能会导致在该斜坡附近风速的增加，因此，需要好好利用这些优势。一般情况下，平缓的山坡可提高风速，但陡坡则造成湍流，如图 13.10 所示。

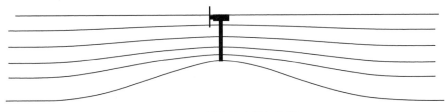

图 13.10　缓坡风速增加情况

确认一个地点是否适合安装风力发电机，需要知晓该地长期的风量（参见 13.4.3）。但是，采用测风设备测量的方法耗时太久，实际情况可能会要求尽快知晓该地点是否适合设置风电机组，所以应尽可能地利用当地的数据。附近气象站的风速数据非常有用，还可以去当地机场、气象局、土壤保持部门（他们可能有地表的风力数据）。一旦掌握了对于选址地区一些地点的数据，就可以使用这些机构中的任何一个地点的参考数据作为基准来推断当地长期的风力数据。

在较短的时间（如一个月）记录所选地点的定向风速数据，并将其与同期的气象站数据对比。如果实地测得当月数据超过该月气象站记录的数据，那么该地的风力资源几乎肯定在任何时候都有比气象站所在地更多。

注：风速计测量平均风速时不受风向或湍流的影响，但风力发电机一定会受这些因素影响。

需特别注意待选址地点的植被、景观特征，以及附近计划建造的任意建筑，因为它们都可能是阻塞风和引起湍流的元凶。

13.8　湍流

虽然平均风速在风力发电机的选址中很重要，但风的质量同样重要。如果风波动程度较大，则可以视为和无风一样不适合安装风力发电机。风力发电机应该设置在不存在湍流的高度。作为确定湍流是否存在的一种方式，可以放一只带有皱纹纸的风筝（若当地条件不允许放风筝，或者放风筝的技巧都不甚理想，也可以使用氦气充气气球）。如果皱纹纸从线侧平直伸出，则在此高度可能不存在湍流，这将有助于确定风电机组安置高度。

13.9　塔架高度

风力发电机选址的另一决定因素是塔架高度。出于经济原因，塔架建设高度应尽可能低，但是也需考虑离地高度越高、风速越大这一个事实。

在风力发电机选型和选址之后，塔架高度则成为决定风电系统成功与否的关键因素。如图 13.11 所示，尽管 12m 处的风速只比 1.5m 处风速多 50%，但 12m 处的风能比 1.5m 处的风能多 350%。如果风力发电机超出切出速度运行，那么这部分多余的能量没有利用价值。高塔架的好处是其年额定风速的小时数比矮塔架的小时数高。高塔架建设难度大，成本高，需要周围有更大面积清场以便布线和升降塔架以维护风力发电机。做决策时还需要考察成本/收益值。

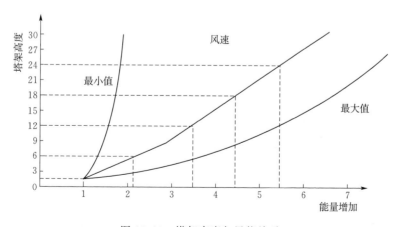

图 13.11　塔架高度与风能关系

13.10　风力发电机的维护

风力机与发电机的运转部分需要定期维护，特别是要确保轴承和变速箱润滑良好。在尝试降下风力发电机进行维护前，需启动所有机械或者电气制动系统。注意自激式交流发电机不可以电气制动。若无法停止风力发电机旋转，不要试图开始维修，等风停下来即可。

所有的螺母和螺栓应重新拧紧（符合制造商的规格），要特别注意转子组件。换下的尼龙锁紧型螺母不可以再次使用。需检查变速箱漏油情况。更换任何泄漏的油封并注入制造商指定的机油。

塔架上若有拉索，需检查是否有扭曲、扯拽或者断裂，应将有疑问的部件换掉。如果用手掌敲击拉索，应该出现振荡；若拉索出现松动，则将其重新拉紧至制造商的规定。

交流电机运行在固定转速。需检查其机械制动是否有效。若风电机组超出设计速度运转，会导致发电机发热而烧毁。

应定期检查风电机组的叶片，特别是迎风涡轮机的叶片"前缘"，以确保没有裂缝或碎片，因为这些会导致风电机组失去平衡。有些叶片的前端有磁带化，应当定期更换。任何裂缝和碎片都会给轴承造成不必要的磨损并引起振动，这会导致螺母松动。

13.11　风力发电机噪声

风速较高的情况下，风电机组运转会产生较大的噪声。噪声可能来自叶片、变速箱、换挡装置、吹过塔架的风或者拉索。虽然噪声可能不是很大，但是在风电机组附近可以听得见。

但是，在几百米的高空，风往往是产生噪声的主要原因。气流冲击叶片的声音通常淹没在风产生的背景噪声里。

风电机组制造商会提供一份"噪声足迹"，在产品说明书中可以找到。这一数据通常会找一参照物对比，参照物通常是100m外汽车通过的声音。

熟悉"噪声足迹"信息非常重要，因为在半郊区或者已建成的社区，当地议会或者居民会要求提供此类信息作为风力发电机建设环评的依据。

习　题　13

1. 现代风电机组的叶片的旋转速度怎样能超过风速？
2. 风电机组出力的影响因素有哪些？风速和叶片长度中哪一项对输出功率影响更大？
3. 为什么在风电机组引入降速机制，限制发电机的功率输出？
4. 某地平均风速为 6m/s，装有一台风力发电机，其切出风速为 16m/s，8m/s 时输出达额定功率 8kW，那么其每日预计输出功率（以 kW·h 为单位）为多少？
5. 限制风力发电机转速有什么方式？
6. 风力发电机输出转化成交流电会伴随什么样的问题？

7. 在 6m 高建筑物的下风处建 30m 高的风力发电机会有什么问题？

8. 塔架高度涨一倍，由 6m 升至 12m，对风力发电机出力有何影响？

9. 风力发电机定期维修中，必须要检查哪些项目？

第14章 微型水力发电机

14.1 概述

微型水力发电系统实际上是太阳能利用的另一个例子。地球水循环中，水从海洋和湖泊蒸发，蒸汽再传输到降雨位置凝结为水，整个过程受来自太阳的热能驱动。大型水电站利用这种可再生能源在峰时为电网提供电能。

在偏远地区考察设置供电地点时，可以考虑采用微型水力发电系统供电的可能性。如果在一个合适的地点存在永久的溪流或水坝，使用微型水力发电系统可以提供全天候24h稳定电力（这一特性优于光伏和风力发电系统），且其供电成本与光伏、风电系统的供电成本相当。

由于微型水力发电系统的稳定供电时间较长，其所需配备的储能电池容量较小，这将降低整个系统的建设成本，并减少维护需求。当然，储能电池容量取决于微型水力发电系统发电量与负载的匹配程度。鉴于大多数微型水力发电机供电功率在300W或者更低，其能够直接驱动的负载数量有限。这点功率也许仅够维持电冰箱和照明，但无法带动类似洗衣机、微波炉的负载，也无法带动超出此供电功率的组合负载。这时，微型水力发电系统需要配置一个储能电池系统来补充供电。这一部分内容将在第17章"系统定容"部分详细讨论。

14.2 微型水力发电系统组件

微型水力发电系统需要考虑的事项包括：

（1）水电站取水口。

（2）可利用水能（大多数州对水电站从河流或溪流中取水量有规定。在没有相关限制的地区，从环境角度出发，取水量不可以超过最小水流量的50%）。

（3）引水系统。

（4）管道（包括其长度、直径以及铺设相关土建工程）。

（5）隔离阀。

（6）水轮机。

（7）交流发电机的类型。

（8）调速器和控制设备。

微型水力发电系统基本组件如图14.1所示。

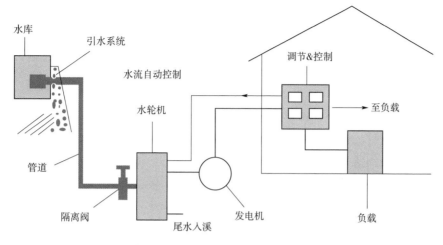

图 14.1 微型水力发电系统基本组件

14.3 土建工程

铺设引水管道（又称压力水管）相关土建工程是微型水力发电机选址时的重要考虑因素。土建修复工作没有做好会严重损害河岸和周遭土地地基，这会使得河岸在洪水季受到冲击时容易垮塌，极有可能淹没处于低处的水电设施。而土建修复不完善也会导致河流改道，河水会沿管道下方（也称管道床）这条更直接的路径冲到下游。需要注意的是，与一开始就做好当地土建修复工作的成本相比，解决因土建修复工作不到位导致的问题耗费的代价更高。

14.4 水力发电功率

水力发电机输出功率主要取决于两个因素：水轮机的供水压力和流经水轮机的水流量。因此，为了确定理论水力发电功率，需要知道水轮机进口的水流量和水头。一般来说，水头是指水源起点和发电机之间的高度差，根据水头能够计算水流到达发电机位置处的水压是多少，进而可以计算出实际可用功率是否能够满足设计负荷需求。

14.4.1 流量测定

流量的测量单位是 L/s。水轮机制造商一般可以协助提供确定水流量的方法。确定狭溪或水管中水流的流量有一个简单的办法，就是通过测量其充满已知容积的容器所需时间来推算。另外，也可采用已知尺寸的测流堰来计算小水流的流量。

水流量取决于降雨和水文条件，因此同一条河流在不同时间点、不同地点的水流量是不同的，在条件允许的情况下，水流量测量应定期在拟定地点进行至少一年。然而，按照 AS 4509.2 标准的建议，如果某个邻近地点具有类似的降雨和水文条件，且该地水流量数据有测量和记录，测量地水流量与邻近点水流量之比等同于两地集水区面积之比。

14.4.2　测流堰

测流堰是横穿水流的拦水建筑，具备已知尺寸的规则凹槽，水从此凹槽中流过。流过测流堰的水深度与水流量存在直接关系。临时测流堰可以用木板和星型桩建造，并使用一大张塑料板解决泄漏问题。测流堰和水流方向必须成直角关系，堰顶部应该是锐利的，最好由铝或不锈钢等金属制成。

测流堰的理想位置应处于平直水流的尾部低流速段。对于速度快的水流段，我们要考虑采用流速法。这可以通过测量测流堰前一定距离处的水位高度来完成，该位置水流并未受到越过测流堰的加速效应的影响。

测流堰最常见凹槽形状是矩形的，也会采用其他形状，如梯形、三角形。根据凹槽形状，通过查阅水流对照表可以测定流量。临时测流堰有可能成为水轮机前的永久集水点。

对于较大的河流，可采用图 14.2 所示的方法测定水流横截面积。

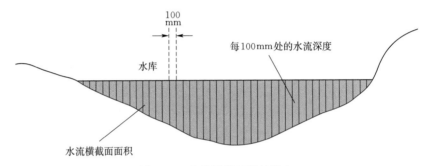

图 14.2　水流横截面积的测定

通过定距离间隔测量水流深度可以确定水流的横截面面积（根据水流的宽度，最多可每半米间隔测量一次深度），面积的测量单位设为 m^2，以 m/s 为单位测量的水的平均流速，最后将流速和面积相乘，这时流量的单位是 m^3/s，$1m^3 = 1000L$，所以该流量乘以 1000 便可以得到以 L/s 为单位的流量值。

图 14.2 中：

$$面积 = 0.1 \times \left(\frac{深度读数1}{2} + \frac{深度读数2}{2} + \cdots \right)$$

14.4.3　水头测量

水的压力可用水头来表征。水头是指水库水面和水轮机入口之间的垂直高度。和以上测量原则不同的是，对于一些全浸水的水轮机，水头的测量还需包括水轮机到尾水位的距离，如图 14.3 所示。

为了精确测量水头，可以采用定镜水平仪或者经纬仪。这两种仪器虽然都比较昂贵，但可以租用。由于以上两种仪器需要开阔的视界，在茂密的林区可能无法使用。另一种方法是采用观测水平仪。透过望远镜，挑选出和你视线处于同一水平线的物体，然后便可以将你自己的视线高度乘以某个倍数得出最终水头，如图 14.4 所示。一个简易观测水平仪也可以用支架和水平仪进行制作。其他可能适用方法是使用注水管，要么作为一个简单的

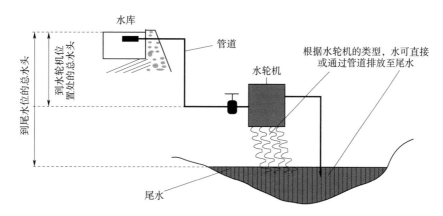

图 14.3　应用于微型水力发电机组的"水头"的含义

水平仪，要么用压力计，要么用精密高度计。使用水管时，要确保管中没有气泡，否则读数将不准确。好的高度计测量精度可达±1m，但会受温度变化以及气压变化的影响，因此必须谨慎使用，特别是在低水头的情况下。

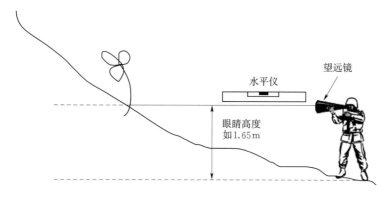

图 14.4　采用观测水平仪测量水头

一旦流量和水头确定，可以通过图 14.5 所示的图表就能读取可用水力功率。应在溪流的枯水期测量其流量（大雨后一定要等至少两天再测）。

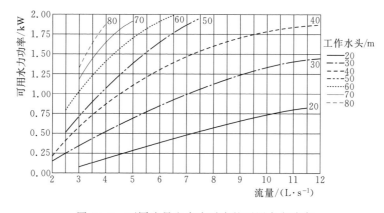

图 14.5　不同流量和水头对应的可用水力功率

14.4.4　实际发电功率

在确定了水流的理论可用功率后，可以计算实际发电功率。在任何系统中，都存在必须虑及的效率损失。微型水力发电系统中效率损失的两个主要因素是管道损耗和水轮机效率。管道损耗可从制造商提供图表中获得具体数据，水轮机效率同样也可从相应制造商处获得。另外，请谨记不能把水源的总流量全部利用起来，建议利用最小总流量的50%或更少。

微型水力发电机功率的计算公式为

$$P = \eta \delta g Q H$$

式中　P——微型水轮机的发电功率，W；

　　　η——水轮机的效率；

　　　δ——水的密度，常数1000kg/m³；

　　　g——重力加速度，常数9.81m/s²；

　　　Q——流量，m³/s；

　　　H——水头，m。

【例】　一水流的流量为5L/s（0.005m³/s）、水头为16m、假设水轮机效率为65%。根据水力发电功率计算公式，计算过程为

$P = 0.65 \times 1000 \times 9.81 \times 0.005 \times 16 = 510$（W）（管道损耗较小）

另一种粗略的计算方法是实际发电功率为$5QH$（但是该公式中流量必须以L/s为单位来计算，而不是m³/s）。这种计算方法虑及了大部分损失和常数，而且结果为具体数字，对于上述例子，实际功率的计算结果为400W。如果此水流能够每天24h持续发电，每天的总发电量大约为9.6kW·h。从此例可见，一个小的微型水力发电系统可以以相对低的价格输出大量电功率。

14.5　水轮机安装

请务必遵循制造商的安装说明，确保水轮机和发电机被牢牢固定在恰当的位置。请务必意识到，汛期水位将会上升，如果水轮机不是可浸水型的，发电机必须安装在汛期水位以上的位置。

14.6　水轮机种类

有两种类型的水轮机可供选择，最终的选择将取决于实际可用的净水头、实际可用的水流量以及功率需求。

14.6.1　冲击式水轮机

冲击式水轮机由一股或多股射流冲击水轮机叶轮。叶轮可以在空气中自由旋转，水流在冲击水轮机后落入尾流区。在这种情况下，实际可用的净水头为从水库水位到水轮机位

置处水平面的距离乘以一个考虑压力水管摩擦损失的因子。

该类水轮机不能浸入水中，因此必须安装在水流的汛期水位之上。由于它们必须安装在尾水位以上足够高的位置处，因此部分势能水头被浪费。水斗式水轮机和斜击式水轮机都属于这类水轮机。请注意，微型水轮机和发电机可能会发出过大的噪声。为微型水力发电系统选址时，应考虑尽量将噪声降至最小，可以采用障碍、树木等来隔音。

14.6.2　反击式水轮机

反击式水轮机的叶轮完全浸入水中，并在一个密封的蜗壳里旋转。水流经水轮机做功后，通过尾水管流入尾水区。水的重力会在叶轮的排出侧产生负压。当水轮机的安装位置高于汛期水位，水轮机位置以下的水势能并不会浪费。净水头包含水轮机以上的水头和水轮机以下的水头；实际中水轮机以下的水头可能比水轮机以上的水头更高。法氏水轮机、卡普兰水轮机和轴流式水轮机都属于这类水轮机，且水头较低时其性能尚可。

14.7　管道

一般来说，管道直径应尽可能大，以减少沿管道的摩擦损失；管道还应尽量直，且持续下坡。进水管道的高位点会导致空气掺入流道，从而降低其有效直径以及流经的有效水流量。管道下行的速率不应该是逐渐增加的，因为在速率增大的位置会产生抽吸空间。这可能会导致空气被吸进管道，造成水轮机振动，并且水锤效应会对水轮机造成冲击，甚至可能会使水轮机和管道损坏。管道入口附近必须设置排气孔。如果入水口发生阻塞，而且没有设置排气孔，快速下落的水流会在其后面形成真空，然后管道可能会发生变形。

在独立供电系统中，电池充电容量较小的情况下，水轮机一般很小，所需的流量也相当小。因此，PVC（聚氯乙烯）或聚乙烯管通常是适用的。根据其应对的静压水头高低的不同，压力水管的等级也不尽相同。例如，6 级 PVC 管适用于高达 60m 的静压水头。

14.8　发电机

水轮机和发电机相连，发电机可以是交流型或直流型。如果发电机是 240V 交流型，那么其可以直接连接到负载，另外如果长期内水流量是恒定的，则不需要使用逆变器和储能电池。很少有微型水力发电系统能够为一般家庭提供足够的 240V、50Hz 的交流电能。

在独立供电系统中，一般更倾向于使用发电机为蓄电池充电。由于水流在一天内的恒定性，小型发电机在一天之中可以向蓄电池充入可观的电能。这意味着，发电机的容量可以相当小，且可以在较低的流速或水头下正常运行。例如，100W 的水力发电机 24h 内可以输出 2.4kW·h 的电能。

当然，最大优势在于，由于电力生产具有规律性，较小的蓄电池容量便可满足要求。也就是说，电池存储容量不需要能够自主完成 5 天的供电，一般 2 天就足够了，这已考虑到合理的电池充放电速率、放电深度和循环寿命。

14.9　控制设备

如果发电机输出交流电，直接为负载供电，那么必须对发电机的转速进行控制。可以采用调速器进行转速控制。调速器可将多余电力分供给辅助负载（如水加热或室内加热），或者通过使用机械装置来控制通过水轮机的水流。

直流发电机可能还需要进行水流量控制，以使得输出电能适用于为电池充电。控制设备可以在系统中有负载时自动开启水流，对于蓄水坝供水的水电站，这样能够节省水力资源。

14.10　电力传输

因为远距离输电比输水更容易，也更便宜，水轮机的安装位置通常离用户较远。这将导致电缆线路非常长且产生相应的线损。为此可以将电池组安装在水轮机附近，再通过逆变器将其转换为240V电力输至用户。否则，就必须增大电缆的截面尺寸，以适应所传输的电流，从而使得电缆上的电压损耗维持在可接受的范围内。

AS/NZS 4509.2—2010《独立供电系统　第2部分：系统设计导则》建议从微型水力发电机到蓄电池组的最大电压降应小于10％。

微型水力发电系统的一个特性为，当水轮机旋转速度为水流速度的一半时，其输出的扭矩最大。如果水轮机的负载减小，其转速将增大。带有内置 DC-DC 电压变换的最大功率点跟踪器，可以通过升高输电电压来克服长距离输电的线损问题。为了解决长距离输电的电压降问题，一些水轮机通过产生交流电压来输送电力，然后再通过蓄电池进行整流。

习　题　14

1. 和光伏、风力发电相比，微型水力发电系统的优点有哪些？

2. 影响水力发电功率大小的因素有哪些？

3. 若水流的水头为20m，流量为40L/s，期望获得的功率是多少？

4. 在同样的水头、流量下，实际水力发电系统的发电机输出功率和问题3的答案相等吗？

5. 若微型水力发电系统的电站易于发生洪水，为了使水轮机保持在洪水水位之上，需要损失部分水头高度。为了使净水头最大化，你会选择哪种类型的水轮机？

6. 微型水力发电系统中采用交流发电机和直流发电机的优缺点分别有哪些？

7. 在为微型水力发电机组选址时需要考虑哪些因素？

第 15 章　节能技术应用和负荷估算

15.1　概述

设计独立供电系统是为了满足客户的电能需求。因此，尽可能减少这些电能的需求显得尤为重要。

一般来说，典型独立供电系统客户最大的能源需求是其住宅供暖和制冷。如果房子是新的，那这个房子应该结合太阳能设计功能进行设计和建造，既可以被动地去设计也可以去主动地设计。

在设计时应评估房屋的电气需求，并尽可能地使用其他能源（例如液化石油气的烹饪）和节能家电。住宅每天使用的总电量越小，所需的独立供电系统越小，成本越低。

15.2　被动式太阳能设计原理综述

被动式太阳设计的总体原则是，在冬季用太阳来加热房子，在夏季用遮挡来保护房子，避免房屋过热。

15.2.1　朝向

除了在热带地区，澳大利亚的太阳位于北方。房子的朝向和房子中房间的位置应结合实际情况：从太阳获得的热量将主要来自北方。对于房子的定位，最好是将白天使用的居住区安排在房子的北边。房子的南侧一般会较北侧凉爽，所以睡觉的地方最好放在房子的这一边。东边墙面，尤其是西边墙面一般会比较热。

图 15.1 所示为一个房子的基本朝向原则。

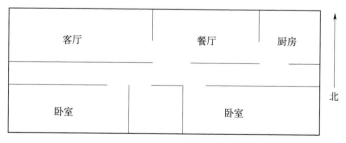

图 15.1　房子的基本朝向原则

15.2.2　热质量

热质量是一个用来描述建筑材料的术语，它可以吸收太阳在白天所产生的热量，然后在夜间释放这一热量。热质量包括房屋的标准部件，如混凝土地板和砌筑墙，但一些小部件（如在窗户前的小型混凝土结构）也可以被纳入房屋之中吸收这种热量。

15.2.3　隔热

夏天可以通过墙壁和屋顶从外面获得热量，而在冬天，热量从室内流失。位于屋顶和墙壁上的隔热层会减少这种热的增加和损失。隔热会给定一个 R 值来表示其有效性。R 值越高，其对热的流动的阻力越大。

15.2.4　窗户

玻璃窗是房屋外部和内部之间热量传递最多的地方。在冬天，希望通过玻璃来吸收白天的热，但夜间需要一双层玻璃或厚重窗帘来防止夜间的热损失；在夏天，双层玻璃不会减少热量的增加，而窗帘可以。因此，窗户与房子的比例大小会影响房子过热或者热不足。

15.2.5　阳光控制

夏天太阳高度很高，冬天太阳高度很低。因此，理想的设计是在冬天允许阳光从窗户照射进来，夏天反之。这可以通过使用屋檐或遮阳设备来实现，如图 15.2 所示。

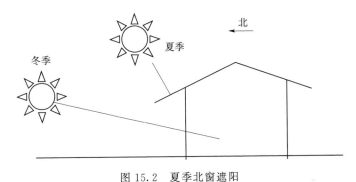

图 15.2　夏季北窗遮阳

15.2.6　通风设备

在炎热的夏天，特别是在空气相对白天较冷的晚上，需要对流通风设备使空气在整个房子中流动。这种设备应该合并到房屋中，使得在冬季月份中不会发生对流循环。

15.2.7　树的放置

如果可能的话，应该种植树木和植物，有以下好处：
（1）在夏天的几个月，能够对建筑物北侧进行遮阳，但在冬季不能妨碍太阳的照射。
（2）在冬季，作为抵御较冷南风的防风林。

15.3　主动式太阳能系统综述

一个主动式太阳能系统包括太阳能集热板和储存箱、能量传递机制和一个分布式系统，可在冬天给房子供暖，在夏天给房子制冷。

这些部件可以使用空气或水作为介质，通过使用风扇或泵使空气或者水在整个房子中进行转移。例如，一个系统可以利用太阳能电池板来加热水，然后储存在一个水箱中，并在混凝土地板中的管道（分配系统）循环，从而对地板和地上空间进行加热。

主动式太阳能制冷系统利用空调机组或吸收循环冷水机来进行制冷。空调可以连接到光伏发电组件，但成本相当昂贵。最好的方法是通过由太阳能集热器所提供的热水连接到空调或吸收循环冷水机。此方面更多的信息可以参见布里斯班 TAFE 研究所《节能建筑设计资源手册》第 12 章。

15.4　用户能源需求评估

在确定独立供电系统必须满足的电能负荷之前，必须对所有用户的需求进行能量审计。当房屋连接到电网时，它的能源供应可以是全电气化的，也可以是电力和天然气，或者电力、天然气、木材和太阳能的一些组合。

虽然本课程的目的在于独立供电系统的设计和安装，但作为设计者和安装者，为了正确地执行任务，所以也必须是一个能源审计师。

在一所房子里，需要提供的能源服务包括：

（1）加热。包括烹饪、为淋浴和洗涤提供热水，茶、咖啡所需水的供暖和建筑物的供暖（空间加热）。

（2）冷却。包括制冷和建筑的冷却（空间冷却）。

（3）照明设备。内部和外部以及远离主要住宅的任何建筑物。

（4）其他服务。这些可以包括房中的水（如用于提供压力的泵或集水箱）、娱乐设施（电视、音响等）、办公设备（电脑、电动工具）、实用电器（吹风机、微波炉）、通信（传真机、便携式手提电话）和可能需要的其他服务。

能源审计师的作用是评估客户的需求，并建议他们如何满足这些需求。对于独立供电系统的用户系统，其需求必须以最经济、最便捷的方法满足，以保证电力负荷及系统所需的尺寸最小化。

本部分着眼于典型的家庭能源需求，并提出了如何满足这些需求的建议。基本原则是，任何需要加热元件的东西都应该通过用光伏发电以外的方式供应。

1. 加热

在理想的情况下，既可以通过太阳能热水系统，也可以使用瓶装气（液化石油气）对水进行加热。如果使用太阳能热水器，则需要一个备用电源以应对长时间的多云天气或冬季。该备用电源可以是液化石油气，也可以是燃木加热器或火炉。

在某些情况下，燃料发电机被用于作为加热热水器中的电气元件。如果发电机组正常运行，这可能是合适的，但有两个问题：一是这不是加热水最经济有效的方法；另一个是发电机组也必须调整容量来满足家用负荷以及加热元件。

2. 烹饪

最常见的能源是液化石油气，但有些人会使用一个慢速燃烧炉。在冬天这是好的，因为它会使房子变暖，但在夏天就成了问题。

（1）加热茶/咖啡：电水壶通常有一个 2.4kW 的元件，这对于独立供电系统是不实用的。建议顾客在液化石油气（或慢速燃烧）炉上使用水壶加热。

（2）空间加热：一般由液化石油气加热器、布满房间的暖气管和地暖的太阳能加热装置、慢速燃木加热器加热。

3. 冷却

制冷一直是一个问题负载。一个标准的"非节能"冰箱每天将消耗 3~6kW·h 的能量，这将需要一个大型的独立供电系统。在过去，因为这个原因，许多用户使用液化石油气的冰箱，但这些冰箱一般都不大于 250L，并且非常昂贵（超过 2000 美元），因此用户往往不太满意，并希望有一个"标准"冰箱。后来"能源优化型"的家庭冰箱能耗相对较低，为 1.6~2.5kW·h/d，这种冰箱结合"软启动"压缩机来降低对家用电源逆变器的浪涌要求。

含有高效直流压缩机的直流冰箱通常只消耗约 1kW·h/d。但非常昂贵（约 3000 美元），且直流电缆需直接连接电池，这点在有些房子里并不是很容易实现。

在过去的几年里，一系列节能的交流冰箱也已经在市场上推出。一些制造商公布的能耗低至 800W/d，价格也与液化石油气冰箱相差不多。重要的是冰箱的能耗依赖于环境温度（位于房子温度较高一侧的冰箱将不得不努力工作）、冰箱打开的次数以及放在冰箱里需要冷却食物的多少。此外，在非常潮湿的地方冰箱会消耗更多的电量。

用于空间冷却的空调是一个大负荷，其额定功率通常是 1~2kW，并且开机持续数小时。因为这个原因，他们不经常安装在连接着独立供电系统的房屋中，或者仅在燃油发电机组运行时才会运行。蒸发式空调器不像空调使用那么频繁，因此可以在合适的地方使用。吊扇一般额定功率只有 100W，因此也可以使用。

4. 照明设备

高效节能的紧凑型荧光灯现在已经比较常见，而且不像十年前那么贵。建议在整间房子里使用这些荧光灯。在间歇使用的地方，如厕所，可以使用一个低功率的白炽灯，因为经常开关会缩短紧凑型荧光灯寿命。

现在也流行使用石英卤素灯，因为这些都比白炽灯效率更高（但没有紧凑型荧光灯效率高）。主要的问题是安装的灯的数量通常意味着在房间使用的总功率可以比位于中间的白炽灯的功率大。

如果在安装时需要筒灯，目前有反射筒灯式的紧凑型荧光灯，其中有许多可以和标准的分色卤素灯互换。和一个平均 50W 标准卤素灯比较，这些紧凑型荧光灯的功率为 11W 或 18W。

5. 其他服务

对于所有的电器设备，非常关键的一点是用户希望用最有效的（低功率）部件来满足他们的需求。

（1）电视和其他娱乐系统。这些通常是 20~150W 的低功率设备，但随着更大的家庭娱乐系统的出现，电力消费正在增长，主要问题是其可能运行的时间长度。从功耗的角度来看，传统电视（76cm）的功耗只有大屏幕等离子和液晶电视的 1/3。例如，一个 106cm 等离子电视功率为 300W、待机功率 9W；一个 76cm 液晶电视功率为 200W。

（2）电脑。类似于电视，电脑使用的功率通常小于 100W，但是随着更大屏幕等因素的增加，其功率损耗也一直在增加。笔记本电脑功耗低于台式电脑，因此如果用户使用电脑的时间比较长，选择笔记本是比较合适的。打印机、扫描仪等仅在需要的时候才会使用。

（3）用水需求。对于拥有独立供电系统的客户来说，通常会有雨水水箱连接到房子。这些水箱跟房子处于同一水平线，需要对水加压以致能流遍整个房子，并且要有合适的压强以便舒适的淋浴。

一种方法是使用电压力泵，这可能需要交流或直流电源。直流泵直接连接到电池，一般使用较少的功率，但不像交流泵一样常见，也不会持续很长时间。对于用户来说，通过当地一个可以给需要泵的客户提供服务的公司来代理购买"标准"泵更好。

在房子内获得水压的另一种方法是使用集水箱：将水从雨水水箱抽到一个比房子更高的水箱，之后水通过重力回流到房子里。一个典型的交流泵能提供 20～30PSI（英制测量值）的压力将水压入房中。水龙头以上每 10m 高，压力为 14PSI。一个位于 15～20m 高的水箱将为房子提供合适的压力。在这种情况下，无论水龙头何时打开，都不需要通过电源来获得水，能量只需要将水泵到集水箱。仅在有多余的太阳能或发电机组开启时，可以用一个"消防泵（燃料驱动的可用于抗击森林大火的泵）或电动泵的操作来完成。使用"消防泵"的另一个优点是，泵会定期使用，从而可以知道它状态良好，可随时应对火灾。

（4）通信设备。通信设备一般有相对较低的功耗，但要求每天 24h 工作。如果仅仅为了这些负荷而需要逆变器在夜间工作，会增加系统的功耗。

（5）熨斗。熨斗含有加热元件并通常使用 1200W 的功率。如果不经常熨烫，并且只有约 5min（例如 1 件或 2 件衬衫）工作，它可以直接运行。如果会熨烫很长时间（比如说 0.5～1h），那么运行发电机组以满足该负载通常会更好。

（6）洗衣机。洗衣机包括小型发电机（用于旋转等）和一些加热元件（通常是 2kW 或更高）。用户应尽可能使用没有加热元件的洗衣机，要么连接到房子的热水，要么只用于冷水洗。电机应尽可能小，一些采用大型感应电动机的旧洗衣机启动电流过大，每洗一次用电超过 1kW·h。现代的许多洗衣机使用 500W 的电机，并且每个周期仅工作 40min。

（7）洗碗机。洗碗机通常使用加热元件，但洗碗机最好应连接到房子热水，一些用户也只通过发电机组运行来使用这些洗碗机。

（8）真空吸尘器。真空吸尘器使用功率为 500～1200W 其功率取决于它们的型号以及使用次数和使用时间。如果只是短期使用，可以直接从系统取电，但如果需要长时间使用的话，那么当发电机组运行时使用它们将更具成本效益。

（9）电吹风。由于含有加热元件，电吹风的功率通常在 1200W 以上。但由于其一般只在短时间内使用，所以往往是从系统取电，而不需要单独运行发电机组。

（10）污水处理系统。在过去，独立供电系统里通常要有净化系统的渗流系统，污水将从这里被分离。近年来，当地政府要求越来越严格，人们都必须安装"抽水机"（在没有本地服务的地方通常是不实际的）或污水处理系统。

最好是安装一个不使用太多电能的系统。有的用户只需要风扇和小水泵，但其他的可能需要一个 100W 并且每天工作 24h 的加热元件。与用户讨论这一点很重要，因为污水处理系统的销售人员往往不认为他们会使用很多能源。

（11）电动工具。电动工具使用的功率取决于电动工具的类型以及使用次数。如果它是一个很少使用的工具，可直接从系统中取电。如果许多电动工具都要使用很长一段时期，则可能需要运行发电机组。如果是压缩机，一般都需要运行发电机组。

（12）备用。虽然设备没有开启，但许多负载需要保持一个小的功耗。即使单一负载小，但这也是一个24h的负载，几个设备的累计待机功耗是显著的。存在待机功耗的设备包括电脑/笔记本电脑的电源适配器和电视机。这可以通过选择待机功耗较少的负荷来减少，或在不使用时拔出设备来完全消除。

在 AS/NZS 4509.2—2010《独立供电系统　第 2 部分：系统设计导则》表 B1 中提供给用户一个如表 15.1 所示的表格。

表 15.1　　　　　　　　　　　　　　　　　能　量　源　及　其　选　择

能量服务	能量源	说　明
热水器		
空间加热器		
空间冷却器		
制冷		
照明设备		
烹饪		
清洁、娱乐、厨房设备		
办公设备		
水泵		
水和废物处理		

在标准中，并不强制提供上述信息，只是一个建议，因为它确保了与用户进行讨论的内容被记录在案。然而，提供一个类似于表 15.1 所示的表格是进行政府退税的要求。

15.5　电能负荷估算

表 15.1 和包含在本节中的负荷评估表格（表 15.2 和表 15.3）的完成必须与客户共同协商。多年来，许多系统失败不是因为设备已经损坏或系统安装不正确，而是因为用户相信可以从系统中获得比系统实际能输出的更多的能量。因此失败的原因是用户不清楚该系统的功率/能量限制。

问题是，用户可能不想花时间确定他们的实际电力需求，并协助完成一个负载评估表。他们只想知道：为我的三间卧室供电的一个系统需要多少钱？系统设计人员只能设计一个系统，以满足用户的功率和能量需求。因此，系统设计人员必须使用这个过程来了解用户的需求，并在同一时间给用户做好培训。正确填写这些表格确实需要时间，让潜在用户完成表格可能花费 1～2h 或更多的时间。正是在这个过程中，你需要论述满足他们的能源需求的所有潜在能量来源，并培训用户的能源效率意识。

一般情况下，客户会分不清 W 和 W·h，也不清楚为什么每天使用 0.5h 的额定功率为 2400W 的壶在系统上是一个大的能源需求；为什么要用煤气炉来加热水……应该试着用他们所理解的语言解释，而交流最清楚的语言通常是金钱和成本。为满足 1kW·h/d

的负载，对所需要的光伏组件数量进行估计是有意义的。例如，你可能需要 $4\times100\mathrm{W}$ 的光伏组件产生 $1\mathrm{kW}\cdot\mathrm{h/d}$ 的功率，这些需花费 1000 美元，所以在使用电水壶的情况下，如果每天工作 0.5h、额定功率为 2400W，就需要 $1200\mathrm{W}\cdot\mathrm{h}$ 的能量，这将需要 4 块组件以上，即 4000 美元的资本成本，而这个成本甚至不允许额外的电池容量或逆变器大小。可以告知客户用光伏组件为水壶供电需花费 4000 美元，以此说服他们使用煤气炉。

另一个例子是对紧凑型荧光灯和白炽灯进行比较。例如，如果系统有 $200\mathrm{W}\cdot\mathrm{h/d}$ 的能源供给，这可以为 100W 的白炽灯供电 2h，而为 20W 的紧凑型荧光灯供电 10h。

根据 AS/NZS 4509.2—2010《独立供电系统　第 2 部分：系统设计导则》要求，如果日负荷量大于或等于 $1\mathrm{kW}\cdot\mathrm{h/d}$，则应在一年中对至少两个季节进行负载评估，这可以是冬天和夏天，或是湿季和干季。建议对直流负载和交流负载进行单独评估，但如果为了方便，可以将这些结合到一个表。

15.5.1　直流负荷评估表

当完成直流负载评估表（表 15.2，来自 AS/NZS 4509.2—2010《独立供电系统　第 2 部分：系统设计导则》表 B2）时，需要包括以下信息：

表 15.2　　　　　　　　　　　　　直 流 负 荷 评 估 表

(1)	(2)	(3)	(4a)	(4b)	(5a)	(5b)	(6)	
电器	数量	功率/W	冬季或干季		夏季或湿季		对最大需求的影响/W	备注
			使用时间/h	能量/($\mathrm{W}\cdot\mathrm{h}$)	使用时间/h	能量/($\mathrm{W}\cdot\mathrm{h}$)		
日负荷量-直流负荷/($\mathrm{W}\cdot\mathrm{h}$)			（DC 7a）		(DC 7b)			
最大能量需求/W						(DC 8)		

（1）电器（列 1）。在这列中需要列出客户可能拥有的所有电器，如电视或照明。可以把灯放在一起，但由于不同的灯功率不同，使用时长不同，所以建议将灯分解到每个房间，如厨房的灯、卧室 1 的灯等。

在完成这一表格时，在每间房屋现场填写会更容易，这在物理结构上是最好的，但由于距离的不同，或者因为房子还没有建成，有时也是不可行的。如果不可行的话，表格必须在与用户的讨论中完成。建议形成一个标准的表格，列出可能使用的各种设备，并留下一些备用行给一些用户的特有设备。这个标准表格将有助于确保不会漏掉任何设备。

（2）数量（列 2）。在这列中，列出使用的每一个设备的数量。同样，最好单独列出具有不同使用模式的电器。

（3）功率（列 3）。在这列中，列出设备的额定功率。大多数家用电器都有一个铭牌，表明该设备的额定功率。记住，照明、白炽灯和石英卤素灯的消耗功率等于其额定功率，

137

因为它们是电阻性负载，但荧光灯含有电子元件，所以20W直流荧光灯会消耗更多的功率，如23～25W，具体数值则需要测量后确定。

（4）冬季或干季：使用时间（列4a）。这应与用户协商完成。用户必须说明设备每天的使用时间或者设备每周的使用频率，设计师得到一个日常使用平均数。同时建议，这一列的完成需要与这个主要居住者协商，因为夫妻之间可能有很大的分歧。

（5）冬季或干季：能量（列4b）。这是由设计师计算得到的，计算过程为将数量（列2）、功率（列3）和使用时间（列4a）相乘，每个设备都需要计算。

（6）夏季或湿季：使用时间（列5a）。同列4a一样，但使用季节不同。

（7）夏季或湿季：能量（列5b）。这是由设计师计算得到的，计算过程为将数量（列2）、功率（列3）和使用时间（列4a）相乘，每个设备都需要计算。

（8）对最大需求的影响（列6）。并不是所有的设备都会同时使用，但重要的是要确定系统需满足什么样的功率或需求峰值。这是通过估计可能会在同一时间使用的负载来确定的。如果一个设备被确定在最大需求时开启，那么在列6中输入的数字是通过列2与列3的乘积得到的。

（9）备注。此列输入任何相关的说明。

在列出所有的电器后：

（1）冬季或干季每日的总能量是通过累加列5a的数据得到的，并输入到表格中的DC7a单元格。

（2）夏季或湿季每日的总能量是通过累加列5b的数据得到的，并输入到表格中的DC7b单元格。

（3）最大能量需求是通过累加列6的数据得到的，并输入到表格中的DC8单元格。

15.5.2　交流负荷评估表

当完成交流负载评估表（表15.3，来自AS/NZS 4509.2—2010《独立供电系统　第2部分：系统设计导则》表B3），需要包括以下信息：

表15.3　　　　　　　　　　交 流 负 荷 评 估 表

(1)	(2)	(3)	(4a)	(4b)	(5a)	(5b)	(6)	(7)	(8)	(9a)	(9b)	
			冬季或干季		夏季或湿季			对最大需		对浪涌需求的影响		
电器	数量	功率/W	使用时间/h	能量/(W·h)	使用时间/h	能量/(W·h)	功率因数	求的影响/VA	浪涌因子	潜在的/VA	设计/VA	备注
日负荷量—直流负荷/(W·h)			(AC 10a)		(AC 10b)							
半小时最大需求/VA								(AC 11)				
浪涌需求/VA										(AC 12)		

138

（1）电器（列 1）。在这列列出客户可能拥有的所有电器，如电视或照明。可以把灯放在一起，但由于不同的灯功率不同，使用时长不同，所以建议将灯分解到每个房间，如厨房的灯、卧室 1 的灯等。

在完成这一表格时，在每间房屋现场填写会更容易，这在物理结构上是最好的，但由于距离的不同，或房子还没有建成，有时也是不可行的。如果不可行的话，表格必须在与用户的讨论中完成。建议形成一个标准的表格，列出可能使用的各种设备，并留下一些备用行给一些用户的特有设备。这个标准表格将有助于确保不会漏掉任何设备。

（2）数量（列 2）。在这列中列出使用的每一个设备的数量。同样，最好单独列出具有不同使用模式的设备。

（3）功率（列 3）。在这列中，列出设备的额定功率。大多数家用电器都有一个铭牌，表明该设备的额定功率。记住，照明、白炽灯和石英卤素灯的消耗功率等于其额定功率，因为它们是电阻性负载，但荧光灯含有电子元件，所以 20W 交流荧光会消耗更多的功率，如 23～25W，具体数值需要测量后确定，即用一个仪表插入在设备和电源点之间，并实际测量设备的消耗功率。

（4）冬季或干季：使用时间（列 4a）。这应与用户协商完成。用户必须说明设备每天的使用时间或者设备每周的使用频率，设计师得到一个日常使用平均数。同时建议，这一列的完成需要与该房子的主要居住者协商，因为夫妻之间可能有很大的分歧。

（5）冬季或干季：能量（列 5b）。通过将数量（列 2）、功率（列 3）和使用时间（列 4a）相乘，每个设备都需要计算。

（6）夏季或湿季：使用时间（列 5a）。同列 4a 一样，但使用季节不同。

（7）夏季或湿季：能量（列 5b）。通过将数量（列 2）、功率（列 3）和使用时间（列 4a）相乘，每个设备都需要计算。

（8）功率因数（列 6）。设备的功率因数输入到该列中。如果功率因数没有标在铭牌上，那么它可能需要通过电器的视在功率（VA）来计算，视在功率或者从铭牌获得电流值计算得到，或者通过使用仪表测量电流计算得到。

（9）对最大需求的影响（列 7）。并不是所有的设备都会同时使用，但重要的是要确定系统需满足什么样的功率或需求峰值。这是通过估计可能会在同一时间使用的负载来确定的。如果一个设备被确定在最大需求时开启，那么输入到列 6 中的数值是通过列 2 与列 3 的乘积之后除以列 6 得到的。

（10）浪涌因子（列 8）。电动机和一些电器（例如电视）在启动时可能存在浪涌电流，往往作为启动电流标注在铭牌上。如果未标注，可能会用到典型值，AS 4509.2 建议，浪涌因子 1 用于电阻性负载，3 用于通用电机（如厨房电器），7 用于感应电动机（如洗衣机）。

（11）对浪涌需求的影响（潜在的）（列 9a）。通过列 7 与列 8 的乘积得到的。

（12）对浪涌需求的影响（设计）（列 9b）。并不是所有的负载都会同时启动，因此，在确定最大浪涌需求时，不需要考虑所有的负载。如果需要考虑，则列 9b 等于列 9a。如果没考虑浪涌，但是设备启动了，则列 9b 等于列 7。

（13）备注。此列输入任何相关的说明。

在列出所有的电器后：

（1）冬季或干季每日的总能量是通过累加列 5a 的数据得到的，并输入到表格中的 AC 10a 单元格。

（2）夏季或湿季每日的总能量是通过累加列 5b 的数据得到的，并输入到表格中的 AC 10b 单元格。

（3）半小时的最大能量需求是通过累加列 7 的数据得到的，并输入到表格中的 AC11 单元格。

（4）浪涌需求是通过累加列 9b 的数据得到的，并输入到表格中的 AC12 单元格。

第16章 系 统 设 计

16.1 概述

独立供电系统的设计是科学、艺术、知识、经验和创新思维多方面的交叉融合。

本章概述了系统设计几个要点，并且按照设计流程顺序叙述。当然，设计流程可能会变动，也不一定要按照本章节给定的顺序从头到尾严格执行。部分设计步骤随着设计的推进需要复核；有时部分设计步骤已经由用户的现有设备或特殊要求确定。以上内容特此强调。

值得注意的是，很多系统设计失败的原因应归咎于"社会性失败"，而不是"技术性失败"。换句话说，所设计的系统可能在技术层面是一个智能系统，但是并不满足用户的特定需求，此时，可以说这个设计是失败的。

设计流程单如下。实际中，设计一般分为两个阶段：第一阶段只需足够详尽，方便向客户报价；第二阶段是在确定得到设计工作后，所有的细节随之确定下来。

（1）第一阶段的设计过程。

1）确定设计准则，包括通用准则和特定要求。

2）评估使用服务、能源需求和能源匹配。

3）资源评估和选择、现场评估。

4）系统配置确定。

5）可用设备与成本调研。

6）系统定容、确定组件。

7）控制系统，控制策略。

（2）第二阶段的设计过程。

1）完成系统设计、优化和预算匹配。

2）周边系统（BOS）定容、额外费用。

3）安装设计。

系统设计常常是一个迭代的过程。初步的设计方案是针对用户要求选择和测试的，然后通常需要修改和重新测试其性能。设计工作经过不断迭代，直到得出一个最佳（或至少是可接受）的设计。在大多数情况下，采用计算机软件作为设计工具是必不可少的，因为其可以加快设计进程，并且可以方便地对不同的设计方案进行比较。

容错和冗余是系统设计中需要考虑的两个方面，对系统可靠性至关重要。这些问题将在第19章混合系统定容中进行更详细地讨论。

16.2　设计准则制定

不同的系统应遵循不同的准则进行设计。这类设计准则应包括通用标准和特定标准。

（1）通用标准。

1）最大资本成本。

2）最小生命周期成本。

3）系统必须安全运行。

4）可靠性高。

5）维护少。

6）环境影响最小，如噪声、烟气或油耗。

7）系统设计必须符合澳大利亚标准。

8）考虑零件和辅助服务的可用性。

9）使用本地或澳大利亚产品。

10）考虑美学。

（2）特定标准。

1）自动控制，例如自动控制负荷、自动控制柴油机启停。

2）逆变器必须是正弦波型。

3）用户坚持使用其现有的设备。

4）发电机运行时间。

5）什么负载是"关键"负载。

选定的设计准则会影响系统的配置、复杂性、可用性以及成本，并且必须通过与用户协商来制定。

如果系统设计时规定最大资本成本小于实际要求成本，那么这在系统设计时造成的限制必须向用户解释。

建议做最初设计时不拘泥于成本因素，尽可能按照用户规定的设计准则进行设计。这样可能导致所设计出的系统的成本往往高于用户预期的投资额，但是至少可以让用户意识到满足他们全部要求的系统所需耗费的成本，双方可以据此开始协商，找出可以接受的解决方案。

16.3　评估使用服务、能源需求和能源匹配

详见第 15 章。

16.4　资源评估和选择、现场评估

在第 15 章讨论了如何确定用户的能源需求。在系统设计和各部件定容之前，必须先进行资源评估，确定当地哪种可再生能源（水、风或者光）是适合开发利用的。如果有可

能，最好在系统设计前到安装地现场考察。在考察（或者后续考察）期间，需考虑哪种可再生能源可以被利用，同时还需考虑下列事项。

（1）安装场地对能源类型的适宜性，需考虑光伏阵列、风力发电机、微型水力发电机组。

（2）为设备选择合适的位置安装，包括光伏阵列（如果包括在设计内）和调节器；风力发电机（如果包括在设计内）和相关的控制器；微型水力发电机组（如果包括在设计内）及相关管道等；发电机；电池组；调节器、逆变器和控制设备。

（3）确定和测量相关设备之间的电缆路线。这包括准备一份可用作设计系统安装图的草图。

（4）对可能影响设计的其他因素需要留意，包括：与安装地点的交通问题；是否是易受雷击的地区；柴油或者液化石油气之类的燃料可获得性和可用性。

并不是在第一次现场考察后即需做好全部的决定，如确定使用哪种可再生能源发电系统。风电或者水电通常需要更为详细的非现场资源评估报告，有时候光伏发电系统也需要。

16.4.1　光伏阵列

现场光伏阵列铺设时应使其能够得到充分的光照，白天至少 8h。在某些情况下，地形、树的阴影或建筑都会影响光伏阵列日照时间。设计者应和用户充分详谈，确定每天的无阴影日照小时数，或者使用指南针、测斜仪或像"太阳探路者"这样的设备来测量，以确定每天的太阳无遮蔽小时数，应该在一年中每个季度都进行一次评估。应注意确保测量地点尽可能接近该阵列安装地，或对测量作出适当调整。

在这两种情况下（即全日照或部分日照），设计人员可使用长期的太阳辐射数据源［如澳大利亚的《太阳辐射数据手册》（ASRDH）］来确定安装地点的太阳辐射资源（月度）。

16.4.2　风力发电机

有关风力发电机的更多信息请参阅第 13 章，然而在推荐某地安装风力发电机前应该先对现场进行监测以确定当地实际风速，数据记录应尽可能长，最好至少一年。然后将这些数据和附近最近的测量点可用的长期数据进行对比（比如气象局），综合比较后得出当地典型风速信息。

通常情况下，记录 12 个月的风速通常是不实际的。在这种情况下，设计人员在做安装风力发电机的决定时将基于以下几点：

（1）最近的可用数据，并根据地形、海拔、地貌等的差异性进行适当调整。

（2）当地的信息。

（3）过去的经验。

然而，如果安装风电机组超过 5kW，不推荐上述方法。

当为小型风力发电机做初步测量不切实际，且在某地建设了任一型号风电机组但运行情况不佳时，将有可能给业界带来不好的名声，导致客户不必要的开销。已经有很多风电机组安装在不合适的地方，其业主也几乎从没有收到这些风电机组产生的真正收益。如果对安装风电机组是否具有成本效益存有疑问，应详细对用户说明这一情况。

16.4.3 微型水力发电机

更多信息请参阅第 14 章。

如果某地点有可能适合发展微型水力发电，则必须对当地水力资源进行评估，以确定可用的水能功率，相关方法第 14 章中已详细说明。这可能涉及相关数据的使用，可从水资源等政府部门获取或在水源处进行实际流量测量。

除了确定流量，还必须选取进水口的闸门位置和水力涡轮机的位置。静水头则需实地测量或者通过地图确定。压力水管物理距离（进水口和涡轮机之间的管道）也需实际测量，这样就可以对闸门进行设计，并计算成本。

16.5 系统配置确定

在评估当地所有的可再生能源资源之后，设计人员需选择在独立供电系统中使用的发电机类型。

一个基本的独立供电系统应该包括光伏阵列、蓄电池和逆变器以提供交流电源。但是在澳大利亚，大部分此类系统还包括燃料发电机，或作为后备电源或作为主电源，以满足用户日常能源需求（参照第 19 章）。有的系统还设有风力发电系统，偶尔也会安装微型水力发电机。

如何将两种或两种以上的电源连接在一起给独立供电系统供电？系统配置的选择将会对系统的复杂性、系统的整体效率、交流电源的可靠性和电能质量产生影响。目前业界常用三种主要连接形式，还有一些在特殊情况下应用的其他变型。

独立供电系统的三种主要配置方式为串联、开关、并联。

这些配置方式是在大部分电力都以交流形式传送这一假设条件下设计的，将通常应用于以交流形式为单个住户或者一小组建筑供电的独立供电系统。在给社区或者大型乡村用户供电时，这种系统配置方式同样适用，但需要配置 2 个或者 2 个以上的发电机，以确保供电可靠。

在比较这些方式时需要考虑如下问题：

（1）系统部件的规格。

（2）发电机组或交流电源的控制要求。

（3）整体系统效率。

（4）交流电能质量。

（5）冗余和可靠性问题。

（6）发电机组利用率。

16.5.1 串联结构

这种结构的特点是，发电机组所有输出均提供给电池充电器，电池充电器馈送电能至直流母线，如图 16.1 所示。由 1 台逆变器为交流负荷提供所需全部电力。该结构最为简单，成本最低（尽管成本并不是必要选项）。但是，由于供给交流负载的发电机组的利用效率低，因此只能在负荷主要为或全部为直流的情况下使用，或在系统供应电量小于$1kW \cdot h/d$时使用。

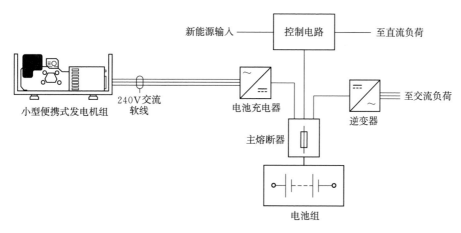

图 16.1　串联结构混合系统

16.5.2　开关结构

这种结构的主要特点是，发电机组给电池充电器充电，同时直接向交流负荷供电，如图 16.2 所示。当发电机组停止运行时，交流负荷将切换至逆变器供电。

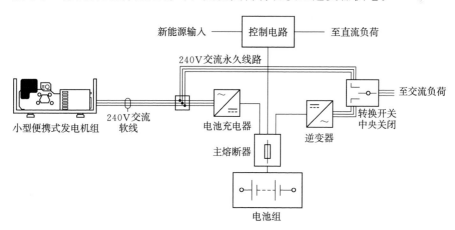

图 16.2　混合切换系统结构
（注：逆变器、充电器可用来代替分立式逆变器和电池充电器）

这个切换动作可以自动完成，也可以通过切换开关手动完成。在这两种情况下，该转换开关或接触器应具有"先开后合"的动作。在使用手动切换开关的过程中，推荐使用"中央关闭"位置的开关。这样电池充电器、逆变器和自动切换接触器可容易地并入到一个单元（逆变器—充电器）。

如果逆变器输出在切换前不同步，理想情况下应暂停供电 500ms 以上，以防止接触器的触点发生电弧并减小接触器的使用寿命。所需的暂停时间取决于负荷的类型。大型电感型负荷需要暂停 500ms 以上，标准家用负载暂停 30ms 已足够。

这种结构的系统发电机组效率合理，但是需要负荷容忍短时停电。运行在这种模式下的台式计算机都必须有自己的迷你 UPS 系统，或在电脑使用时间和转换时间之间协调。也可以采用专用的逆变器（具体规格以适应敏感交流设备为准）和独立布线的方法，可以用于需要不间断供电的负载。在这种情况下，不间断逆变器的低电压切出应设置为最小值，以避免主逆变器中由负载冲击导致的电池电压骤降的情况。

作为对比，并联结构虽然可以提供不间断供电，但其效果并不是在所有条件下均理想（16.5.3 会进行详细讨论）。有一种折中的办法是采用快速接触器的开关系统，这要求逆变器在开关转换前完成同步，且接触器的切换动作要求非常快，操作时间在 20ms 以内。这个转换时间足够短，不足以影响敏感负荷的运行。

在决定是否使用手动开关系统时，是否有训练有素的操作人员是另一须考量的因素。

16.5.3 并联结构

这种结构的主要特征是使用交互式逆变器，可允许功率双向流动，可以作为逆变器或者电池充电器，具备同步能力，还可以与发电机并联供电。在该逆变器的控制下，采用 1 个或多个接触器，将交流负荷与逆变器和发电机组之一或二者连接起来。在与发电机组并联运行时，逆变器任一时刻的潮流方向和大小都被控制，以确保发电机组和电池运行在最佳负荷点附近，蓄电池充电速率达到最高值同时时刻满足负荷需求。

并联这种结构最大限度地利用了发电机组，提供了最高电能质量的输出功率（正弦波形，供电不间断）。有些逆变器甚至可以平抑发电机组的输出波形毛刺。并联结构将极大地减小蓄电池的使用容量。在实际应用中需重点注意的是逆变器允许的电压和频率范围需足够宽，以适应发电机组的运行范围。

在发电机组的性能低下时，开关结构将优于并联结构，例如采用一个老旧发电机组给用户供电，如果发电机组监控不力或者电压调节性能差，双向逆变器维持同步会有很多困难。当双向逆变器充电容量不足时，无法满足蓄电池和系统运行条件时，此时应该考虑采用开关系统。

并联结构还需要考虑的问题是同步。当两个交流电源并联运行时，需提前同步。也就是说每个电源输出电压的频率、相角和幅值必须一致，这就意味着双向逆变器必须输出正弦波。

与需要额外的同步控制器的发电机组相比，逆变器的控制电路安装在逆变器内，可以控制其任意输出，因此控制其输出达到同步相对来说比较简单。对于交流发电机来说，同步意味着电机旋转与输出电压波形的物理同步。

这种规模的设备的成本较高，通常仅在发电机组大于 100kV·A 时考虑这种结构，或在需要两个或两个以上发电机并联操作的情况下可采用这种结构，即并联结构适用于成本偏高的系统。

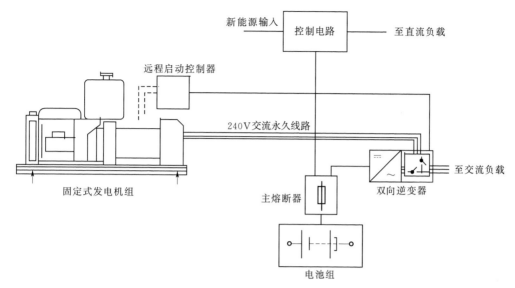

图 16.3　并联混合系统结构

16.6　可用设备与成本调研

在实际情况下，系统设计人员在选择设备时有偏好的型号和品牌。但是，一个专业的系统设计人员必须始终充分认识市场上可选设备的成本和特性，这将保证设计人员可以向业主提供最合适的系统方案，以满足其要求。

16.7　系统定容、确定组件

这一部分设计内容将在第 17 章（直流母线系统设计）、18 章（交流母线系统设计）和第 19 章（混合系统设计）讨论。

16.8　控制系统与控制策略设计

在与用户做现场考察或者初步沟通时，系统设计人员需确定独立供电系统控制策略的主要部分。

总的来说，这类控制策略需要包括如下几个部分：

（1）哪些事项需要被控制。

（2）这些待控制事项有多少。

（3）用户想让系统完成哪些控制，比如控制发电机运行时间等。

接着设计人员需确保控制策略满足早前与用户商讨决定的设计准则。

如果系统采用带双向逆变器的直流母线结构或者带着智能逆变器的交流母线结构，则双向逆变器的内置复杂性意味着编入逆变器的控制策略通常是工作系统所需的。然而，必须注意为每个控制参数计算正确的值，例如发电机组启停所需的蓄电池的电压，发电机组运行的时间窗等。在调试期间，这些数据被将会写入逆变器的控制算法中。

16.9 完成系统设计、优化和预算匹配

在完成初步系统设计后，设计人员需预估该设计方案系统成本，并与客户的预算作比较，之后再将对系统设计方案做调整以符合预算限制。

优化系统设计包含以下几项：

（1）调整蓄电池的容量，从而调整发电机组运行时间（对于混合供电系统）。

（2）调整新能源发电机的规模，由此调整蓄电池的容量和发电机组的运行时间。

（3）调整系统的控制策略。

（4）调整系统配置。

完成系统设计方案涉及许多方面，有可能涉及不同选项的来回切换。需要考虑以下几个方面：

（1）满足预算限制。

（2）生命周期成本最小化。

（3）确认已满足所有的设计准则。

（4）平衡相互冲突的用户需求。

根据所选择的系统配置，设计人员将计算系统的全部成本，包括所有设备、安装材料和人力。首先可以估算布线、保护、测量及其他杂项费用（在后面的内容会提到）。

在第24章将详细阐述如何分析生命周期，并基于生命周期分析进行系统优化。

在设计的最后阶段，系统设计人员应该确定以下最终设计成果：

（1）新能源发电机的型号、大小和数量。

（2）电池的容量与型号。

（3）逆变器的容量与型号。

（4）发电机组的容量与型号。

（5）电池充电器的容量和型号。

（6）控制器类型、控制策略和控制参数。

（7）系统性能参数，包括发电机组运行时间、燃料用量预测、比较新能源输出与负荷。

（8）安装细节。

16.10 BOS定容、额外费用

在完成最终配置和主要部件容量设计后，系统设计人员需确定下面杂项部件以及其容量大小：

（1）电缆规格，包括新能源发电机到控制电路、逆变器到电池、蓄电池到控制电路、发电机组到逆变器，逆变器/发电机组到交流配电板的电缆。

（2）保护装置的规格和选择（熔断器、断路器、防雷装置）。

（3）控制面板设计：计量、开关/隔离器的规格和选择。

这些将在第 20 章中详细介绍。

16.11　安装设计

安装细节是系统设计的最后部分，为了完成整个设计，必要情况下也需列入设计文档。

（1）新能源发电系统的位置与安装细节。

（2）发电机组安装的位置、布局和安装细节。

（3）电池安装（位置、布局、电池安装要求）。

（4）控制面板和 BOS 组件的布局和安装细节。

（5）电缆布线和选型。

这些工作都需满足相关标准的要求，如 AS/NZS 4509.1—2009《独立供电系统　第 1 部分：安全与安装》、AS 4086.2《独立供电系统二次电池　第 2 部分：安装与维护》和其他相关标准。

第 21 章详细介绍了系统安装相关问题。

第17章 直流母线系统定容

17.1 概述

独立供电系统定容需要解决以下主要问题：

（1）一天中系统的负荷不恒定。

（2）一年中系统的日负荷是不断变化的。

（3）一天中新能源发电量是变化的。

（4）一年中新能源的日发电量是变化的。

如果系统是基于光伏组件的，则需要对实际电能需求和太阳能可利用量进行比较。当电能需求和太阳能可利用量比值最大时，代表该月份太阳能资源和供电能力最差。

即使在这种极端情况下，也可以设计一个100%满足需求的太阳能供电系统，这取决于实际的电能需求，该系统的容量会较大，且在除最差月份外的时段中会有大量装机容量无法利用，造成浪费，且该系统的造价也会比较昂贵。

如果新能源所能提供的能量不足，较好的方案是设计一个能满足一定比例的全年总电能需求的供电系统，其外所有电力缺额将由备用发电机组来弥补。

在各种情况下，系统定容的第一步都是先估算系统的实际负荷需求，并向用户咨询其对供电系统的实际期望。

用户可能会想要建造一个容量较大的光伏发电系统，只希望在长期恶劣天气条件下或特殊情况下使用备用发电机；或者用户可能会希望备用发电机每天运行预计的小时数，以满足大功率负载的需求，例如工作设备、洗衣机、洗碗机等，这类用电设备使用时间较为规律且运行时长有限。

除使用备用发电机组以外，最简单的独立供电系统是基于蓄电池和逆变器的组合。出于这个原因，这两个部件通常优先进行设计。接着，便可对新能源发电机组和燃油发电机组进行定容，以确保电池有效地充电以满足系统负荷需求。

为满足用户用电需求，在确定所需的发电机容量大小时，设计过程可分为以下三个步骤。

（1）第一步：确定系统的负荷需求。该负荷是指直流母线（或电池）处的负载大小。

（2）第二步：确定子系统的损耗，例如电池的效率、调节器效率和电缆线路损耗。

（3）第三步：确定发电机组（新能源类和化石燃料类）容量的大小，在虑及系统损耗的情况下满足系统负荷需求。

AS/NZS 4509.2—2010《独立供电系统 第2部分：系统设计导则》提供了有关如何对系统中光伏、风电、微型水力发电和备用发电机组进行定容的参考资料。本章中大部分相关内容都来源于该标准。

17.2 日均电能需求

第 15 章中，系统设计人员必须通过和用户协商来填写表格 15.2 和 15.3（摘自标准 AS/NZS 4509.2—2010《独立供电系统 第 2 部分：系统设计导则》中的表 B2 和 B3），最终的设计负荷为所有负载所需的总电能。负载可以是直流的，也可以是交流的，计量单位为 W·h。

AS/NZS 4509.2—2010《独立供电系统 第 2 部分：系统设计导则》对总设计负荷的定义是：直流母线或电池组所连接的负荷，即

$$E_{tot} = E_{dc} + \frac{E_{ac}}{\eta_{inv}}$$

式中 E_{tot}——直流母线上日总电能需求的设计值，W·h；

E_{dc}——日直流负载设计值，W·h；

E_{ac}——日交流负载设计值，W·h；

η_{inv}——为设计的交流负载供电时，逆变器的平均效率。

需使用逆变器制造商提供的效率曲线来确定特定用户系统能量曲线的平均效率。

某些负荷曲线的电力需求值如下：

（1）一段时间内对应的某个电量需求值（例如传真机等小负载，其每天运行 14h）。

（2）剩下的系统日常运行时间对应的另一电量需求值。

注：上述两种不同的负荷特性下，逆变器的效率大不相同。

因此，确定实际总电能需求 E_{tot} 时可能需要将每日负荷分解开来，以区别两种不同负荷各自对应的逆变器效率。

【例】某住宅一天的总交流负荷为 2000W·h（没有直流负荷）。其中，200W·h 的供电对应的逆变器效率为 60%，另外 1800W·h 的供电对应的逆变器效率为 90%。

因此

$$E_{tot} = 200/0.6 + 1800/0.9 = 2333W·h$$

所以为了满足负荷需求，需要向逆变器提供的总电能为 2333W·h。

17.3 日总安时需求

一旦确定了每天的总电能需求，便可将其转换成安时数，Ah 通常用于度量电池的容量。为此，我们需要知道电池的工作电压，该电压也称为系统电压。

系统电压一般为 12V、24V 或 48V，实际电压由系统需求决定。例如，如果电池和逆变器的位置距能源位置较远，那么可能需要较高电压以将电缆功率损耗尽量降到最低。在较大的系统中，可能会采用 120V 或 240V 直流电压，但这些不属于典型的家用供电系统。工作电压大于 120V 的直流系统为低电压系统，必须由持证电工安装。

一般来说，推荐的系统电压值随着总负荷的增加而增加。对于小型日常负荷，可以采用 12V 的系统电压；对于中型日常负荷，采用 24V 电压；更大的负荷则采用 48V 电压。

图 17.1 为不同日常负荷对应的系统电压。

图 17.1　不同日常负荷对应的系统电压

根据以往经验，确定系统电压等级的日负荷临界点大致为 1kW·h 和 3～4kW·h，但这也取决于实际的日负荷曲线。

电池允许的最大持续电流也将决定是否适用上面的"经验法则"：对于任何直流供电系统，最大持续电流应不超过 120A。

如果系统电压接近这些建议的"临界"电压，那么必须考虑电池和能源之间的距离等其他因素。

其中，一个关键的决定性因素是提供峰值电力需求（W）所需的逆变器电压，而不是日总电能需求。对于较大的日总电能需求范围，一些微型水力发电系统选用 12V 的电池组，但逆变器的峰值功率约束仍然存在。

将瓦时功率（E_{tot}）除以电池系统的电压（U_{dc}），即转化为安时功率。

【例】　如果日总电能负荷为 2333 W·h，可以选择 24V 的电池电压，那么总安时需求即为

$$E_{tot}/U_{dc} = 2333/24 = 97.2 （A·h）$$

17.4　电池定容和选型

电池容量根据以下这两个要求中较大的来确定：

（1）电池满足系统能量需求的能力，往往为几天，有时被指定为系统的"自主运行天数（自主天数）"。

（2）电池提供峰值功率需求的能力。

在 AS/NZS 4509.2—2010《独立供电系统　第 2 部分：系统设计导则》中规定的关键的设计参数包括以下几个：

（1）有关电池能量需求的参数：日能量需求，每日和最大放电深度，自主天数。

（2）与电池放电功率（电流）有关的参数：最大功率需求，浪涌需求。

（3）和电池充电相关的参数：最大充电电流。

$$CX = \frac{E_{tot}}{U_{dc}} \times \frac{T_{aut}}{DOD_{max}}$$

式中　　CX——一定放电速率 X 下的电池组容量；

　　　　E_{tot}——每日总电能需求，W·h；

　　　　U_{dc}——电池组或者系统电压，V；

　　　　T_{aut}——系统总自主天数需求；

DOD_{max}——最大日放电深度，小数表示。

电池组容量由每日安时需求乘以自治天数，然后除以允许的最大放电深度得到。

假设没有能源输入，自治天数 T_{aut} 是电池能够提供每天需求的最大天数。假如有一个

备用发电机，典型情况下自主天数为 3～5d。术语"自主"也可以称为"保持"，即电池将提供 x 天的自主供电或保持供电。

如果不使用备用发电机，那么自主天数应该更大，典型值是 5～10d。如果一个发电机经常运行一些其他的任务，那么自主天数可以减少。在微型水力发电系统中，自主天数通常不是一个主要的设计标准，因为电池容量一般会以满足最大功率和浪涌需求并提供足够的循环寿命为设计目标。电池自主天数的计算应充分解释给用户。

电池制造商一般指定其电池的最大允许放电深度（DOD_{max}）范围为 0.7～0.8（70%～80%）。

【例】 如果日电量需求（以 A·h 计）是 97.2Ah，自主天数为 5（使用一个备用发电机），并且允许的放电深度是 0.7，那么所需的电池容量为

$$CX = 97.2 \times 5/0.7 = 694 （A·h）$$

注：最大允许放电深度 0.5 和 3.5d 的自治天数将计算出一个相似的储能容量。电池容量（CX）总是由一个指定的放电速率 'x' 来确定，但一个系统适宜的放电速率会随着系统的不同而不同。

AS 4509.2 建议，对于一个具有 3～5d 自治天数的系统，C100 是一个合适的放电速率，然而实际的放电速率应根据系统的负载特性而定，即根据典型情况下能持续最长时间的负荷来确定放电电流。

【例】 一个家庭可能有灯光、电视和其他娱乐设备，每一个晚上会用 4～6h。这是典型的平均需求。如果交流负荷是 400W，逆变器效率为 85%，系统电压为 24V，那么放电电流为

$$400/(24 \times 0.85) = 19.6 （A）$$

假设已经确定所需求的电池容量为 694A·h，那么电池的放电速率为

$$694/19.6 = 35 （h）$$

经验表明：对于许多独立发电系统而言，25～50h 的放电速率是典型值，然而，设计人员必须确定其具体值。

17.4.1 温度修正因子

下一步是除以温度修正因子。存储容量取决于电池的温度，即使电池保持在最适宜的温度下，也应为可能发生的变化做好准备。为了确定修正因子，需要找出一年中最低的 24h 平均温度，并与校正因子的图表一起使用。作为温度函数的典型电池容量校正因子如图 17.2（AS/NZS 4509.2—2010《独立供电系统　第 2 部分：系统设计导则》第 36 页图 5）所示。

【例】 如果一年中最低的 24h 平均温度为 10℃，那么在 C100 的放电速率时，校正因子为 0.96，在 C20 的放电速率时为 0.915。

假设放电速率为 C35，其修正因子为 0.925，则修正电池容量为

$$CX = 694/0.925 = 750 （A·h）$$

17.4.2 最大需求和浪涌需求

电池必须能够提供满足最大负荷需求和浪涌需求的电流。一般情况下，在完成对表

153

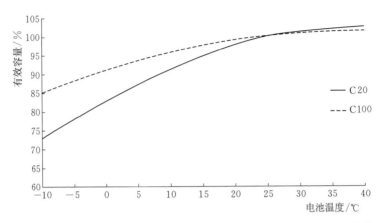

图 17.2　C100 与 C20 充放电率下典型电池容量修正系数与温度的关系

15.2 和表 15.3 中的负载评估时，这些要求即通过最大负荷需求和浪涌需求来计算确定。

应该向电池制造商咨询电池可以提供的最大连续电流和最大短期浪涌电流是多少。在独立供电系统中经常使用的电池中，典型的最大连续放电速率为 C5，浪涌电流速率为 1 小时（C1），但是系统设计人员必须与制造商协商后确定这些参数。

在一些系统设计中，电池所需容量将由它满足最大负荷需求和浪涌需求的能力来确定，而不是自主天数和最大放电深度。

17.4.3　最大充电电流

指定容量的电池将有一个制造商指定的最大充电速率。在一个由发电机组定期给电池充电的系统内，客户可能希望充电器有较大的充电电流，使得电池将在发电机组开机的这段时间内得到充入更多的电量。此充电电流（在相应的充电时间内）的大小可能会决定所需的实际电池容量。

17.4.4　日放电深度

日均放电深度（DOD_d）计算式为

$$DOD_d = \frac{E_{tot}}{U_{dc}CX}$$

式中　DOD_d——日放电深度；

E_{tot}——每日总电能负载，W·h；

CX——一定放电速率下的电池容量，A·h。

【例】　使用前边例题的数据，日放电深度为

$$DOD_d = 97.2/750 = 13\%$$

所有电池制造商都会提供一个预期电池寿命，表示为由电池日放电深度决定的"周期"。因此，建议在实际应用时正确选择 DOD_d 以提供最佳的循环寿命。

17.4.5　并联电池组串的数量

要尽量减少在电池组中的并联电池组串的数量，其原因如下：

（1）AS/NZS 4509《独立供电系统》要求电池组中的每个电池组串都是可熔断的。考虑到保险丝的成本，应保持电池组串的数量到最低。

（2）并联的电池组串有可能会使电池组中出现不均匀充电的情况。最接近充电电源的电池可能会比其他电池的充电率更高。为了克服这一点，建议从最近的公共点（例如逆变器或充电控制器）到每个并联电池组串电缆实际长度都一样。

此外，许多电池制造商有一个建议的电池组串最大并联数量，通常只有 3~4 个串。

串联电池的数量取决于系统电压与所选电池的电压的比值。并联电池的数量取决于总容量与所选电池容量的比值。

【例】 选择一个容量为 875A·h 的电池，其充电速率为 C35，标称电压为 6V。

那么，串联电池的数量为 24/6 = 4。

并联的电池组串数为 750/875 = 0.857（取 1）。

日放电深度为 97.2/875=11.1%。

或者，如果选择一个容量 450A·h、电压 12V 的电池，串联电池的数量为 24/12=2。

并联电池串数为 75/450=1.67（取 2）。

日放电深度为 97.2/900=10.8%。

17.4.6 考虑未来的负荷增长

在确定电池的容量时，应考虑未来的负荷增长。如果在可预见的未来负载将增加，那么在系统设计时，电池组应满足这种增长，不能随着时间的过去仅仅添加一些电池以增加容量。如果电池是并联的，那么需要统一型号及出厂时间。

17.5 逆变器选型

逆变器选型的核心就是逆变器的容量大小，能够满足所有负载在同一时间运行并能持续运行。然而，这将意味着在逆变器运行的大部分时间内，实际负载要比设计时小，导致系统效率降低和能量浪费。

另一个选择是统计能够在任何时间运行的负载。建议采用这种方法，并在完成表15.3 时应用。在完成本表时，所用的是负载（设备）的视在功率（VA），而不是有功功率（W）。在填写表格时考虑负载特性也很重要，然后用常识分析更大的负载（比如超过 1000VA）如何使用。

【例】 如果有三个负载，包括一个 1200VA 的熨斗、一个 1200VA 的真空吸尘器和一个 1500VA 的微波炉，那么满足这三个负载同时运行的逆变器容量为 3900VA（1200＋1200＋1500）。

这种情况发生的概率可以通过在需求管理方面对客户进行培训来降低，比如他们在任何一个时间应该只运行其中一个负载，并在满足最大需求的基础上选择逆变器（1500VA）。

在完成表 15.3 时，也必须根据常识来确定最大浪涌需求。虽然会有很多电机负载，并且所有的电机在同一时间启动的概率是很小的，但常识必须占上风。举例来说，如果负载包括房屋的压力泵和冰箱，并且这些在一天经常启动，那么逆变器的容量大小应该满足所有这些电机的启动需求，但如果房屋中包括真空吸尘器和洗衣机，与用户的协商结果可能是，在浪涌需求中只需满足这其中一个需求即可（因为这些设备的使用时间受用户控制）。

在选择逆变器时，也要考虑到未来的负荷增长。正如试图给现有的电池组临时增加容量是不切实际的，如果需要更大的逆变器，那么只是添加另一个较小的逆变器以增加容量也是不切实际的。一般来说，需要更换一个新的更大的逆变器。AS/NZS 4509.2《独立供电系统　第2部分：系统设计导则》表B6建议逆变器的安全系数仅在设计决策时应用，表A6表明其是在系统设计的时候决定好的，通常建议取值10%。

许多逆变器具有规定的连续额定值、浪涌额定值和通常的1/2h额定值。澳大利亚标准AS 4509.2为了满足最大负荷需求，在选择逆变器时允许使用1/2h额定值。很显然，如果负荷曲线中最大的需求可能持续超过1/2h，则应采用连续额定值。

一般来说，温度越高，逆变器的额定值越低，所以在确定额定值时应该考虑到逆变器所在位置的环境温度。合适的逆变器应该可在40℃下使用。

在选择逆变器后，比较逆变器的1/2h额定值和选定电池的放电电流是很重要的。建议要求满足1/2h额定值需求的放电电流不大于电池的C5放电速率。

【例】某逆变器，24V时额定功率3000VA，额定放电时间1/2h。则逆变器要求的放电电流为（假设效率为90%）

$$3000/(0.9 \times 24) = 139 \text{（A）}$$

选定的电池额定放电速率C5，放电电流至少为139A。

17.5.1　单向逆变器

在使用单向逆变器（例如串联或开关系统）的系统中，逆变器的大小必须满足如上所述的最大负荷需求和浪涌需求。

17.5.2　充电逆变器

在使用充电逆变器的系统中，逆变器的大小应满足如上所述的最大需求和浪涌需求。

在一些系统中，所需的充电逆变器可能比最大负荷需求和浪涌需求的还要大。逆变器的可用充电电流可能是设计准则的关键。

17.5.3　双向逆变器

在理论上，一个系统最大负荷需求和浪涌需求可以由逆变器和发电机组共同满足。在为这些逆变器选择合适的额定值时，核实实际的负载曲线比预估发电机组的运行时间重要。

通常，双向逆变器设计必须与单向逆变器类似，因为用户不希望启动发电机来满足峰值负载，如果发电机组设计为在一周中仅工作几天，那么用户也不希望其频繁启动。

17.6　系统损耗

对于设计和性能是基于能量（W·h）的可再生能源系统来说，可再生能源子系统的效率计算公式为

$$\eta_{renss} = \eta_{ren\text{-}batt} \eta_{reg} \eta_{batt}$$

式中　η_{renss}——新能源发电机组到直流母线间的子系统效率；

$\eta_{ren\text{-}batt}$——新能源发电机组和电池之间电缆的输电效率；

η_{reg}——调节器/控制器效率；

η_{batt}——电池效率。

对使用最大功率点跟踪的光伏系统、风力发电机、微型水力发电机来说，这个公式是适用的，其中输电电压不是系统电压，系统电压的变换是由电池组（直流母线）附近的电压调节器/控制器执行的。基于电荷所设计的系统只有电池的库仑效率的子系统效率。

17.7　新能源定容和选型

17.7.1　1kW·h/d 以下的系统

如果日能量总需求小于 1kW·h/d，那么系统设计如下：

如果使用备用机组，系统设计应考虑年平均负载和资源数据。

如果没有备用机组，系统设计应考虑最低资源数据的月份。

17.7.2　1kW·h/d 以上的系统

系统设计应考虑资源和负载在季节上的变化。

17.7.3　没有备用发电机组的系统

如果没有备用发电机组，那么新能源发电机和电池的容量需能够满足可用资源的预期变化。新能源发电机必须足够大，以确保电池在可接受的时间内（如 14d）可以最大深度地充放电，同时仍能满足日常负荷的要求。

建议用系数 f_o 来表示发电机容量的裕量。表 17.1 为 AS/NZS 4509.2—2010《独立供电系统　第 2 部分：系统设计导则》所指定的典型值。选择的实际值将取决于实际负载的重要程度。

表 17.1　　　　　　　　典型 f_o 值

新能源发电机类型	f_o
光伏阵列	1.3～2.0
微型水力发电机	1.15～1.5
风力发电机	2～4

17.7.4 最差月份的确定

最差的月份是通过寻找新能源发电量和负荷之比最小的月份来确定的。表 17.2 提供了一个例子，就是对于一个光伏系统而言，在季节性（夏季和冬季）负荷和月辐射量基础上如何确定最差的月份。

表 17.2   最 差 月 份 的 确 定

月 份	1	2	3	4	5	6	7	8	9	10	11	12
辐射量/(kW·h·m^{-2})	5.56	5.25	5.69	4.69	4.36	4.25	4.06	5.08	5.36	5.50	5.39	5.50
负荷/(kW·h)	1.8	1.8	1.8	2.4	2.4	2.4	2.4	2.4	2.4	1.8	1.8	1.8
比值	3.09	2.92	3.17	1.95	1.81	1.77	1.69	2.12	2.23	3.05	2.99	3.05

在这种情况下，最差月份是 7 月，而最好的月份是 3 月。

17.8　光伏阵列

当设计光伏阵列以满足特定量的电能需求时，假设电池的效率和光伏阵列出力降额已列入考虑范畴，光伏阵列输出的电能必须至少达到该特定值。

确定光伏阵列时，采用的辐射量必须基于阵列的倾斜角度和方向。倾斜角取决于纬度和阵列是否在为非季节性变化的负荷供电，也取决于混合供电系统，因为其他发电机（如微型水力发电机）出力是季节性波动的，可以调整阵列的倾斜角以满足其需求。表 17.3 列出了倾斜角的推荐值。

表 17.3   推 荐 倾 斜 角

纬度	非季节性 负荷	冬天（干季） 峰值负荷	夏天（湿季） 峰值负荷
5°～25°	纬度～纬度＋5°	纬度＋5°～纬度＋15°	纬度－5°～纬度＋5°
25°～45°	纬度＋5°～纬度＋10°	纬度＋10°～纬度＋20°	纬度～纬度＋10°

为了实现光伏阵列自清洁（例如依靠雨水），推荐的最小倾斜角为 10°。光伏组件位于南半球时应朝向正北±5°，位于北半球时应朝向正南±5°。

17.8.1 光伏阵列出力降额

光伏阵列出力降额因素包括以下几个方面：

（1）制造商容差。大多数制造商都会标明其组件的额定出力容许偏差，一般采用正负百分比（如±5%）、或正负瓦特数（如±2W）。除非每个组件都经过测试且其额定功率已知，不然组件就应该按制造商容差而降额出力。

（2）污垢。运行一段时间后，光伏阵列的表面会形成污垢或盐霜（如果安装于海岸附近），从而导致其出力降低。因此，应将光伏组件的出力降额，以反映其表面污垢情况。实际出力值取决于安装地点，降额系数为 0.9～1（即由于表面污垢造成 0 到 10％的损失）。

（3）温度。温度高于 25℃时，光伏组件的输出功率随温度的升高而降低；温度低于 25℃时，输出随温度的升高而增加。受组件前部的玻璃层影响，光伏组件的平均温度会高于环境温度。光伏组件的输出功率和电流必须取决于组件的实际温度。

光伏组件由于温度导致的出力降额计算式为

$$T_{cell-eff} = T_{a.day} + 25℃$$

式中　$T_{cell-eff}$——日均光伏组件温度，℃；

　　　$T_{a.day}$——系统定容月份的日间环境平均温度，℃。

光伏组件的输出以及为满足日总电能需求的光伏阵列的容量取决于是否使用标准的开关调节器或最大功率点跟踪器。

17.8.2　光伏阵列容量确定（使用标准调节器时）

光伏组件出力降额后输出电流的计算公式为

$$I_{mod} = I_{T,v} f_{man} f_{dirt}$$

式中　I_{mod}——光伏组件降额输出电流，A；

　　　$I_{T,v}$——平均光伏组件温度和系统工作电压（对于 12V 的组件，一般介于 14～17.5V）下光伏组件的输出电流，A；

　　　f_{man}——制造商容差对应的降额系数，无量纲；

　　　f_{dirt}——表面污垢对应的降额系数，无量纲。

光伏阵列日均输出电量计算公式为

$$Q_{array} = I_{mod} H_{tilt} N_P$$

式中　Q_{array}——光伏阵列日均输出电量，A・h；

　　　H_{tilt}——固定倾斜角下的日辐射量，PSH 峰值日照时数；

　　　N_p——阵列中并联光伏组串的数量。

但是如何确定光伏阵列的容量呢？

一个组串中光伏组件数量的计算公式为

$$N_s = \frac{U_{dc}}{U_{mod}}$$

式中　N_s——组串中光伏组件的数量；

　　　U_{dc}——电池组或者系统电压，V；

　　　U_{mod}——组件的额定电压（一般为 1V 或者 24V）。

按照惯例，所有光伏组件的额定电压为 12V，即其被设计用来为额定 12V 的电池充电。在现今市场中，几乎所有光伏组件的额定电压皆为 24V 或更高，或在某些情况下为 19～70V 的直流电压。设计人员必须确定光伏组件的额定电压是否适用于该系统，以及每个组串中组件的数量是多少。

如果系统的电压为 48V，将需要 4 块 12V 的光伏组件进行串联（48/12＝4）；如果在 48V 的系统中选用 24V 的组件，则仅需要 2 块组件进行串联（48/24＝2）。

日总电能输出需要满足直流母线处的设计日总电能需求，该值是按照之前的负荷估算表确定的，且已虑及逆变器的效率。

并联组串数量的计算式为

$$N_{\mathrm{P}} = \frac{E_{\mathrm{tot}} f_{\mathrm{o}}}{U_{\mathrm{dc}} I_{\mathrm{mod}} H_{\mathrm{tilt}} \eta_{\mathrm{coul}}}$$

式中　η_{coul}——电池的库伦效率，无量纲。

如果光伏阵列是唯一的电源，且没有配置备用发电机，那么应按表 17.1 确定系数 f_{o}。如果配有备用发电机或其他电源，那么系数 f_{o} 可以为 1。电池的库伦效率可从电池制造商处获得，典型值为 $0.85 \sim 0.95$。

17.8.3　光伏阵列容量确定（使用 MPPT 时）

光伏阵列降额出力必须虑及温度导致的功率降低。

温度降额系数计算公式为

$$f_{\mathrm{temp}} = 1 - \gamma \left(T_{\mathrm{cell.\,eff}} - T_{\mathrm{STC}} \right)$$

式中　f_{temp}——温度降额系数，无量纲；

　　　γ——每摄氏度的功率—温度系数，$℃^{-1}$；

　　　T_{STC}——在标准测试条件下（25℃常温）的光伏组件温度。

注意：上面的公式只使用了功率—温度系数的绝对值。光伏组件的数据表中，该系数通常为负值，然而负值系数仅适用于温度高于 25℃ 的情况；温度低于 25℃ 时，其为正值。通过使用绝对值，上述公式考虑了电池温度是否高于或低于 25℃，并得出了正确的温度降额系数。

市场上三类主要的光伏组件具有不同的温度系数：

（1）单晶硅：组件的温度系数通常为 $-0.45\%/℃$。这代表高于 25℃ 时，温度每升高 1℃，组件的输出功率降低 0.45%。

（2）多晶硅：组件的温度系数通常为 $-0.5\%/℃$。

（3）非晶硅：不同组件有不同的温度特性，这导致其温度系数较小，通常约 $-0.2\%/℃$，但应和制造商进行核实。

因此，组件降额出力计算式为

$$P_{\mathrm{mod}} = P_{\mathrm{STC}} f_{\mathrm{man}} f_{\mathrm{temp}} f_{\mathrm{dirt}}$$

式中　P_{mod}——光伏组件的降额功率输出，W；

　　　P_{STC}——标准测试条件下的光伏组件额定输出功率，W。

光伏阵列的日均电能输出计算式为

$$E_{\mathrm{PV}} = P_{\mathrm{mod}} H_{\mathrm{tilt}} N$$

式中　E_{PV}——光伏阵列的日均电能输出，W·h；

　　　N——阵列中光伏组件的数量。

为了满足设计的日电能需求，阵列中光伏组件的数量计算式为

$$N = \frac{E_{\mathrm{tot}} f_{\mathrm{o}}}{P_{\mathrm{mod}} H_{\mathrm{tilt}} \eta_{\mathrm{PVss}}}$$

式中　η_{PVss}——光伏子系统的效率，无量纲。

$$\eta_{\text{PVss}} = \eta_{\text{PV-batt}} \eta_{\text{reg}} \eta_{\text{batt}}$$

式中　$\eta_{\text{PV-batt}}$——光伏阵列和电池间的电缆输电效率；

η_{reg}——调节器/控制器的效率。

输电损耗应该保持在 5% 以下，因此输电效率会高于 95%；MPPT 的效率通常是 90%～95%；电池的效率通常是 70%～80%。在各种情况下，应采用实际设计值（如电缆损耗）和制造商提供的数据（如 MPPT 和电池）。

光伏阵列的布置取决于所选用的 MPPT。不同的 MPPT 容许不同的组串电压，因此组串中组件的数量不同。选择好 MPPT 且确定了组串中组件的数量后，并联组串的数量的计算式为

$$N_P = \frac{N}{N_s}$$

式中　N_P——并联组串的数量；

N_s——一个组串中组件的数量。

【例】　假设某用户冬天的日负荷为 2400W·h，夏天的日负荷为 3200W·h（注：以上负荷为直流母线处的电能需求，所以已经考虑了逆变器的效率）。等效峰值日照时长见表 17.2。

为条件最差的月份进行独立供电系统设计，系统配置一台备用发电机，所以 $f_o = 1$。

假设：系统电压为 24V，环境温度为 25℃，MPPT 效率为 95%，污垢降额系数为 0.9，子系统效率为 95%，电池库伦效率为 90%，电池效率为 80%。

则

$$T_{\text{cell-eff}} = T_{\text{a. day}} + 25℃ = 25℃ + 25℃ = 50℃$$

选用的组件为 BP280 组件，其特性为：额定电压为 12V，最大功率 P_{MP} 为 80W，最大电流 I_{MP} 为 4.55A，温度系数为 0.05%/℃，$I_{50,14}$（温度 50℃、电压 14V 时的电流）为 4.6A，制造商容差为 ±5%。

首先要确定使用标准调节器和 MPPT 两种情况下光伏阵列中组件的数量。

（1）使用标准调节器。

串联组件的数量为

$$N_s = 24/12 = 2$$

并联组串的数量为

$$N_P = \frac{E_{\text{tot}} f_o}{U_{\text{dc}} I_{\text{mod}} H_{\text{tilt}} \eta_{\text{coul}}}$$

其中

$$I_{\text{mod}} = I_{\text{T,v}} f_{\text{man}} f_{\text{dirt}} = 4.6 \times 0.95 \times 0.9 = 3.93 \ (\text{A})$$

因此

$$N_P = \frac{2400 \times 1}{24 \times 3.93 \times 4.06 \times 0.9} = 6.96$$

进行四舍五入，可得并联组串的数量为 7，一共 14 块光伏组件（7 组并联组串，每个组串 2 块组件串联）。

（2）使用 MPPT。

为了得出使用 MPPT 时，系统中光伏组件的总数量为

$$N = \frac{E_{tot} f_o}{P_{mod} H_{tilt} \eta_{PVss}}$$

其中

$$\eta_{PVss} = \eta_{PV\text{-}batt} \eta_{reg} \eta_{batt} = 0.95 \times 0.95 \times 0.8 = 0.72$$

另

$$P_{mod} = P_{STC} f_{man} f_{temp} f_{dirt}$$

其中

$$f_{temp} = 1 - \left[\gamma (T_{cell.\,eff} - T_{STC}) \right] = 1 - \left[0.5/100 \times (50 - 25) \right] = 0.875$$

则组件降额后的出力为

$$P_{mod} = 80 \times 0.95 \times 0.875 \times 0.9 = 59.85 \ (\text{W})$$

所需的光伏组件总数量为

$$N = \frac{2400 \times 1}{59.85 \times 4.06 \times 0.72} = 13.7$$

选用 MPPT 允许每个组串中含有 7 块组件，一共 14 块组件（2 组并联组串，每个组串 7 块组件串联）。

确定每个月光伏阵列供电量的期望值也是有意义的。表 17.4 比较了光伏阵列使用标准调节器时的月内日均电能输出和直流总线处的电能需求。

表 17.4　　　　　　　　　　　一年中光伏阵列的日均供电量比较

月份	峰值日照时数/h	日均电能输出/(W·h)	与直流总线处的电能需求相比/(W·h)
1	5.56	3303	+1503
2	5.25	3119	+1319
3	5.69	3381	+1581
4	4.69	2786	+386
5	4.36	2591	+191
6	4.25	2525	+125
7	4.06	2412	+12
8	5.08	3019	+619
9	5.36	3185	785
10	5.50	3268	+1468
11	5.39	3202	+1402
12	5.50	3268	+1468

17.9　风电机组

在第 13 章中已经详细介绍了如何确定风电机组的输出。有多种方法可确定风速与风

电机组输出之间的关系。本书主要针对使用光伏阵列作为能源的系统，此处仅简要介绍风力机有关内容，可以用于选择，并确定其在混合动力系统中的出力。通常风电机组不作为主要能源，而是安装在使用光伏阵列的混合供电系统中，并提供满足系统能源需求的出力。由于风能资源具有波动性，在有风时可用于补充光伏发电，以减少对发电机组运行的需要。如果打算安装风电机组，建议学习一门更深入的培训课程。

当为系统选择风电机组并确定其预期输出时，应考虑以下因素：

（1）日能源需求。

（2）季节和月平均风速。

（3）垂直风速与塔高关系。

（4）地形。

（5）风电机组的功率与风速。

（6）子系统中的损失。

17.10　微型水力发电机

在第 14 章中已经详细讨论了如何确定一个微型水力发电机的输出，包括确定水头和流量，可使用的公式为

$$P = \eta \delta g Q H$$

式中　　P——微型水力发电机的功率，W；

η——涡轮机的效率；

δ——水的密度，取 1000kg/m^3；

g——重力加速度，取 9.81m/s^2；

Q——流量，m^3/s；

H——水头，m。

虽然本书主要针对以光伏阵列作为主要能源的系统，但在现场也可能会有可利用的水能资源，且微型水力发电机可能是唯一的能源来源。在这种情况下，可利用上述公式来确定微型水力发电机的输出。

发电机的日能量输出是简单地通过输出功率乘以 24h 来获得的。注：在一年的时间内，发电机组可能由于维护有一些"停机时间"，这也需要考虑。

实际上，大多数使用微型水力发电机的系统都有足够的功率/能量输出以满足客户的需求。如果功率/能量不足或供水量一年内是不断波动的，那么该系统可以安装光伏发电或备用发电机组。这可以通过比较水轮机的输出能量与日能源需求来确定，其中日能源需求可通过使用负载评估表并考虑逆变器效率来确定。

17.11　新能源占比

新能源占比指每日的能源需求有多少是由所选择的新能源供给的。

对于使用标准调节器的光伏系统，计算是基于 A·h，所以太阳能占比为

$$f_{PV} = \frac{U_{dc} I_{mod} H_{tilt} \eta_{coul} N_P}{E_{tot}}$$

对于采用 MPPT 的光伏发电系统，其计算是基于 W·h，太阳能占比为

$$f_{PV} = \frac{E_{PV} \eta_{PVss}}{E_{tot}}$$

对于风电系统，其计算是基于 W·h，风电占比为

$$f_{wind} = \frac{E_{wind} \eta_{windss}}{E_{tot}}$$

式中　f_{wind}——风电占比；

　　　E_{wind}——风力发电机的日均能输出，W·h；

　　　η_{windss}——风力发电机到直流母线间的子系统效率；

　　　E_{tot}——日总电能需求，W·h。

对于微型水力发电系统，其计算是基于 W·h，所以微型水力发电占比为

$$f_{hyd} = \frac{E_{hyd} \eta_{hydss}}{E_{tot}}$$

式中　f_{hyd}——微型水力发电占比；

　　　E_{hyd}——微型水力发电机的日均电能输出，W·h；

　　　η_{hydss}——微型水力发电机到直流母线间的子系统效率；

　　　E_{tot}——日总电能需求，W·h。

因此，新能源占比为

$$f_{ren} = f_{PV} + f_{wind} + f_{hyd}$$

式中　f_{ren}——新能源占比；

　　　f_{PV}——太阳能占比；

　　　f_{wind}——风电占比；

　　　f_{hyd}——微型水电占比。

注：虽然高占比是好的，但高占比也会产生一定的问题，因为所有的输出都依赖于天气，从而依赖于能源（太阳能、风能和水）的可用性。因此，即使新能源占比较高，由于能源的可用性可能会产生变化，因此备用发电机组仍然是必需的。

17.12　控制器（调节器）定容

17.12.1　光伏控制器（调节器）——标准控制器

光伏控制器定容应使它们能够承受阵列短路电流的 125％ 和开路电压。如果该阵列有可能在未来扩容，那么调节器也应该留有裕量以满足未来的增长。

17.12.2　光伏控制器（调节器）——MPPT

MPPT 的额定功率必须与光伏阵列的功率额定值相匹配，MPPT 的输出电压应与电池电压相匹配。MPPT 的最大输入电流额定值应为阵列短路电流的 125％。MPPT 有一个

电压工作范围，必须注意阵列的 U_{oc}、U_{mp} 须保持在工作电压范围内。17.13 节提供了用于确认它们在电压范围内运行的公式。

17.12.3 风力机控制器（调节器）

风力机控制器（调节器）应该能够承受该发电机的最大电流和开路电压输出。

17.12.4 微型水力发电机控制器（调节器）

微型水力发电机控制器（调节器）应该能够承受该发电机的最大电流和开路电压输出。

17.13 匹配光伏阵列至 MPPT 最大电压规格

MPPT 通常有一个推荐的最小标称阵列电压和最大电压。在最大输入电压固定的情况下，阵列电压高于指定的最大值，MPPT 可能受损。

一些 MPPT 控制器可能允许的最小阵列标称电压是电池组标称电压，然而当最小标称阵列电压比电池的标称电压高时，MPPT 将会更好地工作。MPPT 要求的最小标称阵列电压比电池标称电压更大，见表 17.5，这需与 MPPT 制造商核实，因为可能会有所不同。

表 17.5　　　　　　　　　　最小标称阵列电压（内部 MPPT）

电池标称电压/V	推荐的最小标称阵列电压/V
12	24
24	36
48	60

光伏组串的输出电压要和 MPPT 的工作电压相匹配，并且不能达到 MPPT 的最大电压。

组件的输出电压受温度变化的影响。制造商会提供一个电压温度系数，单位通常为 V/℃（或 mV/℃），但也可以用百分数表示。

为确保阵列的 U_{oc} 没有达到 MPPT 最大允许电压，需要特定地点最小日间温度数据。

在清晨，组件温度和环境温度差不多，因为太阳还没有开始加热组件。澳大利亚平均最低温度可低至 -10℃（在一些地区），建议使用这个温度来确定最大 U_{oc}。如果为适用于特定地区，很多人也用 0℃。U_{max_oc} 的计算式为

$$U_{max\_oc} = U_{oc\_STC} - \gamma_{oc} \ (T_{min} - T_{STC})$$

式中　U_{max_oc}——组件最大开路电压，V；

　　　γ_{oc}——开路电压温度系数，℃$^{-1}$；

　　　T_{min}——日均组件最低温度，℃；

　　　T_{STC}——标准测试条件下（常数 25℃）电池板的温度。

当确定在一个光伏组串中的组件的数量及有效的最小组件温度下的最大开路电压时，

应包括5%的安全裕量（低于允许的最小电压）以适应制造商容差。因为是计算最大开路电压，因此就不会有电流，在电压阵列和 MPPT 之间也没有电压降落。

【例】 假设组件温度是 0℃，选定组件的 $U_{\text{oc-STC}}$ 为 43.2V，其电压系数为 0.14V/℃，该组件的额定电压为 25V。则在最低有效温度下的最大开路电压为

$$U_{\text{oc\_max}} = 43.2 - 0.14 \times (0 - 25) = 46.7 \ (\text{V})$$

在例题中，假设 MPPT 所允许的最大电压为 150V，并且允许 5%的安全裕度，那么允许的最大 U_{oc} 的阵列电压是 $0.95 \times 150\text{V} = 142.5\text{V}$，这也是逆变器的最大允许电压 $U_{\text{inv\_max}}$。

组串中的最多组件数 $N_{\text{max\_per\_string}}$ 为：

$$N_{\text{max\_per\_string}} = \frac{U_{\text{mppt\_max}}}{U_{\text{oc\_max}}}$$

因此

$$N_{\text{max\_per\_string}} = 142.5/46.7 = 3.05 \approx 3$$

如果电池标称电压为 25V，那么光伏组串须由 2 或 3 块组件串联组成。

17.14 电池充电器定容和选型

汽油或柴油发电机的输出通常是交流电，为了给电池充电必须将其变换为直流电。这种整流的装置被称为电池充电器。电池充电器应能将电能从 240V、50Hz 交流变换为电池组需要的直流电压，并且能够提供连续的直流电流，直到达到电池的最大允许充电速率。

电池充电器的效率也需要考虑。如果没有给定，电池充电器的平均效率可以通过平均直流输出功率除以平均交流输入功率来计算。

当选择电池充电器时，需要考虑电池充电器最大和连续的交流输入需求、最大和连续的直流输出，这些可从铭牌上读取。对于变压器型充电器，在低电池电压下的充电速率由充电器的最大输出能力决定；在更高的电池电压下，充电速率减小。对于固态充电器，其充电电流为固定值，直到电池组接近满充为止，此时充电电流降低到一个"浮动"水平。

选择电池充电器时的关键因素如下：

（1）所选电池类型的适用性。

（2）系统电压。

（3）电压调节。

（4）输出电流限制。

（5）电池制造商的建议充电数据。

（6）输出纹波。

电池的最大充电速率必须由电池制造商指定，通常其额定值 C10。

若充电器的最大充电速率为 $I_{\text{bc}} = 0.1 \times \text{C10}$，即代表是电池充电速率 C10 的 10%。

【例】 如果电池的额定充电速率为 C10，容量为 875A·h，则其最大充电电流为 87.5A。

17.15　燃料发电机选择

选择发电机组时需考虑的关键因素如下：

（1）当发电机组运行时，该发电机组是否能满足所有电器同时运行的功率要求，功率要求是设备的视在功率（VA）。一般来说，电池充电器也被视为一种负载。

（2）不要容量过大的发电机组，这是因为发电机组低负荷运行时将导致磨损增加和更多的维护要求。

AS/NZS 4509.2—2010《独立供电系统　第2部分：系统设计导则》提供了一些用于确定三种不同系统配置下的发电机组最小容量的公式，即串联、开关、并联。

推荐的最小容量公式如下：

（1）串联系统。

$$S_{gen} = S_{bc} f_{go}$$

式中　S_{gen}——发电机组的最小额定视在功率，VA；

S_{bc}——在最大输出电流和典型最大充电电压的条件下，电池充电器消耗的最大视在功率，VA；

f_{go}——发电机组容量设计裕度因子，无量纲。

（2）开关系统。发电机组必须适应发电机组运行时的交流负荷需求，以及电池充电器的需求。发电机组也必须能够满足浪涌需求。因此，发电机组应该满足以下两个公式。

$$S_{gen} = f_{go}(S_{bc} + S_{max.\,chg})$$

式中　$S_{max.\,chg}$——电池充电过程中最大交流需求，VA。

$$S_{gen} = \frac{f_{go}(S_{bc} + S_{sur.\,chg})}{\gamma_{sur}}$$

式中　$S_{sur.\,chg}$——电池充电过程中的最大交流浪涌需求，VA；

γ_{sur}——交流发电机瞬时电流和连续输出的比率。

（3）并联系统。在并联系统中，发电机和逆变器的大小是相互关联的。因此，发电机组和逆变器组合的额定值需满足负载的最大需求和浪涌需求。

用于确定最小发电机组容量的计算式为

$$S_{gen} = f_{go}(S_{max} - S_{inv30min})$$

式中　S_{max}——最大视在交流功率需求，VA；

$S_{inv30min}$——逆变器30min额定视在功率，VA。

$$S_{gen} = \frac{f_{go}(S_{sur} + S_{inv.\,sur})}{\gamma_{sur}}$$

式中　$S_{inv.\,sur}$——逆变器额定浪涌功率，VA。

注：这些都是满足系统设计最小容量的发电机组。

然而，实际的发电机组容量会更大，因为必须考虑许多其他的因素。这些因素包括以下方面：

（1）用户可能不希望发电机组长时间运行，需考虑在一天中最大负荷需求是否持续很长时间。

（2）是否使用逆变器来对电池进行充电是混合供电系统设计的一部分。当发电机组运行时，如果逆变器长时间作为"逆变器"使用，那么电池就没有被充电，这可能会导致发电机组的运行时间比原计划更长。

（3）有时选择并联一个逆变器只是为了在切换发电机组和逆变器时无需断电，因此在系统定容时不需要采用并联结构。

（4）如果发电机组只需每两天或三天运行以满足对电池充电的要求，那么逆变器的容量需要满足最大负荷的需求，负荷需求和电池充电需求之和，与开关系统计算公式相同。

17.16　发电机组运行时间

如果发电机组需要运行，例如在一年中最差的某月或某天来给电池充电，同时也要满足一些负载运行，那么用户通常会想确认其运行时长。

确定发电机组运行时间的因素包括以下内容：

（1）电池充电状态。

（2）用户的能量需求并不总是恒定的。

（3）新能源的电能输出是基于平均值，因此，将每天都会改变。

（4）发电机组如何控制。

如果新能源的占比小于 1，那么那某期间（例如最差的月份）要求发电机组运行，发电机组的最小运行时间的计算式为

$$T_{gen} = \frac{30E_{tot}(1-f_{ren})}{U_{dc}\eta_{coul}I_{bc}} + \frac{30T_{eq \cdot run}}{T_{eq}}$$

式中　　T_{gen}——发电机每月运行时间，h；

　　　　f_{ren}——新能源占比；

　　　　U_{dc}——直流母线额定电压，V；

　　　　η_{coul}——电池的库仑效率，无量纲；

　　　　I_{bc}——电池充电器的最大充电速率，A；

　　$T_{eq \cdot run}$——运行时间，h；

　　　　T_{eq}——设计均等周期，d。

如果新能源满足日常负载，如新能源的比例是 1 或更高，则发电机组可能只会需要均衡充电。因此，发电机组运行时间的确定还需考虑以下两个方面。

（1）在实践中，有时能量需求通过逆变器/电池和直接从发电机组提供两个渠道来满足，所以上式中的能源需求总量 E_{tot} 可能是不正确的。

（2）电池充电电流将随着电池电压的升高而下降，因此运行时间将增加，可以使用一个效用因子来补偿下降电流。例如，最大电流为 50A，但假设它会在充电过程中减少 50%，所以使用最大电流 75% 的效用因子。（注，电池电压上升会有一些补偿）。

这些公式只能用于确定最小值。一般来说，告诉用户一个时间范围比较好，如 2～3h，范围中的低值就是使用上述公式所确定的。

第18章 交流母线系统定容

18.1 概述

第17章中，系统定容的范围包含除了直接与负荷相连的燃料发电机组之外的直流母线（电池组处）上的所有发电机。

最近几年，许多系统已经使用交流母线系统进行设计和安装。在这些系统里，发电单元在交流侧互联。交流母线系统发展于德国，SMA 太阳能科技公司引领了这一行业的发展和这一类型系统建设。图18.1是交流母线系统的实例，可以看到光伏阵列可通过太阳能控制器（标准开关或 MPPT）与蓄电池相连或者经由逆变器与交流母线相连。

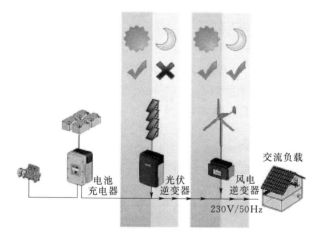

图 18.1 交流母线系统实例

本章详细介绍了交流母线系统设计原则，并随后给出了公式。有些部分和直流母线系统设计一样，所以将参考第17章部分内容。交流母线系统有时会应用于需要燃油发电机组提供日常电能的大型系统。第19章将阐述混合供电系统设计原则，其中燃油发电机组为系统关键部分。

18.2 日均电能需求

如第15章所述，系统设计人员需咨询用户后完成表15.2与表15.3（摘自标准 AS/NZS 4509.2—2010《独立供电系统　第2部分：系统设计导则》表 B2 和 B3）内容。表15.2表明在基于交流母线的供电系统中通常不会采用直流负载。由于各种原因，直流负载也会应用于家庭负载，如照明等。在计算蓄电池容量和各类电源供电需求时应该将上述负载考虑在内。为了简单起见，本章的所有公式假设系统所有负载为交流负载，因此只需要完成表 15.3。

最终的设计负荷为表 15.3 中列出的所有负载的总功率，单位为 W·h，日交流电量用 E_{ac} 来表示。

18.3 系统电压确定

在交流母线系统中，系统电压通常为 24V 或者 48V，这一电压值通常取决于逆变器的型号。按照图 17.1 所示的主要原则，系统每日电能需求小于 4kW·h 时，系统电压应为 24V；系统每日电能需求大于 4kW·h 时，系统电压应为 48V，但是这取决于系统总的日电能需求以及所需逆变器的容量。

在第 17 章表明电池输出最大持续电流不能超过 120A，这也适用于交流系统。在大型系统中（见第 19 章）需使用多台逆变器，单台逆变器功率要求大于 5kVA，且各台逆变器单独和电池组相连，这样可以减少从电池组输出的最大电流。

18.4 电池定容和选型

在 17.4 中所定义的直流母线系统设计参数可以类推至交流母线系统。两部分的公式相似，主要区别是直流母线系统采用 E_{tot} 作为直流母线（电池组）系统日电能需求，而交流母线系统采用 E_{batt} 作为电池日电能需求。

$$E_{batt} = \frac{E_{ac}}{\eta_{inv}}$$

式中 E_{batt}——电池的日总电能需求设计值，W·h；

E_{ac}——日交流电能负载设计值，W·h；

η_{inv}——给交流负载供电时，逆变器的平均效率。

在直流母线系统设计中，须使用逆变器制造商提供的效率曲线来确定系统平均效率，这与特定用户的能量分布相关。

【例】 某家庭 1 天总交流负荷为 3000W·h，逆变器效率为 93%。

因此

$$E_{batt} = 3000/0.93 = 3225 \ (\text{W·h})$$

所以电池需提供的电量为 3225W·h。

电池大小以 A·h 为单位，由输出功率 E_{batt}（以 W·h 为单位）除以电池电压 U_{dc} 得到。

【例】 如果电池日提供电量为 3333W·h，那么选择电池的端电压为 24V。

这样电池的安时数为 $E_{batt}/U_{dc} = 3225/24 = 134$（A·h）

因此，交流母线系统电池组的容量确定公式和直流母线系统类似，只是将 E_{tot} 替换成 E_{batt}。

$$CX = \frac{E_{batt}}{U_{dc}} \times \frac{T_{aut}}{DOD_{max}}$$

式中　CX——一定放电速率下的电池组容量，A·h；

　　　　U_{dc}——电池组或系统的电压，V；

　　　　T_{aut}——系统总自主天数需求；

　DOD_{max}——最大日放电深度，以小数表示。

交流母线系统自主天数和最大放电深度描述与直流母线系统相似，具体内容参考 17.4。

【例】　若每日电能需求为 134Ah，需自主天数为 5 天（采用后备发电机组），允许放电深度为 0.7，那么电池组容量为

$$CX = 134 \times 5/0.7 = 957 \text{（A·h）}$$

计算交流母线系统放电速率 x 的过程与直流母线系统类似，请参考 17.4。

【例】　家庭每晚的电能需求包括照明、电视以及其他娱乐设施，持续时间约 4～6h。这是"典型"的一般需求。如果交流负荷为 600W，逆变器效率为 93%，电池组端电压为 24V，那么放电电流为

$$i_d = 600/(24 \times 0.93) = 26.8 \text{（A）}$$

假设已选定的电池组容量为 992A·h，那么电池组的放电时间为

$$T_d = 957/26.8 = 36h$$

18.4.1　温度修正因子

确定交流母线系统中温度对电池组的影响的过程与直流母线系统中类似，请参考 17.4.1。

【例】　若一年内 24h 最低平均温度为 10℃，放电速率为 C100 时修正因子为 0.96，放电速率为 C20 时修正因子为 0.915。假设放电速率为 C35，修正因子为 0.925，对于上述范例的修正后的电池容量将是

$$CX = 957/0.925 = 1035 \text{（A·h）}$$

18.4.2　最大需求和浪涌需求

确认交流母线系统中电池组能够满足的交流负荷的最大需求和峰值需求的方法与直流母线系统相似，请参考 17.4.2。

18.4.3　最大充电电流

固定容量的电池组有最大充电速率限制，这是由制造商确定的。系统中发电机组定期给电池充电时，用户希望以大电流充电，这样电池在发电机组运行时间内充入电量更多。充电电流大小（和相应的充电时间）取决于所需电池实际容量。

18.4.4　日放电深度

日放电深度（DOD_d）计算公式为

$$DOD_d = \frac{E_{batt}}{U_{dc}CX}$$

式中　DOD_d——日放电深度。

　　【例】　采用前述例题的数据，DOD_d 为
$$DOD_d = 3225/(24 \times 1072) = 12.5\%$$

18.4.5　并联电池组串数量

相比于直流母线系统，交流母线系统重要一点是需确定电池组中并联电池组串的最小数目。详细说明请参考 17.4.5。

18.4.6　考虑未来的负荷增长

与直流母线系统相比，计算交流母线系统的电池容量时，应该考虑未来负荷增长的情况。如果在可预见的未来，负荷将会增长，那么在系统初次设计时应考虑这点并预留电池组容量。因为临时性地添加几块电池以增加系统容量是不实际的。并联电池需统一型号和出厂时间。

18.5　逆变器选型

在交流母线系统中存在多种不同类型的逆变器。一般会设置"主"逆变器，与电池组连接来作为主交流电源。从这个意义上说，其运行方式和直流母线系统的逆变器（或逆变器组）相似。也有其他逆变器与风电和光伏等新能源发电系统相连，这些逆变器和那些将新能源变换成交流电并送至地区电网的并网逆变器操作相似。

交流母线系统主逆变器大小的确定通常与直流母线系统相同，它是基于系统最大功率需求和浪涌功率需求完成的，见表 15.3 定义内容。更为详细的说明请参考 17.5。

交流母线系统和直流母线系统之间主要区别在于，在交流母线系统中的逆变器是一种"智能"双向逆变器。单向和逆变器/充电器（不可以并联）不适用于交流母线系统。

双向逆变器不是新名词，其在澳大利亚电网已经使用了近 20 年。在过去，双向逆变器中一般应用于直流母线系统，一个系统中只有一个，其容量根据系统最大功率需求设定。有些系统会有单个逆变器（一般组成三相）容量超过 50kVA。交流母线系统中若需要大容量逆变器，一般采用多级逆变器，关键是这些逆变器可互相通信。SMA 的产品系列中包含的 Sunny Island 系列逆变器可以充当双向逆变器，而其他逆变器可以用做光伏逆变器 Sunny Boys 和风电机组逆变器 Windy Boys。

虽然交流母线系统中主逆变器非常类似于在直流母线系统中使用的双向逆变器，但也有一些明显的差异。

交流母线系统中的主逆变器可以和其他逆变器进行通信，并且控制交流母线。直流母线系统中的双向逆变器一般设计成与其他交流电源（如燃油发电机组）并联运行，但是，它既可以作为逆变器运行，也可以作为使用发电机组交流电的电池充电器工作。交流母线系统的主逆变器一般设有控制器，控制交流电网的电压和频率。在其他交流源如光伏阵列等产生比交流电网负荷更多的电能时，主逆变器将多余的电能变换后给电池充电。

在交流母线系统中，白天负荷部分（或全部）可以直接由光伏阵列提供，由于可以与

其他逆变器并联运行，主逆变器不需要按照初次计算出来的大小进行定容，而是取决于白天和夜间的实际负荷分布。若表 15.3 确定的最大负荷需求发生在白天，那么这是可能的。

然而，在阴天供电或者供电时出现云层遮蔽光伏阵列的情况下，此时主逆变器很有可能不能时时满足系统负荷需求，需要启动备用发电机组。由于这个原因，主逆变器或者逆变器的定容计算时需满足最大负荷需求。若系统为存在多级逆变器的大型系统，那么系统应用情况需要好好考虑。第 19 章将会详细讨论这种情况。

在第 17 章讨论过，直流母线系统设计时需考虑未来负荷增长情况，因为单纯靠增加逆变器来满足负荷增长是不现实的。交流母线系统就不存在这个问题，可以很轻易地通过增加逆变器来对系统进行扩容。外加的逆变器可以与已有的电池组相连，或者与增加的电池组相连，最后再连至系统交流母线。这就是交流母线系统比传统交流母线系统灵活的原因。

17.5 节阐述了如何确认高温对逆变器性能的影响以及机组在各种场景下承受瞬时大功率的能力，这些方法同样适用于交流母线系统。

18.6 系统损耗

针对交流母线系统设计的逆变器（如 SMA 的光伏逆变器），也可以安装在直流母线系统中。光伏阵列（其他新能源发电系统）通过控制器与电池组相连，控制器可以是标准控制器（开关、脉宽调制等）或是 MPPT。该逆变器和其他双向逆变器运行方式类似，在逆变器交流侧没有其他耦合运行，除了与燃油发电机组并联运行。

在这种情况下，整个系统的设计原则与第 17 章提到的相关内容是相同的。

如果系统是一个典型的澳大利亚家庭，即具有以下特点：

（1）单个光伏阵列。

（2）电池组。

（3）逆变器。

（4）燃料发电机组。

（5）最大用电量在夜间。

因为光伏阵列输出的直流先变换成交流，再变换成直流用于电池充电，因此在交流母线系统采用此类设计并没有优势。因为这样做产生的损耗比光伏阵列通过控制器直接给电池充电产生的损耗要大。如果采用 MPPT，那么交流母线系统的功率损耗更大。

然而，若控制器为标准开关型，那么主逆变器和光伏逆变器的高效率使得交流系统的劣势减少，而光伏阵列经由逆变器与交流母线相连的方式比经由控制器和电池相连的方式在安装上更有优势。在做最终决定时，需要考虑逆变器与控制器的成本差。下面的设计理论是针对于类似图 18.1 所示的交流母线系统。在交流母线系统中，系统损耗取决于是由哪个电源给负荷供电。负荷既可以由新能源供电也可以由电池供电，但是电池供电时的系统损耗要高于新能源系统供电的系统损耗。

图 18.2 反映了负荷可以白天由太阳能直接供电，或者全天由风电机组供电（假设当地风资源丰富）的情况。

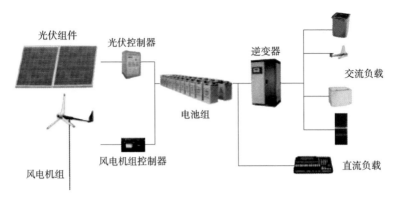

图 18.2 系统损耗为

系统损耗为

$$\eta_{\text{renss2}} = \eta_{\text{ren-load}} \eta_{\text{reninv}}$$

式中 η_{renss2} ——新能源发电机组到负载的子系统效率；

       $\eta_{\text{ren-load}}$ ——新能源发电机组与负载之间电缆的输电效率；

       η_{reninv} ——逆变器效率。

当负荷由电池供电时，子系统损耗为

$$\eta_{\text{renss3}} = \eta_{\text{renbatt-load}} \eta_{\text{re-inv}} \eta_{\text{inv-chg}} \eta_{\text{batt}} \eta_{\text{inv}}$$

式中 $\eta_{\text{renbatt-load}}$ ——新能源发电机组通过主逆变器和电池与负载之间电缆输电效率；

       η_{inv} ——逆变器效率；

       $\eta_{\text{re-inv}}$ ——新能源逆变器的能效；

       $\eta_{\text{inv-chg}}$ ——给电池充电时逆变器效率；

       η_{batt} ——电池效率。

18.7   新能源定容和选型

采用交流母线的系统设计，其供电负荷一般超过 1kW·h/d，且一般会设有备用发电机组。因此，17.7.1、17.7.2 和 17.7.3 介绍的相关内容只适用于直流母线系统。

18.8   光伏阵列

当设计为满足具体功率需求的光伏阵列时，设计时需在考虑子系统的效率以及光伏组件降额情况下，确保光伏阵列有能力提供这些功率。

交流母线系统的光伏阵列倾角的计算和直流母线系统相同，请参考 17.8 小节和表 17.3。

18.8.1   光伏阵列出力降额

交流母线系统中光伏阵列的降额计算和直流母线系统相似，更多说明请参考 17.8.1。适用于 MPPT 的公式已在 17.8.3 说明。

174

所以有关的公式如下所示。

确定光伏组件有效温度的公式为

$$T_{\text{cell-eff}} = T_{\text{a. day}} + 25℃$$

式中　$T_{\text{cell-eff}}$——日均有效光伏组件温度,℃;

　　　$T_{\text{a. day}}$——系统定容月份的日间平均环境温度,℃。

光伏阵列的降额输出必须考虑因温度引起的功率降额,温度降额系数计算为

$$f_{\text{temp}} = 1 - \gamma\ (T_{\text{cell. eff}} - T_{\text{STC}})$$

式中　f_{temp}——温度降额系数,无量纲;

　　　γ——每摄氏度的功率—温度系数,%/℃;

　　　T_{STC}——标准测试条件下(25℃常温)的光伏组件温度,℃。

光伏组件的降额输出计算公式为

$$P_{\text{mod}} = P_{\text{STC}} f_{\text{man}} f_{\text{temp}} f_{\text{dirt}}$$

式中　P_{mod}——光伏组件的降额功率输出,W;

　　　P_{STC}——标准测试条件下组件的额定输出功率,W;

　　　f_{man}——制造商容差对应的降额系数;

　　　f_{temp}——温度对应的降额系数;

　　　f_{dirt}——表面污垢对应的降额系数。

18.8.2　光伏阵列输出——光伏直接给负荷供电

光伏阵列日均输出功率计算公式为

$$E_{\text{PV}} = P_{\text{mod}} H_{\text{tilt}} N$$

式中　E_{PV}——光伏阵列日均电能输出,W·h;

　　　H_{tilt}——指定倾斜角下的日辐照强度 PSH(峰值日照时数);

　　　N——阵列中组件的数量。

阵列供应的交流负荷计算公式为

$$E_{\text{PVAC}} = E_{\text{PV}} \eta_{\text{PVss2}}$$

式中　E_{PVAC}——由光伏阵列直接供电的日均交流负荷电能,W·h;

　　　η_{PVss2}——光伏阵列到负载的子系统效率。

其中

$$\eta_{\text{PVss2}} = \eta_{\text{PV-load}} \eta_{\text{PVinv}}$$

式中　$\eta_{\text{PV-load}}$——光伏阵列和负荷间的电缆输电效率;

　　　η_{PVinv}——光伏逆变器效率。

18.8.3　光伏阵列输出——经由电池组给负荷供电

光伏阵列日均输出功率的计算为

$$E_{\text{PV}} = P_{\text{mod}} H_{\text{tilt}} N$$

式中　E_{PV}——光伏阵列日均电能输出,W·h;

　　　P_{mod}——光伏组件降额功率输出,W;

H_{tilt}——指定倾斜角下的日辐照强度 PSH（峰值日照时数）;

N——阵列中组件的数量。

阵列供应的交流负荷计算式为

$$E_{battAC} = E_{PV} \eta_{PVss3}$$

式中　E_{battAC}——由电池组直接供电的日均电能，W·h;

　　　E_{PV}——光伏阵列日均电能输出，W·h;

　　　η_{PVss3}——光伏阵列经电池组连至负载的子系统效率。

其中

$$\eta_{PVss3} = \eta_{PVbatt\text{-}load} \eta_{PV\text{-}inv} \eta_{inv\text{-}chg} \eta_{batt} \eta_{inv}$$

式中　$\eta_{PVbatt\text{-}load}$——新能源发电机组和负载经主逆变器和电池连接的电缆输电效率;

　　　$\eta_{PV\text{-}inv}$——新能源逆变器效率;

　　　$\eta_{inv\text{-}chg}$——给电池充电时逆变器效率;

　　　η_{batt}——电池效率;

　　　η_{inv}——逆变器效率。

18.8.4　光伏组件数量确定

若交流母线系统全部负荷由光伏阵列经电池组供电，那么系统中光伏组件数量计算式为

$$N = \frac{E_{AC} f_o}{P_{mod} H_{tilt} \eta_{PVss2}}$$

式中　N——阵列中光伏组件的数量;

　　　E_{AC}——电池的日总电能需求设计值，W·h;

　　　f_o——裕量系数;

　　　P_{mod}——光伏组件降额输出功率，W;

　　　H_{tilt}——指定倾斜角下的日辐照强度 PSH（峰值日照时数）;

　　　η_{PVss2}——光伏阵列到负载间的子系统效率。

若交流系统全部负荷由光伏阵列直接供电，则系统中光伏组件数量计算式为

$$N = \frac{E_{AC} f_o}{P_{mod} H_{tilt} \eta_{PVss3}}$$

式中　η_{PVss3}——光伏-电池-负载子系统效率。

注：交流母线系统中，f_o 一般为 1，因为系统中会设有燃油发电机。

现实情况中，白天部分负荷由光伏阵列和电池直接供电，夜间负荷为电池直接供电。上面 2 个公式提供了 2 个极端情况下阵列所需的组件数。在实际组件需求会在这 2 个数值之间。保守设计的话，那么可以使用基于子系统效率 η_{PVss3} 的公式。

晴天时，该系统光伏阵列供电一般会产生多余电量，因为系统中部分白天负荷将由光伏阵列直接供电，系统效率会由此下降。光伏阵列输出因此满足负荷需求。

注：理论上任一系统在晴天时，光伏阵列都会产生多余的功率。这是因为在设计时是基于平均峰值日照时数计算的。

负荷分析时，需要计算出光伏阵列每日直接供电电量的预期值，剩下不足的部分则通

过电池组供给能量。因此，日负荷电量分解为

$$E_{AC} = E_{PV-AC2} + E_{batt-AC}$$

式中　E_{AC}——日均交流负荷电能，$W \cdot h$；

　　E_{PV-AC2}——由光伏阵列直接供电的日均电能，$W \cdot h$；

　　$E_{batt-AC}$——由电池组直接供电的日均电能，$W \cdot h$。

　　因此阵列中所需的组件数为

$$N = N_{PV-AC} + N_{batt-AC}$$

式中　N——光伏阵列中的组件总数；

　　N_{PV-AC}——由光伏阵列直接为负荷供电时，光伏阵列所需的组件数量；

　　$N_{batt-AC}$——由电池组为负荷供电时，光伏阵列所需的组件数量。

　　其中

$$N_{PV-AC} = \frac{E_{PV-AC} f_o}{P_{mod} H_{tilt} \eta_{PVss2}}$$

$$N_{batt-AC} = \frac{E_{batt-AC} f_o}{P_{mod} H_{tilt} \eta_{PVss3}}$$

　　阵列中的组件的最终数目将根据实际逆变器参数而得。逆变器的输入电压有上下限，这将限制串联组件的数目。

　　阵列的排列将取决于所选择的光伏逆变器。光伏逆变器与在光伏并网系统中使用的逆变器相同。该逆变器包括一个 MPPT 控制器，就像 MPPT 控制器一样，不同的光伏逆变器允许接入的电池组串电压不同，因此电池组串中的组件数量也不同。以下部分详细介绍了如何将光伏阵列与选定的逆变器相匹配。这与光伏并网系统情况相同。下一节介绍如何将光伏阵列与逆变器相匹配。

18.9　光伏阵列与逆变器电压参数匹配

　　光伏阵列的容量确定后，需要选择与阵列相匹配的逆变器（或逆变器组）。光伏双向逆变器包括 MPPT 控制器，因此，逆变器都有输入电压的上下限。如果光伏阵列电压在逆变器允许输入电压之外，逆变器将不能工作，并且，若阵列电压超过最大输入电压，逆变器可能会损坏。

　　逆变器输入电压有固定的上下限。输入电压超过该输入电压上限时，逆变器会被烧坏。当逆变器设有输入电压上下限时，在该电压范围内逆变器可正常工作，当某电压大于最大值时，则该电压为可能会烧坏逆变器的电压。因此，光伏组串的输出电压一定要与逆变器的工作电压匹配，且光伏组串的输出电压永远不能达到逆变器的最大输入电压限值。

　　光伏组件的输出电压受温度影响，其输出功率也会随温度产生相应的变化。光伏组件制造商将提供电压温度系数，单位通常为 V/℃（或者 mV/℃），但也可以百分比来表示。

　　为确保阵列的输出电压不会跌落至逆变器的直流输入工作电压范围之外，需要确定某特定地点的最高和最低日间温度。

　　当温度达到最大值时，光伏阵列的最大功率点电压（U_{mp}）不得低于逆变器的最小工

作电压。逆变器实际输入电压并不是阵列的最大功率点电压（U_{mp}），因为直流电压在电缆上有一定的跌落，这一点在计算逆变器实际输入电压时需考虑。

对于给定的环境温度，组件有效平均温度比环境温度高25%。在澳大利亚，日平均温度和确切的地理位置相关。在夏季，墨尔本和悉尼市的气温达到30～35℃，因此光伏组件有效温度为55～60℃。但是，屋顶实际环境温度可能会比由气象局提供的气温更高。由于一定不能达到逆变器的最小工作电压，所以建议采用在75℃下U_{mp}为参数。如果制造商没有提供该数值，则该组件在特定温度下的最大功率点电压由下列公式确定：

$$U_{\text{mp-cell-eff}} = U_{\text{mp-STC}} \gamma_v \ (T_{\text{cell-eff}} - T_{\text{STC}})$$

式中　$U_{\text{mp-cell-eff}}$——有效电池温度下的最大功率点电压，V；

$\quad\quad U_{\text{mp-STC}}$——标准测试条件下的最大功率点电压，V；

$\quad\quad \gamma_v$——电压温度系数，V/℃；

$\quad\quad T_{\text{cell-eff}}$——特定环境温度下的光伏电池板温度，℃；

$\quad\quad T_{\text{STC}}$——标准测试条件下的光伏电池板温度，℃。

在确定单个光伏组串中的组件数量，并因此确定最高组件温度下最大功率点电压时，还需留有10%的安全裕量（高于最小电压），因为逆变器不会一直运行在理想的最大功率点下，且有制造商容差的影响。在阵列上空出现遮蔽时，这一安全裕量会非常重要。

举例说明，假设逆变器的工作电压下限是140V。选择的组件具有35.4V的额定最大功率点电压和0.14V/℃的电压温度系数。

采用降额温度因数，可以计算在最高有效电池温度为75℃时，组件最小最大功率点电压为

$$U_{\text{min\_mpp}} = 35.4 - [0.14 \times (75 - 25)] = 28.4 \ (\text{V})$$

假设在电缆上的电压降为5%，则在逆变器上的电压分摊到每块组件为$0.95 \times 28.4 = 26.98$（V）。这就是逆变器组件的最大功率点电压的最小值$U_{\text{min\_mpp\_inv}}$。

考虑到10%的安全裕量，逆变器最大功率点电压的最小值应为154V（即1.1×140），即$U_{\text{inv\_min}} = 154\text{V}$，单个光伏组串中的最小组件数$N_{\text{min\_per\_string}}$可通过下面的等式来确定

$$N_{\text{min\_per\_string}} = \frac{U_{\text{inv\_min}}}{U_{\text{min\_mpp\_inv}}}$$

式中　$U_{\text{inv\_min}}$——逆变器允许的最小输入电压，V；

$\quad\quad U_{\text{min\_mpp\_inv}}$——组件在最大有效电池温度条件下逆变器最大功率点电压最小值，V。

在上个范例中计算结果应为

$$N_{\text{min\_per\_string}} = \frac{154}{26.98} = 5.70 \approx 6 (\text{块})$$

在温度最低时，阵列的开路电压，不应高于逆变器允许的工作电压上限。使用开路电压U_{OC}因其高于最大功率点电压，并且它是系统初次连接时的电压，优先于逆变器启动和并网接入。

注：一些逆变器提供工作电压最高值以及一个更高的数值作为输入电压的最大允许值。在这种情况下，可使用最大功率点电压匹配逆变器的工作电压范围，使用开路电压匹配逆变器最大允许输入电压。

在清晨天刚亮时，因为太阳还没有来得及加热组件，组件温度与环境温度相似。

澳大利亚平均最低温度可以低至−10℃（在一些地区），建议采用该温度来确定最大U_{oc}。如果区域温度合适，许多人也使用0℃。U_{max_oc}由下式确定：

$$U_{max\_oc} = U_{oc\_STC} - \gamma_v(T_{min} - U_{STC})$$

式中　U_{max_oc}——最低电池温度下的开路电压，V；

　　　U_{oc_STC}——在标准测试条件下的开路电压，V；

　　　　γ_v——电压温度系数，V/℃；

　　　　T_{min}——预计每天最低组件温度，℃；

　　　　T_{STC}——在标准测试条件下的电池温度，℃。

在确定光伏组串中组件的数目以及最小有效电池温度下的最大开路电压时，应考虑制造商容差和5%的安全裕量（低于最小允许电压）。由于计算的是最大开路电压，没有电流流经光伏阵列与逆变器之间，因此不存在电压降。

以工作实例说明，假设有效电池温度为0℃，标准测试条件下的U_{oc_STC}是43.2V，在最低有效温度下的最大开路电压为

$$U_{oc\_max} = 43.2 - 0.14 \times (0 - 25) = 46.7 \text{ (V)}$$

在例子中，假设逆变器允许输入电压上限为400V，考虑安全裕量5%，那么允许接入阵列的最大开路电压U_{oc}为$0.95 \times 400V = 380V$，这也是逆变器允许的电压上限U_{inv_max}。

单个光伏组串中的最大组件数量$N_{max\_per\_string}$为

$$N_{max\_per\_string} = \frac{U_{inv\_max}}{U_{oc\_max}}$$

在这个例子中$N_{max\_per\_string} = 380/46.7 = 8.14$，取整数，最大组件数为8，因此在这个例子中单个光伏组串只能含有6～8块组件。

上述的计算是基于标准测试条件下的最大功率点电压而完成的。最大功率点电压在光照强度降低的情况下也会降低。一块标准额定电压为24V的组件，其最大功率点电压会随光照强度变动，变动范围取决于组件的质量，其最大功率点电压在光照强度从100W/m²变动到1000W/m²时会相应地从4V变动至6V。

18.10　风电机组

交流母线系统风电机组输出的计算方法和直流母线系统相似，不同的是交流母线系统内的风电机组需通过特殊逆变器与交流母线相连。更多关于风电机组输出计算的内容请参考17.9和第13章。

SMA推出了一种适用于风电机组的并网逆变器，这是其光伏并网逆变器的风电并网逆变器版本，最高效率为96.6%，采用脉宽调制方式（PWM），具有最大功率跟踪功能，输入电压范围为直流200～500V。风电机组通过逆变器并网的方式比风电机组给电池充电后再由电池向交流母线充电的方式效率高，系统损耗小。

18.11　微型水力发电机

交流母线系统微型水力发电机输出的计算方法和直流母线系统相似，不同的是交流母

线系统内微型水力发电机像燃油发电机组一样直接与交流母线相连。微型水力发电机的控制器维持输出电压和频率稳定，同时发电机组还设有虚拟负载，在产生多于用户需求的交流功率时，虚拟负载加载智能逆变器一侧，作用类似于电池充电器，这样多余的功率将被转储到虚拟负载中。如果系统容量设计正确，那么这种情况不会经常发生。

也有设计将微型水力发电机经由类似风电并网逆变器的设备与交流母线相连，但是增设逆变器的成本需与直接采用交流微型水力发电机组成本进行对比。

18.12 新能源占比

新能源占比主要指日能源需求中有多少比例由新能源发电系统提供。交流母线系统采用的计算公式和直流母线系统中相似，可参考 17.11 节。两者主要的区别在于由 E_{ac} 来替换 E_{tot}。

光伏系统中光伏直接提供的交流负荷的比例 f_{PV}（太阳能占比）计算式为

$$f_{PV} = \frac{E_{PV}\eta_{PVss2}}{E_{ac}}$$

光伏系统中光伏经由逆变器给交流负荷供电的比例（太阳能占比）计算式为

$$f_{PV} = \frac{E_{PV}\eta_{PVss3}}{E_{ac}}$$

风电系统的供电占比计算过程以 W·h 为单位，计算公式为

$$f_{wind} = \frac{E_{wind}\eta_{windss}}{E_{ac}}$$

式中　f_{wind}——风力发电占比，%；

　　　E_{wind}——风电机组日均电能输出，W·h；

　　　η_{windss}——风电机组到交流母线的子系统效率；

　　　E_{ac}——日总负荷电能需求，W·h。

微型水力发电系统供电占比计算过程以 W·h 为单位，计算式为

$$f_{hyd} = \frac{E_{hyd}\eta_{hydss}}{E_{ac}}$$

式中　f_{hyd}——微型水力发电占比，%；

　　　E_{hyd}——微型水力发电日均电能输出，W·h；

　　　η_{hydss}——微型水力发电机组到交流母线间的子系统效率。

因此新能源占比和计算式为

$$f_{ren} = f_{PV} + f_{wind} + f_{hyd}$$

18.13 新能源逆变器定容计算

18.13.1 光伏逆变器

根据 18.9，光伏阵列每个组串包含的组件数必须首先与光伏逆变器输入电压范围匹配。

在 18.8.1 中提到，光伏阵列的额定功率应当从制造商提供的数据降额形成，其考虑

因素包括：温度、灰尘、制造商容差。

除此之外，由于从光伏阵列到逆变器存在电压差，因此光伏阵列输出的功率还要再降低。

澳大利亚常年温度为 30～35℃，多晶硅组件输出的额定功率会下降 15％～20％，灰尘、制造商容差（组件不匹配）和电缆功率损耗（电压降引起）通常会引起 5％～15％的功率损耗。因此，逆变器最大输出比光伏阵列最大输出小 20％～35％。

在澳大利亚，建议逆变器的峰值功率设定在光伏阵列额定输出功率（P_{mp}）的 75％～80％，所以如果光伏阵列的最高输出功率为 1kW，则逆变器的功率可以定为 750～800W。

若光伏阵列采用薄膜电池，那么下降大概在 5％～15％，即推荐逆变器的最大功率为薄膜电池光伏阵列峰值功率额定值的 85％。所以如果薄膜电池光伏阵列的最高输出功率为 1kW，逆变器的功率可以定为 850W。

18.13.2 风电逆变器

请参考逆变器制造商的建议选择与风力机连接的逆变器。图 18.3 为 SMA 风电并网系列逆变器的技术参数。

		1000系列	1700系列	2500系列
输入数据	最大直流输入电压/V	400	400	600
	"涡轮模式"运行电压范围/V	139～400	139～400	224～600
	用于激活"涡轮模式"的最小开路输入电压/V	150	150	250
	一般直流运行电压/V	180	180	300
	每年2500h满载工况下推荐的发电机功率/W	900	1395	2070
	每年5000h满载工况下推荐的发电机功率/W	800	1240	1840
	最大输入电流 I_{max}/A	10.0	12.6	12.0
	运行消耗功率/W	<4	<5	<7
	直流电压纹波 U_{pp}/%	<10	<10	<10
	直流隔离器	DC插头连接器	DC插头连接器	DC插头连接器
	接地故障监测	√	√	√
	反极性保护	√	√	√
	并网	AC插头连接器	AC插头连接器	AC插头连接器
输出数据	最大交流输出功率/W	1100	1700	2500
	一般交流输出功率/W	1000	1500	2300
	待机损耗/W	0.1	0.1	0.25
	自动50/60Hz检测	√	√	√
效率	最大效率, Evro ETA %	93.0,91.6	93.5,91.8	94.1,93.2
电网监测	SMA grid guolrd DIN VDE 0126-1-1	√	√	√
环境条件	允许环境温度/℃	-25～60	-25～60	-25～60
	允许相对湿度/%	0～100 4K4H	0～100 4K4H	0～100 4K4H
其他	安装地点	室内或室外	室内或室外	室内或室外
	冷却方式	对流	对流	对流
	尺寸(长×高×宽)/mm	434×295×214	434×295×214	434×295×214
	重量/kg	22	25	30
特性	展示	√	√	√
	对Sunrry lsland系列的适应性	√	√	√

图 18.3 SMA 风电并网逆变器技术参数

图 18.3 所示的数据表明风力机连续输出额定值必须小于逆变器的额定值。风力机的额定输出是基于每年满载的小时数计算出来的。

18.14　电池充电器的定容和选型

交流母线系统的主逆变器是一个双向逆变器，这也是系统的电池充电器。确定交流母线系统中的电池充电器额定参数和直流母线系统相似，详细信息可以参考 17.14。

总的来说，除非是电池制造商已有规定，电池组的最大充电电流与双向逆变器的充电能力之间的关系为

$$I_{bc} = 0.1C10$$

也就是说，逆变器最大充电电流为电池组容量的 10%。

双向逆变器控制器一般可编程，且在参数选定时其充电电流大于前面公式计算得出的数值。也就说逆变器编程设置时需满足电池组最大充电电流。

【例】　电池组充电能力 C10＝1200，那么最大充电电流为 120A。

18.15　燃料发电机选型

交流母线系统的燃料发电机选型原则和直流母线系统相似，可以参考 17.15 来确定燃料发电机组的大小。

17.15 建议使用双向逆变器（并联系统）时，发电机定容的方式应同逆变器充电器相似（开关系统），例如，发电机在系统运行时可以给所有负荷供电，同时通过逆变器为电池充电。

除了偶尔使用的非常见的大型负荷的系统，17.15 节的建议还应该包括用于为单一住宅或几个建筑供电的小型交流母线系统。在这种情况下，会出现系统冗余，也就是说燃料发电机不论何时运行，逆变器均会给电池组充电，且不使用电池组电能。在大型系统中，情况会有所改变，这会在第 19 章讨论。

18.16　发电机组运行时间

计算交流母线系统发电机组运行时间和直流母线系统运行时间相似。相关公式请参照 17.16，但需将公式中的 E_{ac} 替换为 E_{tot}。

$$E_{tot} = \frac{E_{ac}}{\eta_{inv}}$$

第19章 混合供电系统定容

19.1 概述

本章讨论了混合供电系统的系统设计过程。

从技术上讲，任何一种含有两种类型发电机的供电系统都可以称作为混合供电系统。因此，澳大利亚的许多系统其实都是"混合供电系统"，因为它们都含有光伏阵列和燃料发电机，第17章详细介绍了一种基于直流母线的混合供电系统的设计公式，而18章则给出了基于交流母线的混合供电系统的设计公式。

在第17章中，设计的公式是基于电池逆变器系统给系统负荷供电。虽然新能源占比小于1，但是由于电池需要从发电机组重新充电，仍然采用该公式计算发电机组的运行时间。

在第18章中，基于电池向负荷提供所有电能的假设来确定电池的容量，但是众所周知，光伏阵列实际是可以直接通过它自己的并网逆变器给负荷供电，而不需要通过电池。

在本章中，不同之处在于我们选取的系统中以燃料机组作为主要电源，而且通常每天都在运行。本章与17章和18章的主要不同是假设燃料机组直接给部分负荷提供电能。这将导致由新能源发电机组和电池组提供的电能将要小于系统必须要提供的每日总电能。

19.2 负荷评估

第15章详细说明了如何进行负荷评估。它侧重于通过完成负荷评估表（表15.2和表15.3）来提供全部日电能需求和峰值（以及浪涌）需求。对于混合供电系统，这种分析必须更详尽。

通常情况下，混合供电系统是一个日电能需求比基本家庭用电（1～5kW·h）要大的系统。混合供电系统适用于典型日负荷不低于10kW·h的地方。

在设计一个真正的混合供电系统时，发电机组是关键部件，如果负荷评估不正确，发电机只是会运行更长（或更短）的时间，但仍然能够向客户可靠供电。虽然这在一定程度上是正确的，但也有可能由于负荷评估不准而出现问题，特别是在负荷被低估的时候。

（1）电池容量可能选择小了，进而达不到最初预测的使用时间，因此在长期的使用中，用户可能会不满意。

（2）发电机有可能运行得比预期时间要长，导致更高的运营成本（燃料、发电机维护和磨损），并因此令用户不满意。

（3）如果负荷比预测的要小，选择的电池容量就会比实际需要的要大，造成用户的投资浪费。

虽然电池容量经常可以留有裕量以适应将来的负荷增长，但除非用户已经明确同意，否则给用户提供一个比实际需要花费更高的电池组仍然不是一个好的设计习惯。

在这一节中，将详细描述用于混合系统设计的负荷评估的两种方法。首选的方法是使用一个数据记录仪记录一段时间内用户的实际电量使用情况，这种方法并不总是适用的，所以手动记录的方法也是可以的。手动记录的方法是以第 15 章中详细介绍的内容为基础的。

19.2.1　通过监测进行负荷评估

混合供电系统通常安装在那些目前由柴油发电机组提供电力的农村电站和社区。在现场记录的电能使用数据可以提供如下信息：

(1) 超过 24h 的日负荷曲线。

(2) 日用电量总和。

(3) 最大电力需求。

(4) 浪涌需求也有可能被记录下来，这取决于使用的设备。

图 19.1 中为一条由某个实际电站的监控数据所生成的负荷曲线，显示了一个典型周内日负荷的平均瞬时功率。从图中可以看出，这个电站每天的用电模式并不固定。虽然在大多数日子里都出现了"双驼峰"，但规律特点仅仅是每天的峰值需求出现在下午 6：00 左右。这条曲线将有助于选择合适的逆变器容量和发电机运行时间。

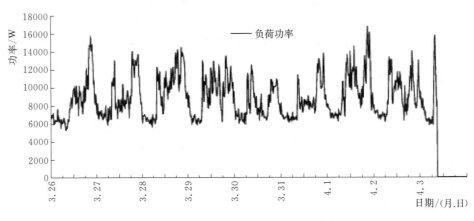

图 19.1　某个实际电站的平均瞬时功率

要设计电池组的容量，需要知道负荷日总用电量。其既可以通过监测直接获得，也可以通过瞬时功率进行计算获得。

图 19.2 显示了这个电站每天的累计用电量曲线。用电量数据在每晚的午夜被重置归零。这些数据的时间与图 19.1 中的相同，从图中可以看出，日用电量平均都在 200kW・h 以上。

在某些情况下，负荷曲线需要表示为一张显示每小时使用的平均功率的图表，如图 19.3 所示。数据记录设备通常给出如图 19.1 和图 19.2 所示的图形，但是许多计算机仿真程序需要的信息则如图 19.3 所示。

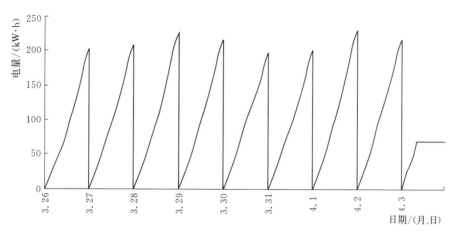

图 19.2　与图 19.1 为同一现场的累计（负荷）电量

图 19.3 所示的负荷曲线显示了典型的"双驼峰"特性，这在大多数家庭负荷曲线中都是比较显著的。从该曲线可以看出，大约在上午早餐时间和晚上时负荷将会增加。有可能在午餐时间也会有一个小"驼峰"，这取决于家里是否有人。在进行系统设计时，需要了解这个"双驼峰"的负荷曲线。

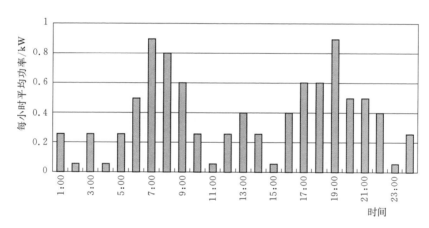

图 19.3　每小时负荷曲线柱状图

注：在图 19.3 中，每个时间段显示的柱形是一个小时内的平均负荷，比如凌晨 1 点的数据表示的是午夜到凌晨 1 点这段时间内的平均负荷。

通过在主配电盘安装一个记录仪对某个现场交流负荷的典型数据进行记录，优先记录以下信息：相电压（V），相电流（A），每相功率因数，有功功率（kW），视在功率（kVA），一段时间的电量（kW·h），最大用电负荷（kW），时间，日期。

监测交流电的数据记录仪是专业设备，可以从专业技术设备租赁公司租借到，这些公司一般都位于省会城市。电力监控设备通常可供许多公用事业公司和其他电气专业人士使用。请注意，这种类型的设备可能需要花费 13000 美元才能买到，其月租金也可达到 900 美元。

数据记录仪需要安装尽可能长的时间，比如一整个星期或更长时间，这样才能提供有用的数据，这些数据应能够记录该现场超过一段时期的负荷用电变化情况。

为了确定系统用户的全部电力需求，从数据记录仪得到的信息只是第一步。在设计系统之前，必须要像 15 章中详细描述的那样，采用能量管理和效率技术。

对某个现场进行监测是一项高花销的工作。实际开支包含设备租赁费、去现场的交通费、安装和取回设备的技术人员的时间费用，还需要时间对这些数据进行分析。问题是谁为这些费用买单？如果用户不愿意支付这一监测费用，那么系统设计人员需要把这部分费用作为运行费用的一部分进行收取，但这可能是不可行的，因此需要用手动负荷评估来取代监测系统。

19.2.2　手动负荷评估

在一些情况下，监测电能使用会不现实。在下面这些情形下，这种情况就会发生：

（1）在一个新现场安装系统。

（2）现场非常远，安装和取回监测设备的费用太过昂贵。

（3）目前的负荷受限于发电机的容量，新的系统安装后负荷将会增加。

（4）没有人愿意花钱做负荷监测。

在以上情况下，用户需要和设计人员一起协商完成负荷评估表。与 15 章中的负荷评估表不同，用于混合供电系统设计的负荷评估表的一个主要目的是确定某些特定设备在什么时间段运行。目的是确定发电机运行的最佳时间，从而确定发电机能直接提供给该设备多少电能。

表 19.1 是一张典型的混合供电系统负荷评估表。这张表与那种更小的新能源系统所需要的表比较相似，但是它也列出了各个负荷在白天或者晚上的使用时间。这需要确定系统一整天内的负荷曲线，与图 19.3 显示的曲线相类似。这种曲线是对那些依靠机组日常运行的混合供电系统进行准确系统设计所必需的。

总之，为设计一个混合供电系统而需完成的负荷评估，以下信息是必需的：

（1）一张包含将要连接到混合供电系统的所有电力负荷的清单，如灯、电视、微波炉等。

（2）用电设备的电能需求。

（3）用电设备每天将会运行的时间。

（4）一张包含有可能同时运行的所有用电设备的清单。

（5）在首次通电时需要更大电流或浪涌的用电设备的启动负荷（即首次与电源接通），如电机、电视等。

（6）负荷每天运行的典型时间。

这些内容将用于计算电量需求，混合供电系统必须要满足：

（1）用 W·h（或 kW·h）表示的全部日用电量。

（2）最大负荷需求。

（3）冲击负荷。

此方法确实提供了所需的全部日用电量。然而，如前所述，典型的日负荷曲线包括一个"双驼峰"。用于系统设计的计算机模拟程序通常需要每小时的负荷曲线。

表 19.1 典型混合供电系统负荷评估表

用电设备/位置	负荷/W	一天中的时间	每天使用时间/h		是否对最大负荷有贡献？如果是，消耗瓦数为多少？	日用电量/（W·h）	
			夏季	冬季		夏季	冬季
1. 照明							
卧室 1							
卧室 2							
卧室 3							
书房							
餐厅							
厨房							
客厅							
休息室							
淋浴间							
卫生间							
走廊							
洗衣房							
车库							
室外							
其他							
2. 家用电器							
电视							
音响							
收音机							
录像机							
计算机							
传真机							
烧水壶							
微波烤箱							
冰箱							
冰柜							
烤面包机							
洗衣机							
水泵							
电熨斗							
真空吸尘器							
电动工具							
缝纫机							
总计							

如果很难确定每小时的负荷曲线，模拟程序可以允许设计人员输入一组典型的负荷曲线，通过调整该负荷曲线以提供正确的日总用电量情况。我们预计，经过一段时间，设计人员将会获得使用典型负荷曲线进行设计的经验，然后使用模拟程序或者开发他们自己的表格，以便为他们设计的系统生成负荷曲线。

　　即使通过监测系统已经获得了上面的这些信息，但这仍然只是确定用户全部电量需求的第一步。

　　在进行19.3部分所描述的系统设计之前，必须要首先针对第15章中的能源管理和效率技术开展工作。然而，由于混合供电系统具有适用于较大负荷的特点，可能有一些适用于这些系统的能量管理技术不适用于较小的住宅系统。19.2.4部分就是对需要采取的措施的一个总结，包含一些与安装混合供电系统的农村地区、社区和游览区相关的技术。第15章提供了关于一些能源效率举措更详细的介绍，将在下面的概要中进行描述。

19.2.3　能量管理和节能措施

　　除了从监测现有发电设备获得数据外，系统设计人员还需要完成如下的工作：

　　(1) 列出用户目前使用的所有电器设备，并讨论将来的潜在需求。

　　(2) 调查用户所有当前及将来的能量需求，例如：烧水、烹饪以及房间制热和制冷。

　　如果已经进行了手动评估，那么在完成表格的时候将会获得上述信息。

　　在获得这些初步信息后，设计人员应该与用户进行讨论，并向用户就其为了减少现场的电量使用需求可采取的变化措施提出建议。如将白炽灯换成紧凑型荧光灯，或者安装一个太阳能热水系统取代15章里所详细描述的电热水系统。

　　系统设计人员利用从数据记录仪获得的信息和从对用户进行调查获得的额外信息开始设计一个混合系统来满足用户的要求。所有的能量曲线和设计系统时所做的假设都应该向用户做出说明。

　　在一些现场，应该实施自动负荷管理技术，这些技术包括以下内容：

　　(1) 照明电路上的日光传感器。

　　(2) 电源和照明电路上的定时器。

　　(3) 配置一个限制建筑物最大电力需求的断路器。

　　(4) 仅当发电机运行时才运行的某些负荷。

　　可能需要开展负荷管理业务场所包括：

　　(1) 旅游设施。

　　(2) 人口波动的社区。

19.2.4　三相负荷管理

　　一般来说，任何一个需要容量超过 $15\sim20\text{kW}$ 的逆变器或发电机提供电力的系统都是三相系统。

　　在三相系统中，系统设计人员将需要确保分布在每相上的负荷尽可能平衡。虽然不平衡负荷不会导致逆变器或者发电机组的损坏，但是会存在部分发电能力不能完全被使用的可能。

例如，在极端情况下，如果所有的负荷都在一相上，系统可以提供的最大电力需求将被限制在单相最大额定电流值。逆变器或发电机的三分之二容量将会被浪费。大多数情况下不会出现这么极端的情形，但是在一相上发生过载，而其他相仍然是轻载，从而导致损失部分电力供应能力，这种情况还是可能发生的。

设计人员需要确定所有的负荷，然后列出三相中的每一相负荷，尤其是那些三相负荷（如电动机）。所以设计时必须注意确保三相逆变器能够满足峰功率需求和每一相的潜在的需求增长。

需要注意的是，通过从每相获取不同的电能为电池充电或者为每相负荷提供不同的电能，三相逆变器可以使负荷平衡。逆变器甚至可以做到为三相中的一相提供电能，而其他两相为电池充电。在交流母线系统中，三相逆变器可能包括三个由"智能"装置控制的单相逆变器，确保提供三相各自需要的电能。

19.3 系统部件定容

需要考虑容量的主要部件包括发电机（新能源和非新能源）和电池。其中一个主要的设计问题是新能源发电系统与普通发电机运行时间之间的权衡。

在典型的大型混合供电系统中，一般会安装新能源发电系统以减少普通发电机的运行时间。理想的情况是新能源发电能够满足所有的电能需求，但是除非是一个极微小的水力发电系统，否则这种系统的成本一般是不可能被接受的。因此，系统设计人员必须在系统的资金成本和系统的连续运行成本之间进行平衡，从而确定安装的新能源发电系统的容量。这将在第24章"生命周期成本"中有更详细的介绍。

19.4~19.10节详细描述了如何在一个混合供电系统中确定各种系统部件的容量。

19.4 确定新能源发电系统容量

在第17章中，已经包含了关于为满足每日能源需求而确定光伏阵列容量的方法。为了完整性，本节介绍一些部件容量设计的内容，包括混合供电系统需要考虑的光伏组件容量，以及包含光伏系统的交流系统需要考虑的内容。

19.4.1 光伏组件定容

在进行系统设计时，如果以光伏阵列作为主要的能源给现场的所有负荷进行供电，而普通发电机只是作为备用，那么设计的光伏组件容量需要满足一年中最差月份的能源需求。最差月份被定义为：相较于能够接收到的太阳辐射，负荷耗电最大的那个月。如果负荷主要是照明和电视等，这可能发生在冬季；如果负荷包括冰箱和空调，则可能发生在夏季。

在设计混合供电系统时，由于普通发电机是设计的一部分而不仅仅是一个"备份"，因此设计理念与之前是不同的。根据系统容量的大小，普通发电机可能是主要的能源来源，而安装光伏组件则用来减少普通发电机的运行时间和燃料消耗。

确定光伏组件数量以满足现场日常100%能量需求是一种很好的实践，然而，如果实际系统的负荷比较大，需要的光伏组件数量可能会很多而导致价格非常昂贵。因此，光伏阵列的容量通常由预算限制或者以最小化生命周期成本为目标。

一旦选择了光伏阵列的容量，系统设计人员必须确定给电池组充电的光伏阵列的电量。AS/NZS 4509.2—2010《独立供电系统　第2部分：系统设计导则》列出了相关的公式，这些公式与17章中列出的那些公式相似。所不同的是，在第17章中给出的公式用于计算满足每日能源需求条件下的光伏阵列容量。而在混合供电系统设计中，可以反转AS/NZS 4509.2—2010《独立供电系统　第2部分：系统设计导则》中的公式来计算所选光伏阵列供应的能量。

请注意，在一个包含光伏阵列和其他新能源发电系统（如风电和水电）的混合供电系统中，光伏阵列的最佳倾斜角度应该根据如下情况进行确定：在每个月内，混合供电系统内其他新能源发电系统的出力比较低，而光伏阵列的出力却比较高。换句话说，就是最大限度地使新能源发电系统的出力能够相互补充，从而减少普通发电机的运行时间。这与系统内仅含有光伏阵列一种发电系统时的最佳倾斜角是不同的。

在交流母线系统中，系统内的部分光伏阵列可以通过并网逆变器向系统提供交流电。系统中的这部分光伏阵列在白天可以给部分交流负荷直接供电，这些负荷在表19.1的负荷评估表中都已经列出。在第18章中给出了确定这种类型光伏阵列出力的公式。

综上所述，在交流母线系统中，光伏阵列在白天时既可以给部分负荷直接供电，也可以给电池充电，连接方式既可以通过主逆变器直接和电网相连，或者通过特殊的控制器直接与电池组相连，但这将影响普通发电机的运行时间，也影响到电池容量的潜在大小。

19.4.2　风力发电机定容

假设现场适合安装风力发电机，那么在混合供电系统中加入风力发电机将会减少普通发电机的运行时间（即减少燃料消耗）。虽然风速在一年中有所不同，但重要的是确定风力发电机一年的平均出力情况，最好是能够确定每个月的平均出力情况，但如果没有足够的记录数据，年平均出力情况也是可以用的。

如果系统设计人员想要确定一个直流母线系统中风力发电机能够给电池组充多少电，或者一个交流母线系统中风力发电机能够直接给负荷供电的电能潜力，这些数据将会非常有用。由于要进行准确的预测非常困难，因此在13章中给出了一个评估风力发电机出力情况的公式。

在直流母线系统中通常比较保守，为了满足特定的负荷，需计算出风力发电机能够提供多少电能给电池组充电。而实际上，部分风电出力会直接馈送给系统逆变器，然后为负荷提供电力，这样就不会由于电池效率的问题而导致电能损失。

在交流母线系统中，实际上很难估计有多少风能直接给负荷供电，有多少风能给电池组进行充电。和直流母线系统一样，交流母线系统可能也会较保守。这就意味着该系统可能比实际计算的结果要更高效，电池有可能会比预估的放电量要少。

19.4.3　微型水力发电机定容

微型水力发电机组的安装需要特定的位置，因此很少有混合供电系统中装有微型水力发电机。微型水力发电系统可以使用交流发电机，也可以使用直流发电机。对于混合供电系统来说，微型水力发电机组的安装一般分为两种情况：

（1）该现场需要有足够的水力发电能力，能够满足该现场每日总电力需求的一部分。在这种情况下，微型水力发电机给电池组充电（直流和交流母线系统），或者直接给负荷提供交流电（交流母线系统），而其他的新能源发电系统或者普通发电机用来保持电能需求的平衡。

（2）该现场一年中只有某个季节或者时间段才会有可用的水力发电能力。因此，这个现场将需要其他的新能源发电系统或者普通发电机来保证该现场的电能需求平衡。

微型水力发电机的输出功率可以从制造商提供的数据表确定，或者用 14 章的公式计算。然后，系统设计人员将利用该输出功率来确定微型水力发电机能够提供给电池组充电和直接给负荷供电的电量。

19.5　新能源占比

前述关于新能源发电容量的内容将重点放在了在混合供电系统中如何确定新能源的容量。这很重要，因为它决定了普通发电机需要运行的时间。

新能源占比为其能为系统内的负荷进行供电的百分比。对于一个混合供电系统，新能源占比由系统中使用的每个新能源发电系统的出力总和决定。对于每个新能源发电系统来说，发电比例（百分比）是由设计条件决定的。17.11 节中列出了直流母线系统中的相关公式，18.12 节中列出了交流母线系统中的相关公式。

19.6　电池定容

17.4 节中提供了确定直流母线系统中电池容量的准则和公式，而 18.4 节中提供了确定交流母线系统中电池容量的准则和公式。总之，直流母线系统中假定电池组给所有的负荷供电，这一假设也可以用在交流母线系统中，不过有一些白天的负荷可以由光伏阵列通过并网逆变器直接供电。

在普通发电机作为主要能源供给的混合供电系统中，可以遵循同样的方法，但是在这种系统中，普通发电机每天运行（或隔天运行）的方式是更经济的。在这些系统中，如上所述确定电池的容量会比实际需要的大，这样会造成投资的浪费。

在大型混合供电系统中，如果普通发电机每天或者每两天运行一次，通常会选用更小容量的电池组，不必按照维持系统若干天的能量储备作为前提进行设计。

设计一个大型混合供电系统中的电池组时，必须考虑以下几个设计参数：

（1）系统直流电压和最大负荷需求。

（2）电池不同电量条件下的合适的放电速率。

（3）最大放电深度。

（4）每天有多少负荷由电池供电。

（5）需要的电池容量。

（6）电池配置。

（7）给电池重新充电需要的时间。

（8）普通发电机运行时间限制。

综合考虑每一个参数，设计人员必须做出选择，这样才能选定一个合适的电池。

下面各小节将给出这些设计参数的参考建议。虽然上面没有列出，但是经济也是一个主要的因素。以上列出的一些设计参数与整个系统的运行方式也有关系，因此，在提交给系统运行人员的文档里必须详细写清楚这些情况，必须要详细考虑这当中的每一个参数。

19.6.1 系统直流电压、最大负荷需求、电池容量和配置

17.4 节和 18.4 节中已经涉及了这些内容，总之，电池的最大充放电速率决定了合适的系统电压，而选用的逆变器的容量和型号又决定了电池的最大充放电速率，而系统负荷又决定了选用的逆变器的容量和型号。通常，选用的逆变器的直流电压工作范围决定了电池的电压。

实际运行中，电池的最大充电速率始终比最大放电速率要小，因此，电池必须能够满足逆变器向电网输出最大功率的需求。对小容量电池（储能小于以平均负荷工作 36h）来说这是一个问题。更大的电池（能够自治运行很多天）有足够大的容量，在最大负荷时的放电率通常不是问题。

对于直流母线系统，可用的逆变器直流电压包括 12V、24V、48V 和 120V。对于交流母线系统，逆变器的常见直流电压是 24V 和 48V。

19.6.2 最大和浪涌需求

在 17.4 节和 18.4 节中已经包含了这部分内容，需要对选定的电池制造商提供的数据进行查询，以确定电池是否能够满足逆变器最大负荷和浪涌负荷的需求。

电池释放过高的电量会导致电池电压下降。设计人员必须要确定，在电池正常充/放电循环的任何阶段，不会出现由于电池的电压过低从而导致逆变器的低电压保护动作或者导致其他设备出现问题。

在逆变器以连续额定功率运行时，如果可以的话，电池的最大放电电流应该不大于 C5/5，这是一个非常有用的经验法则。最坏的情况下，可以使用 C10/10 作为电池的最大放电电流，但是这可能会得到一个过分保守的结果。这个经验法则假设电池的最高放电率是 C5 或者更低。

19.6.3 电池配置

如果最初选定的电池不能满足最大负荷需求，则需要一个更大容量的电池或者增加并联电池组。设计人员应该尽量保证电池组串的并联数量最小。理想的情况是仅有一组电池，除非负荷非常重要，则需要另外一组电池在维护期间保证负荷的供电。大多数的制造

商建议不要使用超过 4 组电池，因为这会导致他们在充放电时电流分布不均。需要与电池制造商进行确认他们推荐的最大电池组并联数量。

【例】 用户需要一个持续功率为 4kVA 的逆变器。设计人员打算使用一组容量为 C5＝562A·h 的电池。满负荷运行时逆变器的效率为 90％。那么逆变器满负荷运行时一组电池是否能够提供足够的电流？

在没有更详细信息的情况下，可使用上述的经验法则。

为提供 4kVA 功率（单位功率因数），在 48V 直流侧需要的最大电流为

$$I = \frac{4000\text{VA}}{48\text{V} \times 0.9} = 92\text{A}$$

电池的放电电流为

$$\frac{\text{C5}}{5} = \frac{562\text{A} \cdot \text{h}}{5\text{h}} = 112\text{A}$$

所以，一组电池可以提供足够的电流以满足逆变器的运行需要。

【例】 客户需要一个持续功率为 10kVA 的逆变器。设计人员选定的系统电压为 120V，容量为 C5＝397A·h 的电池。满负荷运行时逆变器的效率为 90％。如果使用这种电池，需要的电池组数量最少是多少？

为提供 10kVA 功率，在 120V 直流侧需要的最大电流为

$$I = \frac{10000\text{VA}}{120\text{V} \times 0.9} = 83\text{A}$$

电池的放电电流为

$$\frac{\text{C5}}{5} = \frac{397\text{A} \cdot \text{h}}{5\text{h}} = 79\text{A}$$

如果使用这种电池，根据经验法则，一个电池组不够，需要两个电池组。此外，也可以使用更大容量的电池组。

19.6.4　指定放电速率下的电池容量

在典型的大型混合供电系统中，充电电流和放电电流比典型的小型家庭用独立供电系统要大，这些家庭用独立供电系统经常使用 C50 和 C100 的放电速率。

在一个普通发电机组每日运行的大型混合供电系统中，为了满足储能需求（而不是满足最大负荷需求）而确定电池容量时，推荐使用电池的 C10 下的容量作为电池容量的最大值。

19.6.5　最大放电深度

设计的最大日放电深度为 50％，这是用于短期储能的电池的经验法则，与混合供电系统中对电池的需求相同。混合供电系统可以比这个放电深度更低，例如每天的放电深度可达到 30％，但是在普通发电机开启和电池重新充电之前，电池的放电深度不能低于50％。这些数字为普通发电机控制器控制系统设计的一部分。

目前建议电池组每天只能到达 50％放电深度一次。考虑经济因素，可能选择使电池每天达到 50％的放电深度两次，但这样的设计不好，会导致电池寿命缩短，且普通发电

机将每天运行两次。用户必须充分认识到这样的设计将会对系统的操作和维护造成影响，尤其对电池预期寿命造成影响。

设计什么样的放电深度的问题将取决于所使用电池的循环寿命特性，即电池放电到特定深度的情况下，其故障前的预期循环次数。这可能意味着，在某些情况下，上面提到的50％这一数字可能没有意义。只有其作为对生命周期成本分析的一部分时才会被准确评估。

第17章提供了计算日平均放电深度的公式。

19.6.6 通过电池进行供电的日常负荷

在制作负荷曲线时，系统设计人员必须确定将会由普通发电机直接供电的负荷。

如果负荷曲线具有"双驼峰"，那么理想的情况是普通发电机应该在这两个负荷高峰期都运行。如果系统设计为普通发电机一天仅运行一次，那么它应该在负荷最高峰时运行。这个时间通常是在晚上。

一旦系统设计人员确定了由普通发电机组直接提供的电量，然后就必须确定需要由电池直接提供的电能。最简单和最保守的方法是，假设没有新能源直接给负荷供电，那么剩下的每日负荷全部由电池供电。即使每天发电机启动两次，仍然推荐这一保守的方法，即假设电池必须满足发电机运行时间外的负荷需求。虽然理论上只需存储双驼峰之间的最大电能即可，但是合理地确定这个值是非常复杂的。这么小的电池也没有时间来响应普通发电机发生故障的状况。

【例】 某现场每日负荷为20kW•h，且负荷数据如图19.4所示。

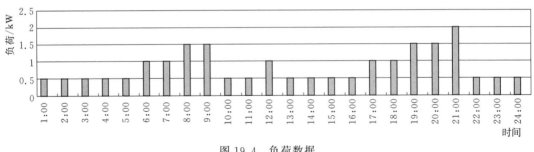

图 19.4 负荷数据

普通发电机在每晚的18：00—21：00之间运行。（注：图上显示的从1：00到24：00每隔1h的电能使用情况）。每天有多少电能需由电池直接提供？

从上面的负荷曲线可以看到，在晚上18：00—21：00之间，负荷共消耗5kW•h电能（1.5＋1.5＋2）。这些是由普通发电机直接供电的。

因此，必须由电池组直接供电的电能为

$$E_{\text{batt,day}} = 20 - 5 = 15 \ (\text{kW} \cdot \text{h})$$

值得注意的是，现实中，当普通发电机不运行时，由电池提供的实际电能取决于新能源的输入电量。

在示例中，假设的是天气非常阴或者根本无风从而没有新能源向系统中输入电能这种最差的情况。如果基于此设计电池的容量，普通发电机组每天开机将不超过一次。然而，由于新能源的电能输入给电池充电，电池每天的放电深度可能很低，这会使电池的寿命变得更长，但同时这也意味着对电池的投资没有得到充分的使用。另外还可假设有一定量的新能源电能输入，以此来确定电池的容量。

如果在确定电池容量时考虑新能源输入电能的因素，电池容量当然会较小（成本更低）。相比于更大容量的电池，在最大负荷需求时的放电速率更高，因此电池满足最大负荷和浪涌负荷需求的能力更为重要。

无论在设计过程中使用了什么假设，该系统必须能够应对负荷和新能源输入的变化。负荷和新能源输入的这些变化，使得准确确定每天有多少负荷由电池供电变得非常困难。

此外，这些变化对普通发电机组的实际运行产生的影响将取决于普通发电机的控制方式：

（1）如果普通发电机每天在预定的时间启动，那么，电池的放电深度会有所不同，普通发电机的运行时间也会不同。

（2）如果普通发电机在电池电量偏低需要充电时启动，那么，普通发电机的启动时间和启动频率每天都可能发生变化。

（3）如果普通发电机每天在预定时间和电池需要充电的时候都启动，普通发电机的运行情况将是上面两种情况的混合，根据哪个条件先满足而定。

注：在前面的讨论中，为清楚起见，已经忽略了由于逆变器过载而引起的普通发电机组启动。

上述运行条件的改变可能会导致严重的后果。首先，用户可能只希望普通发电机在一天的固定时间启动；其次，在光伏发电系统中更重要的是，如果在早上光伏阵列发电之前，普通发电机已经给电池充满电，那么这些有价值的光伏发电就会被浪费，普通发电机的燃料消耗和运行时间就可能会增加。为了避免这些潜在的问题，必须对电池的容量和普通发电机的控制策略与上面提到的几点进行认真的考虑。

一些业内人士使用的一个经验法则是，对于一个具有典型双驼峰负荷曲线的系统，如果普通发电机在负荷高峰期间每天运行一次，那么 60% 的负荷由电池和新能源提供，40% 负荷由普通发电机直接提供。通常情况下，在这种系统中，普通发电机只需要每天运行 6~8h。这种粗略的估计很明显做了一系列的假设，不是在每种情形下都适用。

19.6.7 电池容量计算

如果普通发电机每天都运行，那么电池的容量由电池每天提供的电能和设计的放电深度决定。在这种情况下，自治天数的概念并不适用，因为这个概念只适用于那些具有更大容量电池的系统。

在能量方面，电池的容量为

$$E_{\text{batt}} = \frac{E_{\text{batt,day}}}{DOD_{\text{day}}}$$

式中　E_{batt}——电池储能容量（到 100% 放电深度），W·h；

DOD_{day}——电池每日放电深度，%；

$E_{\text{batt,day}}$——电池每天向外提供的能量，W·h。

这里需要确定电池每天的放电深度。然后给出电池用 A·h 表示的容量为

$$CX = \frac{E_{\text{batt}}}{U_{\text{dc}}}$$

式中　U_{dc}——直流母线的额定电压（如电池电压），V；

　　　CX——在 Xh 放电率下的电池容量，A·h。

【例】　电池组每天必须提供 30kW·h 日负荷的 70％ 电能，设计的每日放电深度为 40％。需要的电池容量是多少（kW·h）？如果系统的额定电压是 110V，容量是多少（A·h）？

$$DOD_{\text{day}} = 0.4; \quad E_{\text{batt,day}} = 0.7 \times 30 = 21 \ (\text{kW·h})$$

电池容量为

$$E_{\text{batt}} = 21/0.4 = 36.75 \ (\text{kW·h}) \approx 37 \ (\text{kW·h})$$

用 A·h 表示的电池容量为

$$CX = \frac{37000}{110} = 336 (\text{A·h})$$

在大多数情况下，这是电池的 C10 放电容量。如果负荷是连续的，那么需要使用 C20 ＝336A·h 的电池。如果负荷曲线在高低负荷水平上交替变化，那么需要选用 C5 放电容量的电池。

19.7　电池重新充电时间

这个设计参数取决于电池的容量和充电器的容量，以及开始充电时的状态和结束充电时的状态。如果普通发电机每天都运行，电池每天提供的电能决定了充电开始和充电结束之间的能量差值。

在一个低新能源占比的混合供电系统中，该系统需要依靠每天重复充电的电池才能运行，那么系统设计人员应该保证电池的每天最大充电时间是 6～8h。

在某些情况下，用户可能会要求更短的时间，比如 4h 或 5h。假设电池充电器（或者在充电模式下的逆变器）运行在满功率状态且普通发电机每天都会运行，利用下面的公式可以计算出电池重新充电时间。

$$T_{\text{r}} = \frac{E_{\text{batt,day}}}{I_{\text{bc,max}} U_{\text{bc}} \eta_{\text{batt}}}$$

式中　T_{r}——额定电池重新充电时间，h；

　$E_{\text{batt,day}}$——每天电池放出的能量，W·h；

　$I_{\text{bc,max}}$——电池充电器的最大充电速率，A；

　　U_{bc}——充电期间的电池平均电压，V；

　η_{batt}——电池效率。

为了确定充电器的容量，这个公式可以重新配置为

$$I_{\text{bc,max}} = \frac{E_{\text{batt,day}}}{T_{\text{r}} U_{\text{bc}} \eta_{\text{batt}}}$$

为了满足更短充电时间的要求，需要一个更大容量的电池充电器。这可能对普通发电机的容量产生影响。类似地，如果该系统使用逆变器/充电器，为了提供更大的充电电流，那么选择的逆变器容量可能比仅由逆变器容量设计决定的逆变器容量要大。

由于以下原因，要预测准确的重新充电时间很难：

（1）许多电池充电器以一定的电流开始充电，随着电池电压的升高，充电电流开始减小。因此，任何公式都只能基于起始电流进行计算。即便是电子调节充电器具有很好的电流限制功能，随着电压接近调节点，充电电流也会逐渐变小。

（2）电池每天的放电量多少取决于新能源向负荷提供多少电能。

（3）在一个并行系统中，由于在充电过程中普通发电机也给其他负荷供电，所以给电池充电的能量可能会发生变化。

19.8 逆变器定容和选型

17.5 节中的直流母线系统和 18.5 节中的交流母线系统都描述了这部分内容。

在混合供电系统中，选择双向逆变器（或充电逆变器）的一个不同的因素是，根据所需的电池充电器的容量选择逆变器。

19.9 电池充电器定容

在混合供电系统中，电池充电器可以作为一个单独的充电器（在串联或开关系统），或作为逆变器的一部分，例如逆变器/充电器和双向逆变器。电池充电器定容在 17.14 节的直流母线系统和 18.15 节的交流母线系统中都进行了详细描述。

19.10 普通发电机组定容

17.15 节中的直流母线系统和 18.16 节中的交流母线系统都描述了这部分内容。

第 20 章　系　统　布　线

系统布线的规则基于 AS/NZS 3000—2007《布线规则》，在其第 7 部分超低压安装中介绍了超低压布线规则的内容。

在本节中叙述的布线规则应用于那些负载交流电压不超过 50V、直流电压不超过 120V 的系统。所有超过这些电压水平（低压，LV）的工作都必须由专门的持证人员操作。所有州都已经立法对违规行为进行重罚。

本章还参考了 AS/NZS 5033—2012《光伏阵列安装及安全要求》。由于 AS/NZS 3000—2007《布线规则》中涉及这个标准，因此在澳大利亚境内将被强制遵守。

20.1　概述

一个好的设计系统应该准确地设计所有部件的容量，所有的部件在安全的环境中进行安装，而且系统可以良好运行。部件的布线必须遵守一些基本规则。

（1）系统必须安全。

（2）布线不能降低系统部件的性能。

（3）每个部件应该发挥出它的最佳潜力。

直流布线系统与传统的家用交流布线系统有明显的不同。直流系统一般使用较低的电压，且电流只流向一个方向。

根据 AS/NZS 3000—2007《布线规则》的相关要求，低压交流和超低压直流布线系统必须分开。用于交流系统开关和插座的电气布线材料不可以与那些用于直流系统中使用的互换（见制造商关于特定部件的直流应用要求）。

如果一个家庭中已经在直流系统里安装了交流线路，则必须安装用于超低压直流系统的新的线路。

20.2　电缆尺寸

安装的电缆必须安装正确的尺寸，目的如下：

（1）电缆没有过多的线路损耗（电压降）。

（2）与电缆的安全工作电流相比，没有过多的电流流经电缆。

只要电压降和最大电流在指定范围内，市面上的大多数电缆都可以用于独立供电系统的布线。一些电缆，尤其是为用于直流应用设计的电缆也可以使用。

在某些情况下（如电池送出电能），电流会很大，直流电缆可能会更合适。在任何情况下都要确保电缆的最大额定电压总是高于运行电压。

电缆制造商会明确标出电缆的载流能力，任何时候都应遵守他们的指导。

注：如果在安装过程中只是根据通过的最大需求电流选择电缆，那么如果想要扩展该系统则需要进行重新布线。

20.3 线路损耗（电压降）

线路当中的线路损耗是三个参数的函数：导线的横截面积、导线的长度和流经导线的电流。

线路损耗是根据电压降来衡量的，电压降是由于导线电阻引起的电压损失。导线的长度越长，对流经电流的阻力越大。过多的长导线运行将会导致到达负载的能量损失增大、系统效率降低，也会减少大多数电器和设备的预期寿命。电感负载（如电机）对电压降特别敏感。使用尺寸偏小的导线或者增加电流值会导致该导线产生更大的电压降。

在充电侧，如果损失太多的电压，可能会由于电压不足而不能给电池充电。

【例】 如果负载功率为100W，那么240V电压供电需要的电流为100/240＝0.42（A）。

经过一个截面积为2.5mm^2、长度超过10m的电缆后，其电压降为（2×10×0.42×0.0183）/2.5＝0.061（V）。

如果系统电压为24V，同样的100W负载需要的电流为100/24＝4.2（A）。

经过一个截面积为2.5mm^2、长度超过10m的电缆后，其电压降为（2×10×4.2×0.0183）/2.5＝0.61（V）。

所以在24V超低压电路中的损耗是同等条件下的240V电路中的10倍。

20.4 传输允许的电压降

主要的电池电缆通常由逆变器制造商提供，不要擅自延长这些电缆。电缆的直径经过仔细地选择，以使电池和逆变器之间的电压降最小。如果必须要延长电缆，应选择新的合适的电缆。

光伏阵列到电池之间的电缆的选择标准为：应使光伏阵列到电池之间的电压降小于5％的系统电压。此外，还建议电池和任何负载之间的电压降应该被限制在5％以内，尤其在12V系统中。需要注意的是，根据AS/NZS 5033—2012《光伏阵列安装及安全要求》的2.1.9（c）条，光伏阵列和控制器之间容许的最大压降为3％。

以下三种方法可以用来确定电压降：

（1）AS/NZS 3000—2007《布线规则》给出下列公式以确定电路单位电流和长度下的电压降 [mV/(A•m)]。

$$U_c = \frac{1000U_d}{LI}$$

式中　U_c——单位电流和长度下的电压降，mV/(A•m)；

　　　U_d——总的允许电压降，V；

L——线路长度，m；

I——电流，A。

然后从 AS/NZS 3000—2007《布线规则》（用于 240V TPS 电缆）提供的表格或电缆制造商提供的表格中根据 U_c 确定电缆的尺寸。

注：这些表格也给出了电缆的载流能力（CCC），在 AS/NZS 3000—2007《布线规则》中也详细列出了在特定环境下电缆的载流能力。

（2）电压降计算式为

$$U_d = \frac{2LI\rho}{A}$$

式中 U_d——电压降，V；

ρ——线路电阻率 $\Omega \cdot mm^2/m$，铜的电阻率为 $0.0183\Omega \cdot mm^2/m$；

A——电缆的横截面积（CSA），mm^2。

（3）确定所选电缆的电压降，并确认该电压降小于系统电压的 5%。

对上述公式可以反推得到电缆导线的横截面积如下：

$$A = \frac{2LI\rho}{LossU}$$

式中 $Loss$——导体的最大电压损耗，无量纲（如 5%＝0.05）；

U——系统电压，V。

【例】 如果阵列距离电池 10m（24V 系统电压），那么使用最大电流预计是 20A、截面积为 $7.5mm^2$ 的电缆产生的电压降为

$$U_d = \frac{2 \times 10 \times 20 \times 0.0183}{7.5} = 0.976 \text{（V）}$$

我们要确保电压降小于 5% 系统电压。以系统电压百分数表示，经过该电缆的实际电压降为

$$Loss = \frac{0.976}{24} \approx 4.1\% < 5\%$$

因此，根据澳大利亚的标准，这个电缆是适用的。电压降越少，电量损失越少，用户获得的电量更多。

【例】 如果阵列距离电池 12m，最大电流预计是 30A，系统电压为 24V，那么需要的最小导线横截面积为

$$A = \frac{2 \times 12 \times 30 \times 0.0183}{0.05 \times 24} = 10.98 \text{（mm}^2\text{）}$$

所以为了获得 5% 的压降，需要使用横截面积大于 $10.98mm^2$ 的电缆，然而在标准电力电缆能选择的只有 $16mm^2$ 这个尺寸，或是自动型电缆中的 $15mm^2$。但是，尽可能地减少压降总是好的，这样系统工作的效率更高，因此也会有更好的成本效益。

表 20.1 列出了不同电缆在不同电流条件下的压降。

表 20.1 　　　　　　　　　　　　双芯电缆线路每 10m 长度的电压降

电流/A	线路横截面积/mm²				
	2	3.2	5	7.5	15
0.5	0.09	0.06	0.04	0.02	0.01
1.0	0.18	0.11	0.07	0.05	0.02
1.5	0.27	0.17	0.11	0.07	0.04
2.0	0.37	0.23	0.15	0.10	0.05
2.5	0.46	0.29	0.18	0.12	0.06
3.0	0.55	0.34	0.22	0.15	0.07
4.0	0.73	0.46	0.29	0.20	0.10
5.0	0.92	0.57	0.37	0.24	0.12
7.5	1.37	0.86	0.55	0.37	0.18
10	1.83	1.14	0.73	0.49	0.24
15	2.75	1.72	1.10	0.73	0.37
20		2.29	1.46	0.98	0.49
25			1.83	1.22	0.61
30				1.46	0.73
40				1.95	0.98
50					1.22

注：

（1）电缆尺寸应选择最接近的型号。

公式采用 　　　　　　　　　　$U_d = (2 \times 10 \times I \times 0.0183)/A$

（2）裸导线电流（没有被线束包裹）从制造商的表格中获取。

（3）表中的空白部分表明已经超出了电缆的载流能力。

其他电缆制造商也可以提供类似的表格。

【例】　利用表 20.1，如果线路长度是 20m，最大电流是 15A，系统电压是 24V 且最大允许电压降为 5%，确定光伏阵列需要使用的电缆长度。

从表中电流为 15A 那一行寻找电压损耗低于允许电压降（1.2V，5% 系统电压）一半的线路尺寸（线路长度 20m）。

满足条件的电压损耗是 0.37V，因此必须选择 15mm² 的电缆，实际的电压损耗是 0.74V。

对于一个 12V 的系统，为了获得 5% 的电压降，不同电缆尺寸和不同电流情况下的最大距离见表 20.2。

表 20.2　　　　　　　　　　　　　产生 5%电压降的最大距离（12V 系统）　　　　　　　　　单位：m

电流/A	横截面积/mm²						
	1	1.5	2.5	4	6	10	16
1	16.4	24.6	41	65.6	98.4	163.9	262.3
2	8.2	12.3	20.5	32.8	49.2	82	131.1
3	5.5	8.2	13.7	21.9	32.8	54.6	87.4
4	4.1	6.1	10.2	16.4	24.6	41.0	65.6
5	3.3	4.9	8.2	13.1	19.7	32.8	52.5
6	2.7	4.1	6.8	10.9	16.4	27.3	43.7
7	2.3	3.5	5.9	9.4	14.1	23.4	37.5
8	2.0	3.1	5.1	8.2	12.3	20.5	32.8
9	1.8	2.7	4.6	7.3	10.9	18.2	29.1
10	1.6	2.5	4.1	6.6	9.8	16.4	26.2
11	1.5	2.2	3.7	6.0	8.9	14.9	23.8
12	1.4	2.0	3.4	5.5	8.2	13.7	21.9
13		1.9	3.2	5.0	7.6	12.6	20.2
14		1.8	2.9	4.7	7.0	11.7	18.7
15		1.6	2.7	4.4	6.6	10.9	17.5
16		1.5	2.6	4.1	6.1	10.2	16.4
17			2.4	3.9	5.8	9.6	15.4
18			2.3	3.6	5.5	9.1	14.6
19			2.2	3.5	5.2	8.6	13.8
20			2.0	3.3	4.9	8.2	13.1

　　【例】　利用表 20.2，如果线路长度是 15m，最大电流是 10A，且最大允许电压降为 5%，确定光伏阵列需要使用的电缆尺寸。

　　从电流为 10A 的一行可以得出需要使用 10mm² 的电缆。

20.5　过流

　　载流能力是指导体最大承载电流的能力。导体越大，其承载电流的能力就越大。

　　如果电缆承载的电流超过其载流能力，那么电缆将会过热。过热是有害的并会导致能源浪费和效率低下，但最重要的是会导致绝缘融化、短路或起火。

　　根据导体的横截面积、包裹电线的绝缘类型和电缆的安装环境来确定使用的电缆。载流能力也取决于所提供的保护类型〔可重接/自动熔断器或者 HRC（高分段能力）熔断器和断路器]。表 20.3 给出了在自由空间环境里一些自动型电缆的载流能力。

如要获得更多信息，可咨询制造商的技术说明书和 AS 3000。一般情况下，若考虑了电压降而选择了恰当的电缆，其承载的电流应该低于电缆载流能力，但是这必须要进行核实。

"光伏阵列故障电流保护和电缆选型"里讨论了在故障电流条件下的电缆大小。不同导体的特性参数见表 20.3。

表 20.3　　　　　　　　不 同 导 体 特 性

导线股数	导线直径	横截面积/mm²	载流能力/A
7	0.32	0.56	3
26	0.32	2.09	15
41	0.32	3.30	20
65	0.32	5.23	25
94	0.32	7.56	45
182	0.32	14.64	70
247	0.32	19.86	90
627	0.32	50.43	150

20.6　电路保护

所有的保护电路都是用来保护其连接的电缆避免由于过载或短路而导致过热的情况。根据电缆的载流能力选择电路保护的数值，不过也可以选择比电缆载流能力小的值，从而确保电流不会过大。

AS/NZS 3000—2007《布线规则》规定融断器的标称额定电流不应该超过电缆连续载流量的 90%。

推荐使用 HRC 熔断器和合适的额定（交流或直流）断路器，因为熔断元件暴露在大气中的融断器是不可靠的。

因为很多独立供电系统装置处于超低压等级，所以电流往往是相当高的。例如，如果一个系统的最大负荷是 2.4kW（交流），其由逆变器供电并假设逆变器的效率为 90%，那么通过逆变器的功率为 2.67kW。如果系统电压为 24V，这意味着流出电池的电流为 2.67×1000/24＝111.25（A）。作为参考，对于一般的国内设备，低压 240V 交流布线不涉及如此高的电流水平。

核对融断器的说明书以确认其额定电流及其在浪涌电流条件下能承受的电流（如电动机开关期间）。融断器通常被设计成能短时间（数秒）承受浪涌电流。一般情况下电池和逆变器之间的融断器是电动机融断器，它能在短时间内承受更高的电流，能够满足电动机的启动电流。

另外，保护电路的额定电流经常被误解。额定电流为 2A 的融断器或断路器在 2A 时不会动作，它可以连续承载 2A 电流而不动作。融断器具有非传统熔断电流特性，比实际的额定电流要高 10%，因此 2A 的融断器只有电流在 2.2A 以上才会熔断。

融断器在独立供电系统中最重要的作用是避免电池流过大的充电电流。如果非常大的电流流经电池，电池会很容易发生爆炸。

20.7　电池主融断器大小

融断器生产商有关于电流的数据：融断器的 3 个时间特性。这个信息可以与逆变器的说明书相结合以确定需要的融断器额定电流，步骤如下：

（1）获取逆变器的制造商数据，包括：连续额定运行功率，W；60min 或 30min 额定运行功率，W；10s 或 12s 冲击功率，W；逆变器效率，%。

（2）确定电池组需要提供的电流，包括：逆变器连续运行电流，A，逆变器连续运行电流＝逆变器功率/（逆变器效率×标称电池电压）；60min 或 30min 电流，A；10s 或 12s 电流，A。

（3）咨询 HRC 熔断器电流-时间特性以确定合适的熔断器。

【例】　使用表 20.4，为一个典型的 1.5kVA 正弦波逆变器选择一个合适的熔断器（24V 直流-240V 交流）。

所选融断器的额定值必须始终高于连续工作电流。80A 的融断器应该是合适的，它能提供足够的冗余并仍能保护电缆。

表 20.4 显示了一个实际家庭使用的 HRC 熔断器在 25℃ 周围环境下的特性曲线。选择的熔断器应确保其电流-时间特性高于逆变器的任何电流和时间组合。

表 20.4　　　　　　　　　　　　1.5kW 逆变器的典型特性

项目	连续电流	60min 电流	12s 冲击电流
功率/W	1500	1800	3300
变流器效率	0.85	0.85	0.85
电流/A	74	88	162

为了在电池和配电融断器/断路器之间提供保护，应该在电池的两个端子上都安装合适的盒装融断器。（如果电池的一个端子接地，那么只需要在另一端安装融断器）。

融断器的容量应能充分保护其连接的电缆而不影响设备的正常运行。盒装融断器的最大容量由使用的电缆尺寸决定，而电缆的尺寸则由最大电流需求和电缆最大允许电压降决定。逆变器一般都已提供连接电缆。电缆的尺寸满足最大连续工作电流的需要（逆变器半小时运行额定值）。应根据 AS 4086《独立供电系统二次电池》中的 2.3 节设计逆变器的融断器。

AS/NZS 3000—2007《布线规则》要求电池组具备保护和隔离功能，使其能够不用拆卸融断器进行打开/关闭。因此，如果仅安装了单个融断器作为电池主融断器，那么需要安装另外一个合适的额定直流开关来满足标准。典型的系统一般安装融断器/断路器的组合。这样就以一个简单的方式对电池和系统进行了简单的隔离和正负极的保险。澳大利亚标准规定了电池组的两个端子都需要接入融断器，除非其中的一个端子接地，那么仅需要对另外一个端子接入融断器。

注：所有使用的保护设备需与电池组的故障水平相匹配，这是非常重要的。

20.8　光伏阵列故障电流保护和电缆选型

对光伏组串、子阵列和光伏阵列的故障电流保护的详细要求见 AS/NZS 5033—2012《光伏阵列安装及安全要求》。

AS/NZS 5033—2012《光伏阵列安装及安全要求》中的 3.3.3（第 24 页）要求在 SAPS 中的光伏阵列电缆必须始终有故障电流保护。这是为了保护光伏阵列电缆不受电池故障电流损伤。

3.3.5（第 25 页）提出了光伏组串、子阵列和光伏阵列的故障电流保护设计方法。故障电流保护要求如下。

对于光伏组串满足下式：

$$1.5I_{\text{sc mod}} \leqslant I_{\text{TRIP}} \leqslant 2.4I_{\text{sc mod}}$$

式中　$I_{\text{sc mod}}$——组件开路电流；

I_{TRIP}——故障电流保护装置的动作电流。

对于子阵列满足下式［见下文注意事项（2）］：

$$1.25I_{\text{sc sub array}} \leqslant I_{\text{TRIP}} \leqslant 2.4I_{\text{sc sub array}}$$

式中　$I_{\text{sc sub array}}$——子阵列短路电流；

I_{TRIP}——故障电流保护装置的动作电流。

对于光伏阵列满足下式：

$$1.25I_{\text{sc array}} \leqslant I_{\text{TRIP}} \leqslant 2.4I_{\text{sc array}}$$

式中　$I_{\text{sc array}}$——阵列短路电流；

I_{TRIP}——故障电流保护装置的动作电流。

注意：

（1）在小型光伏阵列中，如果光伏阵列中的所有电缆的额定电流大于 1.25 倍短路电流，则不需要子阵列保护。

（2）制造商的设定可能包括模块的"保险丝额定最大电流"或"跳闸电流"或"故障电流"。如果是这样，则不需要此步骤。选择这些限值（系数 1.25）的最低者，使得保护不在增加辐照的情况下跳闸。因为往往不可能找到非常准确符合这些限值的保护，一般是给定一个限制范围（1.25 或 1.5～2.4）。

具有隔离功能的断路器常被用于故障电流保护，从而使系统的部件可以被安全地隔离。

AS/NS 5033—2012《光伏阵列安装及安全要求》的条款 3.3.5.3 规定：光伏阵列

过流保护设备既可以用于光伏阵列电缆，也可以用于太阳能控制器和电池之间，只要其容量合适，可以保护该光伏阵列的电缆。

AS/NZS 2033—2012《光伏阵列安装及安全要求》的4.3.6详细介绍了关于两种情况下额定电流的设置要求，分别是需要故障电流保护的光伏组串、子阵列、光伏阵列电缆和不需要故障电流保护的光伏组串、子阵列电缆。

表20.5列出了这些要求，电缆大小设定必须满足压降要求。

表 20.5 　　　　　　　　　　**光伏阵列电路的额定电流**

电　缆	决定电缆规格的最小电流
光伏组串电缆（无保护）	最接近下游保护装置的动作电流＋$1.25 I_{sc\ mod} \times$（光伏组串并联数量－1） 注意：最接近的下游保护装置是子阵列保护装置（通常是熔断丝），如没有，则为光伏阵列过流保护设备（通常是熔断丝）。
光伏组串电缆（有保护）	保护装置的动作电流
子阵列电缆（无保护）	以下两者中较大值：保护装置的动作电流＋$1.25 \times I_{sc\ sub\ array}$（子阵列数量－1）；$1.25 \times I_{sc\ sub\ array}$
子阵列电缆（有保护）	保护装置的动作电流
光伏阵列电缆（有保护）	保护装置的动作电流

【例】　一个光伏阵列由3个光伏组串并列而成。每个光伏组串包含2个串联组件，参数如下：$U_{mod}=24V$，$I_{sc}=5.4A$，$I_{mod\_reverse}=15A$。

光伏阵列电缆及熔断器规格是什么？

光伏组串的电缆规格是怎样的？满足压降要求吗？

光伏组串保护需要吗？如果是，是什么规格？

（1）光伏阵列熔断器。

熔断电流必须介于阵列短路电流的1.25倍和2倍之间，因此

$$最低熔断电流 = 1.25 \times 3 \times 5.4 = 20.25（A）$$

$$最高熔断电流 = 2.4 \times 3 \times 5.4 = 38.9（A）$$

熔断电流为30A。

（2）光伏阵列电缆。

如前所述，电路保护电流不能大于电缆的载流量值。

因此，选择电缆型号为：载流量为45A，横截面积$7.56mm^2$（表20.3）。

（3）光伏组串电缆（无保护）。

必须介于最近的下游保护装置（光伏阵列熔断器）的额定动作电流＋$1.25 \times$其他组串的短路电流之间，因此

光伏组串电缆规格＝30A(光伏阵列熔断器额定动作电流)＋1.25×2×5.4 (故障电流可来自其他两个组串)＝43.5A

根据以上表格，选择的电缆型号为：载流量为45A，横截面积7.56mm²。

光伏阵列和电池之间最大允许电压降 $U_d＝0.05×48＝2.4V$。

按照 AS/NZS 5033—2012《光伏阵列安装及安全要求》，光伏阵列和控制器之间的最大压降为3％。

假设光伏组串电缆的压降为1％，光伏阵列电缆的压降为2％，因此各自的最大允许的电压降为：

光伏组串电缆 $U_d＝0.01×48＝0.24V$，光伏阵列电缆 $U_d＝0.02×48＝0.48V$，且

由
$$U_d = \frac{2LIR}{A}$$

得
$$L = \frac{U_dA}{2IR} = \frac{0.24×7.56}{2×5.4×0.0183} = 9.18(m)$$

因此，最大长度为9.18m（组串到组串汇流箱），这适用于组串电缆。

由此，电压降的要求得到满足。

在这种情况下，通过光伏组串电缆的潜在故障电流大于 $I_{mod\_reverse}$。为了防火，组串电流保护装置是必要的。

（4）光伏组串电缆熔断（有保护）。

必须为模块的短路电流的1.5～2.4倍。

因此：　　　　最小的熔断装置规格＝1.5×5.4＝8.1A

最大熔断装置规格＝2.4×5.4＝13.1A

选择的熔断装置为10A。

（5）光伏组串电缆（有保护）。

最低载流量为10A。

因此选择载流量为15A、2.09mm²的电缆（表20.3）。由此可见，光伏组串电缆有保护时，所需的电缆规格低得多（因此较便宜），但是需要确保压降要求仍然满足。

由
$$U_d = \frac{2LIR}{A}$$

得
$$L = \frac{U_dA}{2IR} = \frac{0.24×2.09}{2×5.4×0.0183} = 2.54(m)$$

所以光伏组串电缆必须小于2.54m，以保证压降小于1％；如果压降容许值为2％，则该电缆将小于5.08m；如果压降容许值为3％，则电缆必须小于7.62m。

根据电路的最终布置，可能需要选择规格较高的电缆。

20.9　电池隔离

图 20.1 为一个在电池组和光伏阵列间进行隔离的布局图。

电池主熔断器应该安装在尽可能靠近电池顶部的下方（但是不在同一个机箱内）。

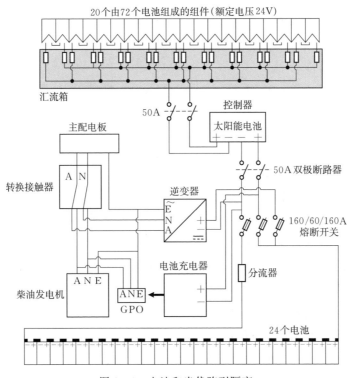

图 20.1　电池和光伏阵列隔离

20.10　支路保护

为避免使用熔断器或者断路器意外短路而造成损坏，应该对系统进行保护。没有特别说明的情况下，电池支路最大额定容量应为 20A。

每个次级电路或者支路应该在其原边进行单独保护，以防止由于熔断器或断路器引起过载和短路。熔断器或断路器具有的额定电流应该不小于被保护电路的最大需求电流，不小于任一对设备进行保护的过载保护装置的额定电流，不超过被保护线路的载流能力。

20.11　电池室布局

图 20.2 是一个推荐的电池室布局。它虽然不是进行安装时的唯一方式，但是它确实包含了安装的主要安全特性。

AS/NZS 4509.2—2012《独立供电系统　第 2 部分：系统设计导则》的初版中包含图

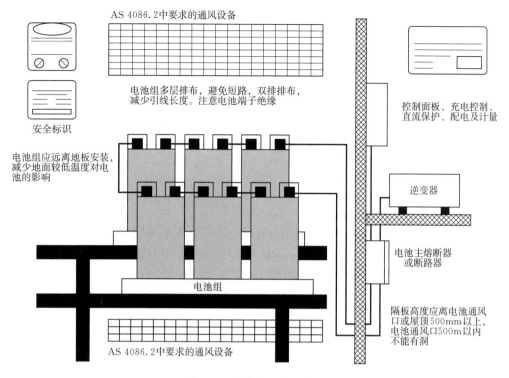

图 20.2 推荐的电池室布局

20.2。该版要求电池组应该安装在合适的电池外壳内，但对电池外壳的解读引起了业界的混乱，特别是当电池被安装在一个大的棚里时，用户是否仍然可以定义它为电池外壳。为了避免这种混乱，AS/NZS 4509.1—2009《独立供电系统 第1部分：安全与安装》给出了更加明确的定义。电池应该被安装在自己的外壳中，这个外壳可能是一个专用的外壳或者是一个房间，但如果电池只是安装在一个大的棚里面，那么它仍然需要有自己的"外壳"（即一个电池箱）或者在铁丝笼/房间里，标准里有关于铁丝笼/房间的技术说明。

20.12 接地

有两种类型的接地：主要载流导体接地（电气接地）和裸露的导电部件接地（保护接地或接合接地）。

接地首先是为系统提供一个电气接地参考。其次是提供雷电保护和故障电流的泄流保护路径。

20.12.1 载流导线的接地

根据 AS/NZS 3000—2007《布线规则》的 7.16 条款，超低压系统没有接地要求。然而在实际中，系统中的电能通常会转换为 240V 交流。如果系统中存在逆变器，240V 交流电必须按照 AS 3000—2007《澳大利亚布线规则》规程进行布线，而且必须按照国家监

209

管部门的要求由持证电工进行安装。

如果没安装合适的保护接地系统，一些逆变器控制商将不会为他们的产品提供保修。在某些情况下，超低压系统可能在供电点接地（如在电池处），在这种情况下，只需要将未接地电池的导线接地即可。

警告：

（1）便携式发电机和逆变器通常使中性点和接地导体共同接到接地框架上。当在一个MEN系统里使用时，这会导致多个接地路径，并可能在中性线内产生循环电流。

（2）持证电工应进行必要的检查和纠正。

20.12.2 裸露导电部件接地

在AS/NZS 5033—2012《光伏阵列安装及安全要求》的4.4.2中，如果所有阵列为ELV且所有电线均是双重绝缘，裸露光伏阵列的导电部件不需要接地。然而，通常建议易被触及的设备还是需要接地。AS/NZS 5033—2012《光伏阵列安装及安全要求》的图4.3是辅助正确选择设备接地策略的决策树。

20.13 防雷保护

AS/NZS 5033—2012《光伏阵列安装及安全要求》要求根据IEC 62305第2部分进行防雷评估，如果需要的话，应当根据IEC 62305的第3部分和第4部分进行安装。AS/NZS 5033—2012《光伏阵列安装及安全要求》的附录G包含了澳大利亚和新西兰的雷电密度图。系统设计者和安装者必须熟悉IEC 62305以确定是否需要在安装区域内配置防雷设施。

AS/NZS 3000—2007《布线规则》指出，防雷接地系统应该独立于房屋的保护接地系统。如果防雷接地和电气接地连接到一起，那么它不得减少电气保护接地系统的完整性。

除了最主要的防雷保护接地以外，其他的保护装置还包括压敏电阻、避雷器、空气隙放电器和火花隙避雷器。

尽可能将光伏组件安装在比建筑最高点低的地方。如果使用了安装框架，那么其有可能成为最高点，在这种情况下安装防雷保护则是必要的。

20.14 安全

虽然设计时可以竭尽全力来确保系统安装和安全运行，但真正的安全问题往往取决于用户/运营商。解决这个问题的方法在于设计和培训。系统设计应该易于进行维修，如导流罩等应易于更换。用户/运营商也应当充分地听取自己所需要知道的事情，以及有关设备维护的规定。用户/运营商有时会认为系统是离网运行的，所以他们可以在系统的任何部分工作，而实际情况却不是这样的。

国家工作场所健康和安全法规目前涵盖了广泛的现场工作实践。例如，在屋顶上的安全工作。所有的系统设计人员和安装人员必须了解所有OH&S要求的工作场所。如果不遵守会导致巨额罚款。

20.15　电池安全

详见 AS 4086.2《独立供电系统二次电池　第 2 部分：安装与维护》和 AS/NZS 4509.1—2009《独立供电系统　第 1 部分：安全与安装》。

应该在有可能产生危险的设备上贴上标签，应该在电池组上贴上标签来警告相关危险，如由于酸泄漏引起烧伤，由于使用工具靠近端子引起电击以及有可能流过导体的巨大电流。应该在设备区域的显著位置标识紧急状态和停产检修状态。

浸液式铅酸蓄电池应始终保持直立，电池电解液不得超过最大刻度，且电池需要安装在通风良好的地方。在涉及电池电解液工作相关的任何操作时应该使用护目镜和防护服。AS/NZS 4509《独立供电系统》指出，由铅酸蓄电池组成的电池组应该在其下方安装电池托盘，并且如果电池组落到托盘里，其能够容下一个电池中的电解液。

电池应设警示牌："电池爆炸的危险"和"电解液烧伤"等必须展示在电池区域的入口处。见 AS 4086.2《独立供电系统二次电池　第 2 部分：安装与维护》的 2.8 节和附录 B。

20.15.1　事故与急救

（1）皮肤接触：立即用清水冲洗接触处，并将受污染的衣物除去。如果有任何的疼痛或持续刺激请就医。

（2）眼睛接触：立即用清水冲洗接触处，至少冲洗 10min 并就医。

（3）食入：不要催吐（酸会向上再次烧伤经过的组织），但需要让病人喝尽可能多的水并就医。

20.15.2　电击伤

工具或导电物体在接触带电电池的端子或导体时，有可能会导致人出现烧伤，此外，火花和熔融金属有可能被弹出并点燃可燃物体。有可能受到充电设备和电池的严重电击，在电击的情况下请就医。

20.15.3　注意事项

如果需要使用工具对电池组开展工作时，请断开新能源输入并隔离电池组，从而保证无充电电流。

在使用导电工具对电池开展工作之前，应从手、手腕、脖子等处脱下个人金属装饰品，从而确保工具绝缘（这样就只有扳手的钳口暴露在外面，为防止扳手掉落在电池端子上，需用 PVC 胶带包裹扳手，也可用使用特殊设计的工具）。

习　题　20

1. 光伏阵列最大电流为 4A 的，电缆长度为 25m。如果电缆产生的电压降小于 5%，那么需要的最小电缆尺寸是多少？

2. 在安装的光伏阵列上使用 $16mm^2$ 的电缆，可产生的最大电流为 5.5A，与电池之间的长度为 40m。求电缆中的电压降。（使用公式 $U_c = \dfrac{1000U_d}{LI}$ ）

3. 系统电压 24V，如果要求电压降小于 5%，那么安装过程中使用的最佳电缆尺寸是多少？

4. 有时安装过程中使用载流能力比实际需要电流要大的电缆，这样做的原因是什么？

5. 在一个系统中，电池组的电压为 24V，逆变器的额定功率为 600W。如果逆变器的转换效率是 90%，则从电池流向逆变器的最大连续电流是多少？

6. 逆变器的最大间歇额定功率为 3000W。则逆变器和电池组之间的最大间歇电流是多少？逆变器和电池组之间需要的熔断器容量是多少？

第 21 章 系 统 安 装

21.1 澳大利亚标准

在澳大利亚，下面这些标准涉及在独立供电系统中所使用的相关设备的安装。所有安装人员都应该获得这些标准的复本并熟悉其内容。所有的安装应符合这些标准。

（1）AS/NZS 4509.1—2009《独立供电系统 第 1 部分：安全与安装》。

（2）AS/NZS 4509.2—2010《独立供电系统 第 2 部分：系统设计导则》。

（3）AS/NZS 5033—2012《光伏阵列安装及安全要求》。

（4）AS 4086.2《独立供电系统二次电池 第 2 部分：安装与维护》。

（5）AS 1768《防雷保护》。

（6）AS 3010.1—1987《电气安装 发电机组供电 第 1 部分：内燃机驱动装置》。

（7）AS/NZS 3000—2007《布线规则》。

（8）AS/NZS 3008《电缆选择》。

（9）AS 1170.2《结构最小设计荷载 第 2 部分：风荷载》。

21.2 安装准备

21.2.1 设备位置

安装系统之前，系统设计人员/安装人员和用户应该已经协商选定了所有相关设备的位置。安装人员应该制作一个平面图（架构图），用来展示出所有设备的安装位置和系统组件之间的测量距离。

21.2.2 图纸

所有图纸应包括图号、发布号、发布日期、批准/授权和公司名称。

系统的任何变更必须通过系统图纸的更新体现出来，由主承包商持有所有的图纸。所有由系统安装人员、维护承包商或系统所有者的图纸复本也必须进行更新。

（1）架构图和材料表。架构图是按比例绘制的安装视图，它显示所有设备的安装位置，包括照明和照明控制开关。另外需要准备一个材料表（材料清单），其包含所有需要的材料。

当开始报价时，需要准备好图表。材料表是材料成本报价的基础。报价时应该要提供一份架构图的副本，以确保各方对工作范围和提供的设备形成统一意见。此外，任何关于工作行为或设备供应的协议或限制，如工作和部分设备供应由当地电力承包商或系统所有者提供，都应该作为报价的一部分被涵盖进去。

（2）示意图（电路图）。示意图，经常被简称为电路图，提供电力系统电气运行的信息，不提供机械或位置信息。电路图使用澳大利亚标准符号进行绘制，仅用于了解电气功能。

（3）接线图。接线图通常太过复杂，一次只能对安装的一小部分进行详细描述。单元接线图通常用于构成电力系统的分立部件，如直流控制板或交流开关板。

以下是实际接线图带有的信息：

1）各组成部分的功能。

2）线路型号、尺寸和颜色。

3）单元的输入、输出电路。

随着数码相机的普及以及使用计算机软件来加入标签和注释的能力的发展，有可能使用一张照片来替代一个完整的接线图从而作为布线图的基础。

（4）框图和单线图。这些图通常用来描述设备或系统功能，既用来使系统所有者对电力系统运行有一个基本的了解，也可以被其他承包商用来进行具体工作。

例如，当电力系统中使用多个低压交流电源的情况时，单线图就可以为本地电力承包商提供详细的电气布线说明。

21.2.3 安装清单

独立供电系统通常是在偏远的地区，有可能离最近的城镇需要多个小时的路程，系统安装人员有可能需要几天才能到达那里。所以，安装人员准确地知道需要带什么工具和材料才能完成安装，并做好安装计划是非常重要的。

在去现场之前，建议安装人员列出一个清单，清单中应包含所有相关的设备，并确保所有的工具和设备都装载好并运输到现场。安装清单通常以估价时所做的材料表为基础。表21.1提供了一个安装清单的示例。

表 21.1　　　　　　　　安 装 清 单 示 例

编号	项目类型	不需要	具体信息	已确认
1	光伏组件：XYZ-90			
2	太阳能支架结构			
3	连接光伏组件和支架的硬件			
4	连接光伏组件和房顶的硬件（如果需要）			
5	光伏组件和太阳能调节器之间的电缆			
6	管道			
7	电缆/导管的紧固件			
8	太阳能调节器，型号ABC-40			
9	用于将控制器固定到墙上的紧固件			
10	光伏组件/控制器之间的熔断器/断路器			
11	电池，型号BBB400			
12	木材（如果电池安装在地板上）			

编号	项目类型	不需要	具体信息	已确认
13	电池架/支架（如果需要）			
14	电池箱（如果需要）			
15	端子覆盖物（如果需要）			
16	控制器和电池之间的电缆			
17	电缆连接到电池的接头或紧固件			
18	逆变器，型号 INV-5000P			
19	电池和逆变器之间的电缆			
20	电池充电器（如果分开的）			
21	充电器和电池之间的电缆			
22	发电机			
23	发电机和逆变器之间的电缆			
24	燃料箱			
25	系统熔断器或开关熔断器			
26	电池棚/电池房的照明等			
27	灯开关			
28	控制器/电池和灯之间的电缆			
29	灯/开关的紧固件			
30	照明电缆的紧固件			
31	安装工具			
32①	安全护目镜			
33①	皮革手套			
34①	水洗瓶			
35①	小苏打			
36①	水桶			

① 强制性安全设备，建议技术人员准备的一份清单。

21.3 设备安装

本节总结了关于系统各个组件安装的主要标准。安装人员必须遵循澳大利亚的相关标准（21.1 节中已列出），并在进行安装时，遵循特定设备制造商的建议。

21.3.1 光伏阵列

通常情况下，光伏阵列的安装应该满足如下几种情况：

（1）在南半球安装时面向正北±5°，在北半球安装时面向正南±5°。

（2）安装在上下午都能有 4h 光照的地方。

（3）安装在尽量少受到树木遮蔽的地方，建议需要时对树木进行截枝或修剪。

（4）建造和安装需满足风荷载标准。

（5）安装时，任何不同的金属不能连接，从而减少电解。

21.3.2　风电机组

通常情况下，风电机组的安装应该满足如下几种情况：

（1）安装在由于地理特征而引起的盛行风加速最快的地方。

（2）装在适当高度的塔架上，并安装在没有障碍物和植被的地方，以避免湍流，即各个方向均畅通无阻的地方。

（3）安装在易于上下塔架的地方，以方便维修，并需要有允许车辆进出的通道。

（4）如果有支撑点和牵索，必须遵循制造商的建议，并由受过适当训练的人进行安装。

（5）牵索应该有明显的标志，以防止与人或车辆发生意外碰撞。

风电机组的选址和安装需要专业的知识和技能，应该由有足够训练和经验的人进行操作。

21.3.3　微型水力发电机组

通常情况下，微型水力发电机组的安装应该满足如下几种情况：

（1）由经过适当培训的人员进行安装，并得到设备供应商的批准。

（2）安装在高于洪水水位的地方。

微型水力发电机组的选址和安装需要专业的技术和技能，应该由有足够训练和经验的人进行操作。

21.3.4　电池组

通常情况下，电池组应根据 AS 4509.2—2010《独立供电系统　第 2 部分：系统设计导则》和 AS 4086.2《独立供电系统二次电池　第 2 部分：安装与维护》的所有建议进行安装。应特别小心，保证电池组满足如下条件：

（1）应安装在通风良好的房间或机柜内。

（2）应安装在对电池进行机械保护的房间或机柜内。

（3）应被安装在能避免阳光直射和尽量保持低温的地方。

（4）端子应有绝缘保护从而避免发生端子短路的意外。

（5）产生电弧的设备（断路器等）应该安装在远离氢气容易积累的地方。

（6）富液式电池需要安装在耐酸的托盘上，同时该托盘需要能够盛住至少一块电池的全部电解液（电池置在托盘上）。

氢气浓度必须保持在 2% 容量以下。为了计算排气通风率，可以使用 AS 4086.2《独立供电系统二次电池　第 2 部分：安装与维护》中的公式

$$q_V = 0.006nI$$

式中　q_V——最小排气通风率，L/s；

n——电池单元的数量；

I——用安培表示的充电率，A。

自然通风是首选，但是，如果自然通风不能实现的话，可以使用上述公式计算机械通风需要达到的最小排气通风率。

如果使用自然通风，为获得所需的排气通风率而需要的通风口尺寸可以使用下面的公式计算

$$A = 100q_v = 0.6nI$$

式中　A——通风口最小面积，cm^2。

【例】　用户需要一个最大充电电流为 80A 的 24V 系统（12 组电池）的自然通风量。需要的通风口面积为

$$A = 100 \times q_v = 100 \times 0.006 \times 12 \times 80 = 576 （cm^2）$$

通风口最小的尺寸应为 24cm×24cm（或者 18cm×32cm 等）。

21.3.5　逆变器

通常情况下，逆变器的安装应满足如下几种情况：

（1）安装在无尘环境中。

（2）应该安装在尽可能不因外界环境温度使逆变器温度过高的地方。

（3）安装的地方需要有机械支撑。

21.3.6　电池充电器

电池充电器的安装应满足如下条件：

（1）应按照 AS/NZS 4509.1—2009《独立供电系统　第 1 部分：安全与安装》中的要求进行永久连接（不允许使用鳄鱼夹）。

（2）应该安装在尽可能不因外界环境温度使电池充电器温度过高的地方。

（3）安装的地方需要有机械支撑。

21.3.7　发电机组

发电机组应安装在一个单独的房间或库棚里，该房间或库棚只包含发电机组及其配套设备，如控制器、燃料箱等。以下是一些要点：

（1）燃烧和冷却的空气供应。空气是燃烧和冷却过程中必不可少的。经验表明，冷却需要的空气量是燃烧的 6～8 倍。进气口和出气口的安装应该使得空气易于从设备的上方流动。空气在到达空气过滤器时应尽可能保持冷却。在环境中灰尘过多的时候，可能需要添加额外的进气过滤装置。冷却风扇/风口不要面对主风向，以便减少尘埃和灰尘的进入。

（2）燃料供应。根据设备的尺寸大小，燃料箱可能是一个小的重力进料装置、一个基本安装单元、一个外部的常用油箱或者一个地下油箱。燃料存储是国家法规和地方法规关注的问题，也是澳大利亚标准关注的问题。任何时候进行安装时都必须遵守相关规则。

（3）排气。如果排气的流量受到限制，背压将会限制发电机的功率输出。排气管管径应与长度相匹配，如果考虑管子的弯曲部分，还需要增加管子的直径。如果排气管安装在

固定的结构上，必须使用柔性接头从而避免管路受发动机振动的影响。

由于发热会使发电机功率下降，那些毗邻发电机组的排气部件需要用耐热材料进行防护。

（4）机械和排气噪声。来自发电机组的噪声包括机械噪声和排气噪声。为了降低机械噪声，必须使用消音材料来阻挡机组室内发出的声音。通常在通风口和出风口处安装可衰减噪声的百叶窗。排气噪声可以通过安装消声器进行减弱。减弱的程度取决于消声器的标准（和成本），排气的方向也会影响噪声水平。

（5）电池系统。启动电池必须有足够的能力在冷启动条件下启动发动机，有时需要能够多次启动。

（6）辅助电气设备。电气安装必须由有执照的电工进行操作，安装时需要断路器，且需安装能在 12/24V 系统和 415/240V 系统进行工作的仪器。

（7）地基。地基通常是混凝土板，能够承受至少 1000 磅/平方英寸的重量，这个重量通常情况下是设备质量的 3 倍。

21.3.8 安全设备

系统安装应包括所有相关的安全设备，并按照相关标准进行标识。典型的标识如下：

（1）遇明火、火花和吸烟有电池爆炸危险（AS/NZS 4086.2《独立供电系统二次电池　第 2 部分：安装与维护》）。

（2）电解烧伤警告（AS 4086.2《独立供电系统二次电池　第 2 部分：安装与维护》）。

（3）高电压（如果适用）。

（4）发电机自动启动警告（AS/NZS 4509.1—2009《独立供电系统　第 1 部分：安全与安装》）。

（5）系统关机程序。

（6）系统重连程序。

AS/NZS 5033—2012《光伏阵列安装及安全要求》还指定了光伏阵列接线盒、主开关和其他的开关装置必须使用的标志。在附录 G 中可以找到相关示例。

应包括的安全设备有：洗眼瓶，小苏打，蓄水，护目镜和手套。

21.4　调试

在系统连接到用户的负荷之前，如配电柜等，每一个设备都必须进行测试，以确保其能正常工作。必须进行布线连接测试，以确保布线正确而没有极性问题（如电池端子反向、有源接线连接到中性点）。单个设备的测试必须按照制造商的建议进行。测试结果需进行记录并体现在提供给客户的文档中（见 21.5 节）。

测试至少应包括以下内容：

（1）测量各组串的输出电压以保证电压的正确性。

（2）测量电池的电压。

（3）测量发电机组的输出电压和频率。

（4）测量风电机组的输出功率。

（5）测量微型水力发电机组的输出功率。

（6）测试所有的调节器的功能。

（7）测量逆变器的输出电压和频率，测试逆变器控制器的功能。

（8）测量系统中所有主要节点的电压以确保电压降没有超出范围。

此外，必须测试全部系统是否能够正确运行。建议安装人员准备一个由安装人员签字的标准调试清单，并给客户提供一份复本。

21.5 系统文件

在安装完成时，设计人员/安装人员应给客户提供一份系统手册，最少要包括如下项目：

（1）设备供应清单。

（2）系统性能评估/保证。

（3）系统和组件的操作寿命。

（4）紧急情况和维修时的关机和隔离程序。

（5）维修程序和时间表。

（6）调试记录和安装清单。

（7）保修信息。

（8）能源使用量初步估算。

（9）系统连接图。

（10）设备制造商的文档和手册。

此外，应提供维修记录，这将会在第22章中进行更详细的介绍。

第22章 系　统　维　护

22.1　概述

本章简要概述了一个独立供电系统所需要的维护。本章中的信息是普适的，并且应需要始终遵循厂家对其产品的维护建议。本章还简要概述了维护过程的程序。

22.2　维护计划和日志

在系统安装和调试完成时，维护时间表和设备日志应作为文档的一部分提交给用户。本章提供了主要设备的维护周期和记录。

活页文件夹可以用作系统日志簿，为每个项目添加单独的工作表。在不同承包商使用的情况下，如柴油技工对发电机进行维护，通常使用单独日志。所有的维护承包商必须对服务和维修工作进行记录。副本必须由用户保留，在分包的情况下，由主维护承包商保留。

日志簿是非常有用的，因为其中包含的历史信息可以显示随时间的变化情况，以及与正常情况相比的异常变化，从中可以发现问题，或者可能要出现的问题。

22.2.1　发电机

应注意主要制造商也会提供有用的维护信息。在独立系统中，发电机组正常运行的情况下，发电机组通常是需要最多维护的设备。发电机组制造商应该提供维护计划，且该维护计划与发电机组的运行小时数相关。如下所示是一个发电机的维护计划示例（查阅制造商手册）：

（1）每100h更换机油（如需延长运行时间可适当延长该时间）。

（2）每250h更换空气、机油和燃油滤清器。

（3）每5000h发动机大修。

（4）每20000h更换发动机。

如果发电机组采用水冷方式，那么软管和冷却液需要定期更换。

表22.1为一个发电机维护的日志示例（注意：更改时需标记）。

表22.1　　　　　　　　　　　发电机维护日志

日期	发电机总运行小时数	换油	燃油滤清器	机油滤清器	空气滤清器	备注

22.2.2 电池

一般情况下，电池是独立供电系统中维护次数仅次于发电机的元件。电池是很危险的，所以需确保所有的工具都适合进行维修，而且房间需要保持良好的通风，在进入房间前确保房间内无积聚氢气。

维护需在合理的时间间隔内进行。除以下情况，电池至少需每6个月进行一次维护：

（1）初始安装后，建议每月测量一次电解液比重（浸液式铅酸蓄电池），以确保系统进行充分充电。一旦用户满意，就可以同其他设备一道进行维护。

（2）一些浸液式铅酸蓄电池可能需要每月或每季度对电解液水平进行检查。

电池组维护包括以下方面：

（1）读取并记录电解液密度和比重（富液式电池）。

（2）检查并记录电池电压。

（3）检查电解液液位，必要时补足并记录用水量。

（4）出于安全和防腐考虑，检查所有电池连接和电缆端子。

（5）对电池或容器进行机械损伤检查。

（6）清洁电池和电池区域。

表22.2为一个电池维护的日志示例。

表 22.2 电 池 维 护 日 志

项目		日期1	日期2	日期3	日期4
电池电压					
环境温度					
电池单元1	比重				
	电解液温度				
	校正后的比重				
	电池单元电压				
……					
电池单元 x	比重				
	电解液温度				
	校正后的比重				
	电池单元电压				
连接是否完好					
电池情况是否正常					
备注					

22.2.3 光伏阵列

光伏阵列应进行以下维护（括号内是澳大利亚标准中推荐的时间间隔）：

（1）清洁组件（每季一次）。

（2）检查光伏阵列结构的机械安全（每季一次）。

（3）检查所有电缆的机械损坏（每季一次）。

（4）检查光伏阵列每个光伏组串的输出电压和电流，并与现有条件下的期望输出进行比较（每季一次）。

（5）检查电气接线是否存在松动连接（每年一次）。

（6）检查调节器的运行情况（每年一次）。

日志簿中应包括光伏阵列的维护日志表，见表22.3。

表 22.3   光 伏 阵 列 维 护 日 志

日期	清洁组件	光伏阵列结构没问题	光伏阵列布线		输出		调节器运行	备注
			机械的	电气的	电压	电流		
	☐	☐	☐	☐			☐	
	☐	☐	☐	☐			☐	
	☐	☐	☐	☐			☐	
	☐	☐	☐	☐			☐	

22.2.4   风电机组

风电机组需要定期维护，遵循制造商的维护建议是非常重要的，风电机组应进行以下维护：

（1）确保塔架的机械完整性，即线缆、螺栓等的连接没有松动。

（2）润滑或更换发电机轴承。

（3）确保风电机组叶片和尾部的机械完整性。

（4）检查风电机组的电气连接。

（5）检查调节器/控制器的运行情况。

风电机组维护记录表的示例见表22.4。

表 22.4   风电机组维护记录表

日期	塔架结构完整性	轴承润滑/更换	叶片和尾部的机械完整性	电气连接完整性	调节器/控制器运行	备注
	☐	☐	☐	☐	☐	
	☐	☐	☐	☐	☐	
	☐	☐	☐	☐	☐	
	☐	☐	☐	☐	☐	
	☐	☐	☐	☐	☐	

22.2.5   微型水力发电机组

微型水力发电机组是一个机械装置，需要进行维护，但是由于与风电机组承受的机械应力不同，因此轴承可以持续更长的时间（大约5年）。维护的主要内容是确保进气过滤器保持清洁。

遵循制造商的维护建议是非常重要的，微型水力发电机组应进行以下维护：

（1）清洁进水口过滤器。

（2）润滑/更换发电机的轴承。

（3）确保涡轮机叶轮没有机械损坏。

（4）检查喷嘴，如果有必要则进行更换。

（5）检查进水口和涡轮之间管路的工作情况。

（6）检查涡轮的电气连接。

（7）检查调节器/控制器的运行情况。

微型水力发电机组维护记录表的示例见表 22.5。

表 22.5　　　　　　　　　微型水轮机维护记录表

日期	进水口 过滤器清洁	轴承润滑/ 更换	叶轮检查	喷嘴检查	管路检查	电气连接	调节器/控 制器检查
	☐	☐	☐	☐	☐	☐	☐
	☐	☐	☐	☐	☐	☐	☐
	☐	☐	☐	☐	☐	☐	☐
	☐	☐	☐	☐	☐	☐	☐
	☐	☐	☐	☐	☐	☐	☐

22.2.6　逆变器

逆变器一般很少需要维护，一般涉及以下几项：

（1）保持装置清洁，尽量减少灰尘进入的可能性，需要时进行清洁。

（2）确保昆虫和蜘蛛不能进入装置。

（3）确保所有的电气连接保持清洁并牢固。

22.2.7　调节器

调节器同逆变器一样，都是由电子元件组成，一般很少需要维护。通常涉及以下几个方面：

（1）保持装置清洁，尽量减少灰尘进入的可能性，需要的时候进行清洁。

（2）确保昆虫和蜘蛛不能进入装置。

（3）确保所有的电气连接保持清洁并牢固。

市场上的许多电压调节器现在都具有系统数据记录和下载功能，允许系统数据和系统历史特性下载到本地计算机上，或者有一些下载到门户网站上。这种数据整理的好处是能够提供系统的运行趋势及长期的运行性能。它还提供了了解系统目前的运行特性和潜在问题的窗口，这些问题可能包括系统设备运行不符合预期，或是由于功耗模式和容量与最终设计的负载不匹配。

这些选项通常作为调节器的一个额外的基本功能，但应视其为系统信息和故障排除潜力的一个宝贵来源。

22.2.8 系统完整性

上述的维护检查涉及系统中的各个单独组件。作为一个系统的各个组成部分，它们之间是通过电力电缆和控制电缆连接起来的。因此，在进行任何设备维护时应在整个系统中进行一次视觉检查，以确保系统的性能和安全运行没有潜在的威胁，这是非常重要的。通常情况下，这只是应用常识，但是如果系统在进行安装时有如下几种情况，那么就有可能埋下了一些潜在的危害：

（1）客户以有潜在威胁的方式在电池外壳内放置其他工具。

（2）锁坏了从而导致动物等进入关键设备，如逆变器。

（3）电缆导管损坏。

第 23 章　故障排除和故障查找

23.1　概述

本章简要概述了在一个独立供电系统中如何进行故障排除和故障查找。

必须充分意识到，故障排除和故障查找是非常实用的技能，不能仅仅在书本上教授。本章介绍了一些有用的指导原则和方针。可通过以下方面培养这项技能：

（1）深入了解各个部件是如何独立进行工作的，以及系统整体是如何进行工作的，其中包括与用户之间的交互。

（2）制造商关于各个部件的培训。

（3）工作经验。

（4）使用常识、逻辑和直觉预测系统状态。

本章概述了简化故障查找过程的流程，以及故障调查时需要遵守的一般程序。一旦故障定位在某个设备的特定部分，应该遵循制造商的文件或口头建议。

23.2　发电机组

本节介绍了关于发电机组故障查找的内容。然而，这个领域非常复杂，需要大量的培训和经验。检修和维护发电机需要的各种技能包括以下内容：

（1）具备关于各种燃料类型（如石油和柴油）的发电机及其运行的机械维护技能。

（2）具备关于发电机及其控制系统的电气技能。

下面对发电机组系统可能发生的常见故障进行了简单的总结，其根据发电机组的不同部分进行划分。关于发电机组的特定制造和型号以及何时让外部专家介入方面需要对技术人员进行培训。

23.2.1　发电机组引擎

发电机组不能启动，可能的故障包括：平板电池，燃油管路堵塞，燃油耗尽，燃油管路中有空气进入（柴油发电机组）。

发电机组能启动，但运行不顺畅，可能的故障包括：空气滤清器过脏，燃油过滤器过脏，燃油过脏。

23.2.2　交流发电机

无交流输出，可能的故障包括：电压调节器故障，定子或转子等绕组烧坏。

有交流输出，但电压不正确，可能的故障包括：低转速，电压调节器故障或电压调节器设置不正确。

有交流输出，但频率不正确，可能的故障包括：调速器工作异常。

交流电压间断或不稳定，可能的故障包括：电压调节器故障。

23.2.3 发电机组控制

一般情况下，发电机组都有一个控制系统，该控制系统可以监测电压、频率、发电机转速和油压等。如果发电机组退出运行，在重新启动之前，需要首先对发动机或交流发电机进行检查。在某些情况下，可能是控制系统有故障，如油压传感器故障或控制板故障，但这并不常见。

23.3 电池

从经验来讲，许多系统问题是由于电池连接松动或者脏污或腐蚀的端子造成的。通常情况下，当用户停电并产生电压过低的情况时，维修人员需要对电池进行测试。

对电池组进行测试推荐使用下列测试步骤，并给出了发现故障时安装人员/维修人员应采取的措施。

（1）检查所有的端子连接是否紧固和清洁。

（2）在电池组输出端子测量电池电压，负荷端空载或轻载。如果电池组的输出端子电压没有问题，则故障可能存在于与负荷或充电装置的接线中，否则故障仅可能在接负荷时出现。

（3）测量每个独立电池单元的电压。电池单元之间的差异过大可能表明充电不足或者某些电池单元存在问题。

（4）如果使用的是富液式电池，应测量每个电池单元的比重。如果电池组的比重没有问题，则故障可能存在于与负荷、充电装置之间的接线中，否则故障仅可能在接负荷时出现。电池单元之间的差异过大可能表明充电不足或者某些电池单元存在问题。

（5）使用经验法则可对阀控式电池进行快速检查，该法则是比重＝开路电池电压－0.84。对于含有2个或更多电池单元的模块，模块的电压应除以电池单元的个数。

（6）如果在空载或轻载的情况下，电池电压和比重都没有问题，则需要对重载情况下的电池单元电压进行测量。某个电池单元有可能只在有负荷的情况下出现短路问题。

（7）通过将大负荷连接到逆变器，可以进行现场的负荷测试。必须禁用所有的自启动发电机，并且所有的充电电源都必须断开。故障电池单元的电压会迅速下降。如果所有的电池电压都发生崩溃，则需要更换整个电池组。同时这也是逆变器的一个很好的测试。

23.4 光伏阵列

如果光伏阵列在相似的光照条件下，不能产生与以往相同的电流，通常是出现了以下几种情况：

（1）光伏组件由于某些原因被遮挡，例如树木生长。

（2）光伏组件全部或部分布满灰尘、鸟粪等，或者遭到损坏。

（3）布线系统存在连接松动，或者电缆发生故障。

（4）调节器发生故障（见1.2节）。

（5）某些光伏组件中的二极管失效。

（6）光伏组件老化（如分层）。

（7）光伏组件失效。

系统检查按照以下顺序进行：

（1）查找光伏组件上的脏物或者遮挡电池板的物体。

（2）检查调节器的运行情况（见1.2节）。

（3）如果既没有物体遮挡光伏组件，调节器也没有问题，那么维修人员必须找出故障是出在光伏组件上还是在连接线上。

（4）如果有主接线盒，检查是否有接线松动。

（5）检查每个光伏组串的输出。这将会缩小搜索范围。

（6）比较每个光伏组串的开路电压、短路电流和有载情况下的电流输出特性。可以用轻负荷进行测试（大约1A）。一旦找到有问题的光伏组串，可以用同样的方法找出此光伏组串中有问题的光伏组件。

（7）如果确定问题是出在光伏组件上，可以通过依次遮挡每个光伏组串上的光伏组件并观察电流表的读数，从而找出有问题的光伏组件。当对光伏组串进行遮挡时，其中某一组串相较于其他组串对光伏阵列的输出电流不产生影响或影响较小时，那么该光伏组串就很有可能存在问题。接下来依次遮挡存在问题的光伏组串中的每块光伏组件，就可以找出哪一块光伏组件存在问题，或者如果光伏组件没有问题，则问题出在连接线上。

（8）调节器的投入和切除运行会使测试过程变得复杂。通过在电池未完全充满时进行该测试，或者让系统重载从而使调节器经常运行在超过光伏阵列的最大电流的情况下进行测试，则可以解决调节器投入和切出的问题。

23.5 风电机组

风电机组的一些故障是相当明显的，如叶片或机身损坏而需要进行维修。

一般情况下，如果风电机组没有功率输出，首先应该检查调节器的性能，以确认此时调节器是否收到风电机组的功率信号。如果调节器的功率输入信号正常，那么故障就有可能是在调节器上，需按照供应商/制造商建议的程序进行检查。如果调节器没有接收到功率，而风电机组此时却正在以合适的转速旋转以输出功率，那么故障就可能出现在风电机组和调节器的接线上或者风电机组的绕组中。也可能是发电机的滑环和电刷有问题。

在停止风电机组检查绕组和电刷之前，需要首先检查风电机组的电缆是否存在问题。

23.6　微型水力发电机组

微型水电机组发生的最明显的故障是不发出任何电力。大部分高质量的水轮机都会有显示电压和电流的面板。当电压、电流明显偏离正常值，或者听不到涡轮旋转的声音时，用户会首先注意到问题。

以下是可能会发生的常见故障：

（1）入水口被树叶、垃圾覆盖，从而导致到达水轮机的水流不足。

（2）进水管道损坏。

（3）水轮机内的进水阀或进水喷嘴被堵住。

（4）水轮发电机的绕组烧毁。

（5）直流单元的整流器发生故障，所以只产生交流电不产生直流电。

（6）调节器有故障，电能不能供应到负荷。

上述是微型水力发电机组可能发生的主要故障。当机组运行时发出噪声则通常意味着轴承存在故障。

23.7　逆变器

混合供电系统中通常使用的逆变器是由微处理器控制的，且非常复杂。逆变器的主要作用是将电池的直流电压转变为240V的交流电（或者更大系统中的3相415V交流电）。很明显，如果逆变器不能提供交流电压，则说明其存在问题。

一个简单的连接松动，或者断路器故障，或电源板故障都可能导致逆变器发生故障。此外，许多混合逆变器对整个系统进行控制，所以其发生故障可能不在于其不能提供交流电，而是会导致整个系统控制失效。

进行故障查找的技术人员必须对逆变器及其运行非常精通。当然，首先应该检查那些容易发现的故障，如断路器或熔断器跳闸，或者设备过热的迹象，如是否有烟产生，是否有烧焦或熔化的部分。在比较远的站点，制造商可能更愿意提供电话咨询。

23.8　调节器

目前许多使用的调节器是微处理器控制的，在调试的过程中可能会需要进行大量的编程工作。因此，系统安装人员或维护人员需要对已经安装或正在测试的调节器非常精通，这一点至关重要。

经验表明，调节器运行出现的问题多数是由于安装人员的程序错误造成的，而不是由调节器本身的故障引起的。

需要对太阳能调节器进行测试的系统故障主要如下：

（1）电池电压低，但光照条件很好。

（2）用户投诉的由于电池电压过低或过高引起的逆变器或其他设备关闭。

（3）记录太阳能输出电流的仪表全天都不显示电流。

（4）调节器已经完全坏了，调节器的指示灯、仪表等均不工作。

在测试调节器是否工作之前，需要进行如下两项试验：

（1）测量调节器侧与电池连接的端子处的电池电压。

（2）测量调节器侧与光伏阵列连接的端子处的光伏阵列电压。（确保所测量的为光伏阵列电压，而不仅仅只是接到调节器端子的电池电压；在必要时隔离调节器的一端）。

如果所测量的两处均没有电压或者电压很低，那么故障就不是发生在调节器处，而是发生在系统中的其他某处，如调节器、电池或光伏阵列的故障连接处。如果两组端子的电压都正常，而且怀疑调节器有故障，那么通常只有如下两种可能：

（1）开路故障（如太阳能不能输入到电池）。

（2）闭合故障或短路（如不对太阳能进行调节而直接输送给电池）。

对上述可能发生的故障进行测试的最简单方法是关闭调节器（先断开光伏阵列，再断开电池），等几分钟后再重新打开调节器（先连接电池再连接光伏阵列）。如果电池电压在额定值附近，而光伏阵列的端子仍然显示光伏阵列的开路电压，或者电流表显示没有充电电流，则说明调节器已经发生开路故障。

然而，测试调节器是否发生闭合故障的唯一方法是给电池充电，直到电压达到升压电压，然后观察调节器是否进入浮充模式。

如果调节器发生故障，通常不进行维修而是直接更换。

23.9　系统完整性

以上关于故障查找的内容简述了各个设备的常见故障。通常情况下用户抱怨为什么停电时，通常是由于以下原因：

（1）任何一个（或多个）特殊设备故障。

（2）系统各部件之间的连接线故障。

（3）用户的用电量超过系统的最初设计值。

最后一点应该不会导致独立供电系统故障，因为混合控制器应该已经启动发电机进行能量供应。但是，第3种情况可能会使用户抱怨发电机运行时间太长。

通常情况下，开发一个故障排除流程图，将所有列出的设备都加进该流程图，并添加所使用的特定设备的详细特性，这将是一个非常好的做法。必须区分哪些工作是用户自己可以安全操作的，哪些工作需要合适的专业人员进行操作。

建议系统维护人员针对每个设备都进行单独的培训，从而熟悉设备，以便在故障发生时能够给用户提供优良的服务。

第24章 经 济 因 素

24.1 概述

风能、太阳能和水能是最为大众所熟悉的最常见的新能源形式，它们是能够免费获得的能源，因此，人们通常认为这些能源提供的电能同样应该是免费的，或至少是很有竞争力的入网定价。但事实是搭建一个独立供电系统是需要投入费用的，然后才能开始使用这些"免费的"能源。电力设备如光伏组件、逆变器以及电池的安装和平衡系统（BOS）的成本是很高的。

相反，从传统能源（煤炭、石油、天然气、液化气等）获得的电力不是免费的（需要持续地购买燃料），但是建立一个使用这些能源的系统的花费却远低于建立一个使用新能源（如太阳能）的系统所需的花费。

人们购买新能源独立供电系统的原因包括如下几方面：

（1）主电网电源难以获得或者与其连接花费太多。

（2）经济效益。

（3）环境因素。

（4）电网安全或功率调节。

有些消费者只在决定是否购买独立供电系统时才考虑经济利益。如果消费者做出购买决定的主要是出于经济因素考虑的话，那么满足这些消费者需求的新能源产业将来的发展会发生变化，因为有时市场会发生下述变化：

（1）市场引入退税和激励机制从而鼓励人们购买新能源系统，当这些刺激政策慢慢退出时，市场需求将会降低。

（2）新能源系统产品的成本可能会发生比较大的变化，这会影响到人们购买该系统的经济基础。光伏组件是新能源产品价格波动的一个最典型的例子。

应该向消费者解释独立供电系统的经济性，以确保在系统报价中单独对所有相关的退税、上网电价和新能源证书等进行了解释和详细说明，与系统设备和安装报价区别开来。

在考虑一个并网型光伏系统的经济可行性时，有两个基本的财务模型：简单回报期和生命周期成本。

24.2 简单回报期

24.2.1 简单回报期估算

研究独立供电系统经济性的简单回报期方法是最容易理解的方法，尽管可能不是最有

用的方法。但人们通常对安装的回报期感兴趣。简单回报期的计算式为

$$T = \frac{C}{S}$$

式中　T——回报期，年；

　　　C——光伏发电系统的初始成本，即扣除退税、信贷等之后的净资本成本；

　　　S——无需购买电力每年节约下来的成本。

在一个独立供电系统中，C 代表最初的购买价格，而 S 代表无需购买电力每年节约下来的成本。在购买独立供电系统是作为取代使用大电网的情况下，S 只是一个假设的数字。在这种情况下，同样也会节约资金成本。

下面的例子用简单回报期来描述系统的经济可行性。

【例】　功率为 1kW 的光伏独立供电系统每年产生的电量约为 1200kW·h。包含增值税在内，目前系统本身以及安装成本的价格范围为 4000~8000 美元，假设取中间值 6000 美元。如果居民用电的平均成本是 0.25 美元/（kW·h），则一年将节约 300（1200×0.25）美元。简单回报期为

$$T = \frac{6000}{300} = 20（年）$$

用户必须决定是否能够接受 20 年的投资回报期。上述的平均电价成本已经计入当前的单价，因此，如果未来电价上涨，则需要修订投资回报期的计算。

【例】　功率为 5kW 的风电独立供电系统购买和安装的成本为 18000 美元。而使用大电网的成本是 32000 美元。对于消费者来说，经济因素对于选择独立供电系统非常重要。相比于使用大电网的费用，独立供电系统能够为消费者节省 14000 美元的成本。另外潜在和持续性的节约和成本如下：

初始购买价格：节省 14000 美元。

未来系统花费：系统维护和部件更换的设备等。

（1）电池：在 8~10 年内进行更换，6000 美元左右。

（2）控制器：在 3~5 年内进行更换，500 美元左右。

（3）逆变器：在 5~10 年内进行更换，3000 美元左右。

（4）定期进行系统维护，每年 500 美元左右。

基于上述示例，如果系统运行超过 10 年，更换原料费用和维护费用总共约 15000 美元。15000 美元这个数字应该与使用大电网的预估的能源成本进行比较。

用户需要提供一个估计的日耗电量数据，从而对超过 10 年时间的独立供电系统的花费与使用大电网的预估花费进行一个合理的比较。

24.2.2　小技术证书（STC's）

澳大利亚政府为容量小于 100kW 的太阳能、容量小于 10kW 的风电和容量小于 6.4kW 的微型水力发电等新能源的安装发布小技术证书。不同的新能源技术（如光伏、风电、水电、太阳能热水器等）所用的乘数是不同的。新能源证书（REC）模型如下：

（1）澳大利亚通过邮编划分为四个区域来计算 REC。

（2）所有符合条件的系统（以及可用的 REC）都在清洁能源监管机构的网站上（http://ret. cleanenergyregulator. gov. au/）。

（3）不同区域有不同的 REC 权重，例如在 1 区的一个系统可能收到与在 2 区安装同样的系统不同的 REC 数目。

（4）根据邮编的不同，不同的新能源技术具有不同的权重。

（5）符合条件的 REC 可以在 REC 市场上进行最长期限的销售，如"推定期"。根据所使用的新能源技术，推定期会发生变化。

24.2.3　STC 和光伏系统

（1）光伏系统的推定期最大是 15 年。

（2）一旦计及 STC 的数目，不大于 1.5kW 的光伏系统就会吸引太阳能信用乘数。

（3）为一个特定地区计算 STC 值的方法为：系统容量×位置代码（基于邮政编码）×当前 REC 值×推定期。

【例】　利用前述示例中的光伏独立发电系统，计算系统的可用的 STC 的价值。

目前 REC 的市场价值为 30.00 美元。

系统容量：1kW（适用于乘数的系统被限制在安装的峰值功率不超过 1.5kW）。

推定期：光伏系统的最大推定期为 15 年（可细分为 3×5 年，但太阳乘数只适用于第一个 REC 销售）。

位置代码：3 区为 1.38，如悉尼。

STC 的价值为

$$1 \times 1.38 \times 30 \times 15 = 621（美元）$$

【例】　考虑 STC 的价值后，计算示例系统修订后的投资回收期。

6000 美元的系统能够从清洁能源监管机构获得的 STC 价值为 621 美元，所以修改后的净成本为 5379 美元。根据采用光伏系统发电每年所能节省下来的预估电量得到修订后的投资回报期为

$$T = \frac{5379}{300} \approx 18 （年）$$

24.3　生命周期成本

电力是根据单位时间内的电量供应进行计价的，如每千瓦时的美元数 ［＄/(kW·h)］，因此需要确定并网光伏系统每 kW·h 的成本。这可以通过计算生命周期成本来获得。

为了对光伏系统的成本进行更详细的分析，进行生命周期成本分析是很有必要的。这听起来很复杂，但是进行生命周期比较只是简单地确定系统整个生命周期内的运行费用，并将所有的费用转化为用当今货币所代表的价值。

要完成这项任务，需要以下步骤：

（1）确定设备的所有安装资金成本。

（2）确定与各个设备相关的运行和维护成本。

（3）确定设备的寿命和更换成本。

生命周期成本分析是给消费者提供关于光伏系统实际成本的一种精确的方法。

24.3.1 利息

生命周期成本核算的第一步是了解利息、利率和利息计算。

利息是向银行或其他贷款机构存款或借款所获得或支付的资金。对于生命周期分析中进行的大部分计算，利息是正的（例如，货币保存在银行中）利息与存款、利率（也称为"贴现"率）、及存放的年数相关。

要计算包含利息在内的金额，可以用下面的公式：

$$X = P(1+d)^n$$

式中　n——年数；

　　　d——利率；

　　　P——存款数；

　　　X——n 年后总的钱数。

【例】　如果 780 美元存 6 年，利率为 3%，那么在存款期限结束后的金额为

$$X = 780 \times (1+0.03)^6$$

$$X = 931.36$$

生命周期成本中另一个重要的因素是"通货膨胀率"。通货膨胀率代表了货币的价值随着时间的推移而下降的速度。例如 10 美元现在可以买一顿饭，但是随着时间的推移，同样一顿饭会变得更贵，所以相同 10 美元的价值明显下降了。

24.3.2 现值

评估系统全生命过程的成本是很困难的，主要原因为货币的价值在不断变化，且很难确定项目将来的成本。将系统未来要花费的资金转换为目前的价值是最好理解的，例如为了购买未来系统中的组件，用现今的货币的价值来表示它将来的成本。

需要一个公式来确定现今特定数量的资金在数年后的价值。影响这个结果的因素包括通货膨胀率 g、利率 d 和年数 n。

一般情况下，总的钱数 P，可根据下面的公式计算 n 年后将会得到的钱的数目 X。

$$X = P \frac{(1+d)^n}{(1+g)^n}$$

式中　d——利率（在分子上，作为计及利息的总的钱数 P 的增长）；

　　　g——通货膨胀率（在分母上，作为货币购买力的下降）。

货币价值增加是由利息引起的，其购买力的下降则是由于通过膨胀造成的。

货币的时间价值表示，今天挣到的或者花掉的 1 美元比你 10 年后挣到的或者花掉的 1 美元的价值高。所以，如果今天提供给你 20000 美元买车，并可以延期还款直到 5 年后还清，那么毫无疑问，现在你需要拿着这 20000 美元。

如果你同意推迟付款，直到 5 年后付清，则支付超过 20000 美元的额外费用来补偿延

迟付款，费用上升是由两个因素造成的，这两个因素使得 20000 美元的潜在价值在 5 年内减少了，这两个因素是：

（1）20000 美元存款 5 年时间将获得的利息。

（2）在 5 年时间内，用 20000 美元可选择购买的任何东西的价格的增加。

换句话说，人们会在金钱上附加时间价值。对于推迟支付的所需要缴纳的额外金钱表示"利息"（即，如果你有 20000 美元，用这 20000 美元每年大概挣得的金钱）。

现值的原理正好相反，成本打折（如价格下跌），且投资能每年获得收益。在上面的示例中，如果你在 5 年时间内将会花费 20000 美元购买汽车，你现在可以将一笔钱存起来，利用其挣得的利息，有可能在 5 年内为你提供足够的 20000 美元买车钱。

实际上，现值是，为了支付光伏系统的整个生命周期中的每年的费用，评估需要存放在银行和以适当的利率进行投资的总的资金数。

上面的公式可以像下面这样被重新组织来计算将来总的钱数的现值，根据公式，需要知道 n 年后资金总数目 X 来计算现值 P。

$$P = X \frac{(1+g)^n}{(1+d)^n}$$

【例】 假设一个逆变器的成本是 5000 美元。10 年后逆变器需要进行更换，在此期间，通货膨胀率一直为 5%，利率为 7%。现值为

$$P = 5000 \times \frac{(1+0.05)^{10}}{(1+0.07)^{10}} = 4140.24（美元）$$

这意味着，在目前的通货膨胀率和利率维持 10 年的情况下，需要投资 4140 美元才能在未来有资金来替换逆变器，即 4140 美元是替换逆变器成本的现值。

24.3.3 现值系数

有时光伏系统也有定期维护成本。可以使用一个现值系数 PWF 来计算光伏系统生命周期内全部年维护费用的现值。这还是取决于通货膨胀 g，利息 d 和年数 n。

计算现值系数的公式为

$$PWF(g,d,n) = \frac{1 - \dfrac{(1+g)^n}{(1+d)^n}}{\dfrac{1+d}{1+g} - 1}$$

【例】 假设一个光伏发电系统每年的维护成本为 500 美元。在每年的通货膨胀率为 5%、市场利率为 7% 的情况下，这一成本预计将会上升。计算 20 年的维护成本的现值。

$$P = 500 PWF$$

使用上面的公式

$$PWF(0.05,0.07,20) = \frac{1 - \dfrac{(1+0.05)^{20}}{(1+0.07)^{20}}}{\dfrac{1+0.07}{1+0.05} - 1} = 16.5$$

$$现值 = 500 \times 16.5 = 8250（美元）$$

因此，未来 20 年的维护费用的现值是 8250 美元。

24.4 与整个光伏系统相关的成本的确定

整个光伏发电系统由光伏阵列、逆变器和平衡系统（BOS）设备组成。要确定系统的现值，需要确定系统每部分的所有成本（投资、维护和更换）。系统的平衡系统已经包含在对光伏阵列的分析中。

24.4.1 光伏阵列

（1）投资费用。光伏阵列的成本大约是 1000～2000 美元/（kW·h）。这主要取决于光伏组件的价格（通常为系统总成本的 20%～30%），但也受到 BOS 成本的影响，如支撑结构、地基、电缆以及人力成本等。

（2）维护费用。通常情况下，与光伏组件相比，维护费用比较小且每隔 6 或 12 个月才维护一次。推荐对光伏系统的整个生命周期进行分析，以每年最少 2h/kW 来代表一个典型光伏电站的维护费用。另外，如果不需要进行详细的计算，也可以用投资费用的 1% 来代表维护成本。

（3）更换费用。由于光伏组件可以使用超过 20 年，所以通常不对其进行超过 20 年的生命周期分析，所以不需要对其更换费用进行评估。保守的方法是，只考虑每 5 年对其中很少比例的组件由于过早失效而进行物理更换的费用（安装费用）。

24.4.2 逆变器

（1）投资费用。系统电力逆变器的成本范围从 20 美元/kW（大容量的逆变器）到 2000 美元/kW（小容量的逆变器，如 1～5kW）不等。现在市场上的逆变器一般有 3～5 年的保修，有一些还提供是否延长保修期的选择，如对产品进行安装培训。

（2）维护费用。应定期对逆变器进行维护，如每年进行以下项目的检查：
1) 连接到新能源发电设备的电缆应确保没有松开。
2) 光伏控制器和电池等的端子连接情况。
3) 电池的端子和电缆必须要进行检查，必要时进行清洁。
如果不需要进行详细的计算，维护费用近似为投资费用的 1%～2%。

（3）更换费用。电子产品可以使用 10～20 年（可能更长时间），而且通常可以进行修复。设计人员需要询问制造商关于他们在系统中安装的逆变器的预期寿命是多久。如果其小于生命周期的分析时间，那么需要在分析中包含更换费用。

24.5 光伏系统估价

有两种常用的方法对光伏系统进行估价。第一种仅涉及安装时的系统；第二种使用上述生命周期成本计算方法。两种方法都可以用来计算系统的成本，或者用来比较不同系统的成本。

24.5.1　每瓦的成本计算

用每瓦的美元数（美元/W）来表示成本是进行新能源系统投资费用评估的首选方法。这种方法只着眼于系统的前期成本。在欧洲，它是目前进行系统和设备费用比较的标准方法，并且在世界各地也变得越来越普遍。

计算公式为

$$每瓦的成本 = \frac{新能源系统预付成本}{新能源系统的额定峰值功率}$$

24.5.2　每千瓦时的成本计算

通过计算单位发电量的成本，即每千瓦时的美元数 [美元/(kW·h)]，基于对该系统产生的电力成本进行评估，可以对不同的光伏系统在其预期寿命内的价值进行比较。此方法使用了 24.3 节中的全生命周期成本计算方法来得出 24.4 节中确定的光伏系统成本的现值。

一直以来生命周期成本的计算都是基于 20 年的寿命，即光伏组件的预期寿命，但实际上光伏阵列将会运行 25～30 年，所以有生命周期成本计算应超过 20 年的争论。

要以每千瓦时的美元数来确定成本，需要计算整个系统在 20 年寿命期间的现值。对 20 年时间所造成的总成本的折扣进行估算，然后用下面的公式确定每千瓦时的美元数

$$每瓦时的成本 = \frac{20 年寿命的整个系统的现值}{20 年造成的总成本折扣}$$

一旦成本（24.4 节）被确定下来，并且选择生命周期为 20 年，应该如何选择通货膨胀率和贴现率呢？所使用的通货膨胀率必须以澳大利亚联邦储备银行的现行利率为基础。但是如何确定贴现率则比较困难。

个人之间以及贷款机构之间的自然贴现率都是不一样的。贴现率通常包含一部分利润，所以它比通货膨胀率要高。有时人们使用一个真实的贴现率，这些利率反映了实际（通胀后）回报率，通常可以预期以实现低风险投资。当然，贴现率的选择会从根本上影响光伏系统的生命周期成本，因为这些光伏系统都有较高的投资成本和较低的运行成本。所以，经济和社会效益在系统的整个生命周期中是增加的。

检查与贴现率变化相关的成本的敏感性通常是有用的。假设已经安装了 1kW 的光伏系统，其成本见表 24.1。

表 24.1　　　　　　　　容量为 1.08kW 的并网光伏系统成本

产品序号	产品	单位价格/澳元	数量	总价/澳元
1	光伏组件（每块 180W）	250	6	1500
2	逆变器（1.1kW）	2500	1	2500
3	VRLA 电池（2V，400A·h）	180	6	1080
4	电池熔断器、系统保护装置、电缆	500	1	500

产品序号	产 品	单位价格/澳元	数量	总价/澳元
5	电池外壳	590	1	590
6	安装、测试和调试费用	900	1	900
	系统价格（1.08kW）			7070

假设逆变器 10 年后进行更换，生命周期成本计算基于 20 年，该系统每年产生 1300kW·h 的电量，20 年后总的通货膨胀是 15%，维修成本为总投资成本的 1%。表 24.2 提供了各种实际贴现率情况下的每千瓦时的成本。

表 24.2　　　　　　　　　不同贴现率情况下每千瓦时的成本

实际贴现率/%	澳元/(kW·h)
3	1.03
4	1.09
5	1.15
6	1.22
7	1.29
8	1.35

习　题　24

1. 计算光伏系统经济可行性的两种方法是什么？哪一个更好？
2. 解释什么是"简单回报"的方法。
3. 用简单回报方法的缺点是什么？
4. 简述"生命周期成本"的计算方法。
5. 为什么生命周期成本计算方法更适合光伏系统？
6. 解释现值和现值系数。

附录A 术语表

术语	释义
交流	电流可以反向流动。电流的方向周期性地改变，通常每秒改变100次（50个周期）。电力传输网络使用交流电的原因是可以相对容易地改变电压，从而产生更少的输电损耗
高度角	太阳和水平面之间的夹角
环境温度	系统部件的周围环境温度
安时	用于测量电能的单位，并表示电池的存储容量，符号 $A \cdot h$。要把 $A \cdot h$ 转换为 $kW \cdot h$，需要用 $A \cdot h$ 乘以电压再除以1000
阵列	光伏组件的集合，通过电气布线连接到一起并在物理上安装在其工作环境中。组件可能是串联或者并联，从而使其输出与设备相匹配
原子结构	原子结构表示原子中的质子、中子和电子的数量和它们彼此之间相对的位置。带负电荷的电子被强大的电力束缚在带正电荷的原子核（质子和中子）中
方位角	太阳在地平面的投影和从北开始顺时针方向旋转的水平夹角
备用发电机	在独立供电系统中的一种将机械能转换为电能，并对可再生能源进行补充的装置。发电机可由汽油、柴油、液化石油气或蒸汽提供动力
电池	电能存储装置。两个或两个以上的电化学电池串联或并联组合，以提供所需的工作电压和电流水平
电池容量	以 $A \cdot h$ 表示电池能够给特定条件下的负荷提供的最大总电荷。电池容量取决于电池放电速率
电池充电电压	给电池充电所需要的特定电压。12V电池的最终充电电压大约为14V，光伏组件的额定电压通常为14V，所以可以知道在该电压水平下的充电电流
阻塞二极管	与一块光伏组件或一组光伏组件串联放置以防止光伏组件电流反向流动的二极管（也被称为串联或隔离二极管）
旁路二极管	与光伏组件或一组电池并联的二极管，其在光伏组件遮蔽、电池故障时给电流提供通路（也称为并联二极管）
充电速率	为恢复电池容量而流入电池的电流。充电速率由CX指定，这里的X指的是给电池充满电所需要的小时数。例如，如果一个电池的容量是 $100A \cdot h$，充电速率为C5，那么就意味着把电池充满电的时间是5h，充电电流是20A
晶体结构	原子以三维结构结合在一起称为晶格。在一个硅晶格中，通过来自四个相邻原子的价电子的共享使硅原子集合到一起
电流	电荷流动的速率是单位时间内电荷的净迁移率。电流的单位是安培（A）。在电路中，电流的符号是 I

术语	释　义
切入风速	风机开始转动的风速。使叶片转动的风力必须足够强才能克服风机的惯性。一旦叶片开始转动，风速有可能会下降到切入风速以下，但叶片可能会继续转动
截止电压	从电池输出电流所需要的最小电压。当电压下降到截止电压以下，继续让电池输出电流将会对电池造成永久性伤害
切出风速	风机自身对风速进行限制的最大风速，从而保护其机械部分避免受到强风的伤害。更常被称为收起风速
循环	用来测量电池寿命的时间单位。蓄电池充放电的一个周期称为一个循环。在独立供电系统中通常是24h
日需求或日负荷	这是计算得到的每日的基本能量需求。负荷每天以及每年的不同时间都在变化。在确定一个系统的容量时通常需要使用超过一年的平均日负荷。单位可以是 W·h、kW·h或者A·h
自治天数	没有其他能量输入，仅有电池储能系统提供电能所能支撑的天数
放电深度 DOD	以额定容量的百分比来表示电池消耗的安时数。例如，额定容量为100A·h的电池消耗掉25A·h的容量，这就是25%的放电深度
漫辐射	由于大气中存在的云层、雾气、烟雾、灰尘或其他颗粒，太阳辐射被分散后到达观测点的部分。其从各个方向上都是比较均匀的
二极管	只允许电流朝一个方向流动的半导体
直流	电流单向流动
直接辐射	以直线路径从太阳到观测点的太阳辐射。在直接辐射路径上的物体会投射下一个阴影
放电速率	电池放出的电流。电池制造商所指的放电速率不是电流大小，而是电池完全放电所需要的时间。例如，额定容量为100A·h的电池以5A的电流进行完全放电将需要20h。在这种情况下，我们就说电池以20h的速率或者C20进行放电
掺杂物质	在基材料（比如硅）的晶体结构中引入原子级的杂质，从而改变该材料的导电性能
效率	某个设备消耗的能量与其自身产生的能量的比率。通常小于等于1
电极	它们是插入蓄电池电解液中的金属板。电极的表面会发生化学反应。铅酸电池中的电极是铅，但在充满电后则变成二氧化铅
电解液	由离子运动而产生电流的非金属导电体。在铅酸电池中，电解液是硫酸的水溶液
均衡	将电池组中的所有电池恢复到同等充电状态的过程。在铅酸电池中，通过给每个电池使用2.5V的电压进行充电来完成
填充因子	最大功率与开路电压和短路电流乘积的比值。填充因子总是小于1，并且是表示$I-U$曲线近似矩形的程度，表明在弱光照条件下的光伏板件的特性好坏
自由电子	于自身原子结构中脱离的电子，在电场的作用下能够自由移动
收起风速	风机自身对风速进行限制的最大风速，从而保护其机械部分避免受到强风的伤害；更常被称为切出风速
析气	电池中一个或多个电极上产生的气体（主要是氢气和氧气）的演化。气体通常产生于自放电过程或充电最后阶段的电解质中的电解水

术语	释义
牵索	连接在风机杆塔和地面之间的金属线，用于在强风中对杆塔的固定
水头	微型水电系统的管道入口到管道出口（有可能在水轮机上或者可能在尾水位上，取决于所使用的水轮机的类型）的垂直高度。和流量一样，水头在决定微型水力发电系统能够输出的电力方面起着很重要的作用
空穴	在一个完美晶体结构中，通常由于电子移动而形成的空缺
比重计	该装置用于测量特定的比重以确定电池的充电状态
水力发电	由水的移动而产生的电力。水由于其处在高处的位置而获得势能，通过阳光的照射，水从大的水体中蒸发并通过气流（风）移动到高处的位置
I_{mp}	I-U 曲线上最大功率点（即电流和电压的乘积最大）对应的电流
I_{sc}	短路电流。它是由光伏单体电池、组件或阵列在太阳辐射下、正极和负极短路的情况下产生的电流。I_{sc} 通常特指在太阳辐射为 $1000W/m^2$、温度为 $25℃$ 且空气质量为 1.5 的条件下得到的短路电流
I-U 曲线	显示随着光伏电池外部电路中的可变电阻引起的电压变化，电流也随之变化的图形。在到达"拐点"之前，随着电压的增加，电流几乎保持不变，在"拐点"之后，电流则急剧下降到零
冲击式水轮机	水轮机中的涡轮能够在空气中旋转，水在对涡轮作用过后就落到尾水沟内。它们通常由一个或多个水喷嘴来冲击涡轮
辐射量	阳光照到一个区域的数量；通常用 $W/(m^2 \cdot d)$ 来表示。这是一个过时的术语，现在应该使用"太阳辐射"来代替
逆变器	用于将直流电转换成交流设备使用的交流电的装置
辐射强度	单位面积的太阳能。以 W/m^2 或 kW/m^2 作为计量单位
千瓦时	在独立供电系统中用来表示负荷能量的单位。符号为 $kW \cdot h$。将 $kW \cdot h$ 转换成 $A \cdot h$，只需要将 $kW \cdot h$ 乘以 1000 再除以系统电压即可
预期寿命	电池容量下降到初始容量 80% 时的寿命。电池寿命的最好表示方法是使用循环，但循环数会发生变化，这取决于大部分循环的放电深度
升力	风电机组上使叶片移动的、作用在机翼型叶片上的力。叶片的形状引起空气以不同的速度移动，从而造成叶片两侧的压力不等，从而产生升力
负荷或负载	安装的设备的能量需求（灯和电器），通常用 $kW \cdot h$ 来计量。负荷与每个设备的额定功率和运行时间相关
微型水力发电机	从水的运动中获得机械能的发电机。发电机很小，产生用于独立供电系统中的直流电或交流电
组件	将太阳能电池连接到一起，以增加电压和电流，从而与使用所要求的特性相匹配。一般来说，独立供电系统中的组件由 36 块太阳能电池串联而成，从而使电压足够高用来在各种条件下给 12V 的电池充电

术语	释　义
N型硅	给硅添加了磷，从而在硅的价带中提供一个多余的电子。与硅的外围只有 4 个电子相比，磷的外围有 5 个电子。当其与硅原子结合到一起，多余的那个电子可以很容易挣脱原子的束缚。一旦电子挣脱束缚离开了，就会出现一个多余的正电荷
镍镉电池	由镍电极、镉电极和氢氧化钾（碱性）电解质组成的电池。有时候用在独立供电系统中，但其主要的应用是大型不间断电源（UPS）
电池额定工作温度	在辐照度为 $800W/m^2$、环境空气温度为 $20℃$、风速为 $1m/s$ 的标准参考环境和电气开路的额定运行条件下光伏电池的温度
额定运行条件（NOC）	辐照度为 $0.8kW/m^2$、光谱为 AM1.5 和电池温度为额定温度的标准参考环境条件
超速控制	为了不导致风电机组损伤而对风电机组转速进行控制的方法
P型硅	给硅添加了硼，从而在硅的价带中提供一个受体位置（空穴）。与硅的外围只有四个电子相比，磷的外围有 3 个电子。当其与硅原子结合到一起，缺少的那个电子可以提供一个空穴，其他的电子可以移动进去。一旦空穴被其他的电子填满，就会出现一个多余的负电荷
峰值日照小时数	将一天中实际光照条件下产生的总辐射转化为在峰值日照条件（如 $1kW/m^2$、AM1.5、$25℃$）的等效小时数
光电效应	通过与电磁辐射的光子相碰撞获得能量，从而将原子中的电子从原子核激发出来
光子	一种与电磁辐射有关的离散能量包。电磁辐射在一定条件下表现出来的波的性质以及在其他条件下的粒子性质
功率	单位时间内使用的能量。功率的单位是瓦（W）。1W 是一个很小的单位，更常用的单位是千瓦（kW）。电路中消耗的功率是电路的电压与流经电路的电流的乘积
功率因数	交流电路中有功功率（W）与视在功率（VA）的比值。独立供电系统中使用的逆变器的理想输出功率因数接近 1
额定功率	额定风速下风力发电机的输出功率
额定风速	指定风力发电机额定功率输出下的风速
反动式水轮机	水轮机中的转轮完全沉浸在密封的涡轮机的水中。水通过水轮机后将进入尾水管
调节器	用于控制电池充电电流，从而避免电池过充的装置
RFI	射频干扰。高频开关电源设备，如某些类型的调节器、直流日光灯和一些逆变器会产生电气噪声。这些噪声会干扰无线电，特别是在调幅频段
密封铅酸电池	以凝胶形式或可吸收的玻璃马特作为电解质，具有密封防漏装置的电池
自放电率	当电池处于空闲状态时的放电速率
自调节组件	有限数量（通常是 32 块）的光伏电池串联起来的光组件。这个限制的数量让光伏板件只能产生最大为 15V 的电压，从而使电池不容易过充
硅	地球表面上最丰富的元素。其独特的原子结构使其适合用作太阳能电池
太阳能（光伏）电池	暴露在阳光下时产生电的基本光电元件。太阳能电池是一个光电二极管，其只在一个方向上传导电流。它是由使用 P 型硅和 N 型硅创建的 PN 结形成的

术语	释义
太阳辐射	电磁辐射能，起源于太阳，是由氢到氦的核聚变反应产生的
太阳光谱	太阳辐射是由许多不同的波长或频率的光线组成的，每一个都是太阳光谱的一部分。γ射线、X射线、紫外线、可见光、红外线、微波、短的无线电波和长无线电波组成太阳光谱
比重	这是电池电解质相对于水的密度比率。对电解质进行采样的液体比重计用于监控电池的充电状态
规范	一个独立供电系统中的所有部件的运行标准。所有的部件都有与系统中其他部件的规范相匹配的规范，从而确保它们之间是相互兼容的。规范中涉及的有电流、电压、测试功率和正常运行条件。规范有助于设计师选择系统的部件
独立供电系统（SAPS）	用于给远离电网的地方提供电力而设计的系统。该系统通常以可再生能源（太阳、风、水）作为能量来源，并且经常以机械发电机（汽油、柴油、液化石油气、蒸汽）作为备用
标准测试条件（PV）	所有光伏电池可以进行评价和比较的条件。该条件是辐射强度为 $1kW/m^2$、电池温度为 $25℃$ 和大气质量为 1.5
待机损耗	逆变器在待机模式而产生的功率损耗。逆变器在该模式下会消耗少量的功率。逆变器能够连续监控负载电路，从而使得当某个负荷开始运行时逆变器能够立即作出反应
荷电状态	以额定容量的百分比来表示电池的可用容量
硫酸化	在铅酸电池的电极上形成硫酸铅晶体。它通常是由于电池长时间的处于放电状态而造成的。硫酸化可导致电池容量的永久性损失
过负荷能力	逆变器在指定的短时间内提供比额定输出功率大的功率的能力
尾水位	在水轮机流出点以下的水的垂直高度
温度修正因子（电池）	由于温度的变化，电池容量应该进行调整的数量。电池容量通常是在参考温度为 $25℃$ 的条件下给出的
温度修正因子（太阳能电池）	太阳能电池随着温度的变化其电压、电流或功率而变化的量
塔架	安装风力发电机的支撑结构
湍流	风的非平稳流动。未受干扰的风通常是恒定反向流动的。湍流可能是风流动中的涡流、阵风或漩涡，会降低风力发电机的性能
U_{mp}	$I-U$ 曲线上最大功率点（即电流和电压的乘积最大）对应的电压
U_{oc}	开路电压。它是光伏电池、组件或阵列在有太阳辐射且空载的情况下的电压，其通常由内阻至少为 $20k\Omega/V$ 的电压表进行测量。U_{oc} 通常在 $1000W/m^2$、$25℃$ 和 AM1.5 的条件下测得
电压	在电路中施加给电子的力或"推电子"的量度，是电势的度量。电压的单位是伏特（V）。当作用于一个 1Ω 的电阻时，1V 电压产生 1A 的电流
波形	空间上一个固定点上的电信号——电流、电压或功率随时间变化的图形表示
风	由于太阳对空气加热的不均引起不同区域空气压力的不等，进而引起空气的流动。风是太阳能的间接形式

术语	释　义
风力发电机	将涡轮机的机械能转换为电能的风力机械的一部分。风力发电机组可以是交流发电机或直流发电机
风力机	由风直接驱动的风力机械的一部分，它由轮毂和风力机的叶片组成

附录 B 公 式 汇 总

请注意这里未列出所有的公式。这些是可能需要的最常用的公式。

第 3 章

当太阳在赤道上空时的高度角：$\gamma_e = 90° -$ 纬度

当太阳在回归线上空时的高度角：$\gamma_t = 90° -$ 纬度 $\pm 23.45°$

第 4 章

欧姆定律 $U = IR$

功率方程 $P = IU$

能量方程 $E = Pt$

第 5 章

串联电压源 $U_T = U_1 + U_2 + \cdots$

串联电流源 $I_T = I_1 = I_2 = \cdots$

并联电压源 $U_T = U_1 = U_2 = \cdots$

并联电流源 $I_T = I_1 + I_2 + \cdots$

第 6 章

填充因子(FF) $FF = \dfrac{I_{mp} U_{mp}}{I_{sc} U_{oc}}$

第 9 章

荷电状态 $SOC = \dfrac{可用容量}{额定容量} \times 100\%$

放电深度 $DOD = \dfrac{放电容量}{额定容量} \times 100\%$

第 11 章

电压有效值 $U_{RMS} = \dfrac{U_p}{\sqrt{2}} = 0.707 U_p$

功率因数 $PF = \cos\theta$

有功功率 $= IU \times PF$

家用电器功率因数 $PF = \dfrac{有功功率}{视在功率}$

第 13 章

风力发电机输出功率 $P = \dfrac{\pi}{8} \delta d^2 u^3 C_o$

风力发电机平均功率 $P_{AV} = \dfrac{P_R u_{RMC}^3}{u_R^3 - u_s^3}$

第 14 章

微型水轮发电机功率 $P = \eta \rho g Q H$

第 17 章

平均每日能源使用量 $E_{tot} = E_{dc} + \dfrac{E_{ac}}{\eta_{inv}}$

电池组容量 $CX = \dfrac{E_{tot}}{U_{dc}} \times \dfrac{T_{aut}}{DOD_{max}}$

日放电深度 $DOD_d = \dfrac{E_{tot}}{U_{dc} CX}$

子系统效率 $\eta_{renss} = \eta_{ren-batt} \eta_{reg} \eta_{batt}$

电池有效温度 $T_{cell\_eff} = T_{a.\,day} + 25℃$

降额输出电流 $I_{mod} = I_{T,V} f_{man} f_{dirt}$

日平均电荷输出 $Q_{array} = I_{mod} H_{tilt} N_P$

光伏串中的光伏组件数量 $N_s = \dfrac{U_{dc}}{U_{mod}}$

并列运行的光伏组串数量 $N_P = \dfrac{E_{tot} f_o}{U_{dc} I_{mod} H_{tilt} \eta_{coul}}$

降额温度 $f_{temp} = 1 - \gamma(T_{cell.\,eff} - T_{STC})$

光伏组件的降额功率 $P_{mod} = P_{STC} f_{man} f_{temp} f_{dirt}$

光伏阵列平均能量输出 $E_{PV} = P_{mod} H_{tilt} N$

需要的光伏组件数量 $N = \dfrac{E_{tot} f_o}{P_{mod} H_{tilt} \eta_{PVss}}$

子系统效率 $\eta_{PVss} = \eta_{PV-batt} \eta_{reg} \eta_{batt}$

并列的光伏串数量 $N_P = \dfrac{N}{N_s}$

标准调节器光伏占比 $f_{PV} = \dfrac{U_{dc} I_{mod} H_{tilt} \eta_{coul} N_P}{E_{tot}}$

MPPT 调节器光伏占比 $f_{PV} = \dfrac{E_{pv} \eta_{PVss}}{E_{tot}}$

风电占比 $f_{wind} = \dfrac{E_{wind} \eta_{windss}}{E_{tot}}$

微型水力发电占比 $f_{hyd} = \dfrac{E_{hyd} \eta_{hydss}}{E_{tot}}$

新能源占比 $f_{ren} = f_{PV} + f_{wind} + f_{hyd}$

U_{oc} 最大值 $U_{max\_oc} = U_{oc\_STC} - \gamma_{oc}(T_{min} - T_{STC})$

发电机额定视在功率最小值（串联系统）$S_{gen} = S_{bc} f_{go}$

发电机额定视在功率最小值（切换系统）伴随最大交流需求 $S_{gen} = f_{go}(S_{bc} + S_{max.\,chg})$

发电机额定视在功率最小值（切换系统）伴随最大交流冲击需求 $S_{gen} = \dfrac{f_{go}(S_{bc} + S_{sur.\,chg})}{\gamma_{sur}}$

发电机额定视在功率最小值（并联系统）$S_{\text{gen}} = f_{\text{go}}(S_{\max} - S_{\text{inv30min}})$

伴随最大交流需求 $S_{\text{gen}} = \dfrac{f_{\text{go}}(S_{\text{sur}} + S_{\text{inv. sur}})}{\gamma_{\text{sur}}}$

发电机额定视在功率最小值（并联系统）伴随逆变器的额定浪涌 $S_{\text{gen}} = (S_{\max} - S_{\text{inv30min}}) \times f_{\text{go}}$

发电机每个月的运行时间（$f < 1$）$T_{\text{gen}} = \dfrac{30 E_{\text{tot}} \ (1 - f_{\text{ren}})}{U_{\text{dc}} \eta_{\text{coul}} I_{\text{bc}}} + \dfrac{30 T_{\text{eq. run}}}{T_{\text{eq}}}$

发电机每个月的运行时间（$f_{\text{ren}} > 1$）$T_{\text{gen}} = \dfrac{30 T_{\text{eq. run}}}{T_{\text{eq}}}$

第 18 章

电池的每日电量需求 $E_{\text{batt}} = \dfrac{E_{\text{ac}}}{\eta_{\text{inv}}}$

电池组容量 $CX = \dfrac{E_{\text{batt}}}{U_{\text{dc}}} \times \dfrac{T_{\text{aut}}}{DOD_{\max}}$

日放电深度 $DOD_{\text{d}} = \dfrac{E_{\text{batt}}}{U_{\text{dc}} CX}$

子系统效率 $\eta_{\text{renss2}} = \eta_{\text{ren-load}} \eta_{\text{reninv}}$

当负荷由电池供电时，子系统效率 $\eta_{\text{renss3}} = \eta_{\text{renbatt-load}} \eta_{\text{re-inv}} \eta_{\text{inv-chg}} \eta_{\text{batt}} \eta_{\text{inv}}$

日平均有效电池温度 $T_{\text{cell-eff}} = T_{\text{a. day}} + 25\,℃$

温度降额系数 $f_{\text{temp}} = 1 - \gamma(T_{\text{cell. eff}} - T_{\text{STC}})$

降额功率输出 $P_{\text{mod}} = P_{\text{STC}} f_{\text{man}} f_{\text{temp}} f_{\text{dirt}}$

日平均功率输出 $E_{\text{PV}} = P_{\text{mod}} H_{\text{tilt}} N$

日平均交流负荷电量 $E_{\text{PVAC}} = E_{\text{PV}} \eta_{\text{PVss2}}$

直接给负荷供电的子系统效率 $\eta_{\text{PVss2}} = \eta_{\text{PV-load}} \eta_{\text{PVinv}}$

日平均电量输出 $E_{\text{PV}} = P_{\text{mod}} H_{\text{tilt}} N$

电池组日平均功率供应 $E_{\text{battAC}} = E_{\text{PV}} \eta_{\text{PVss3}}$

通过电池组供电的子系统效率 $\eta_{\text{PVss3}} = \eta_{\text{PVbatt-load}} \eta_{\text{PV-inv}} \eta_{\text{inv-chg}} \eta_{\text{batt}} \eta_{\text{inv}}$

需要的光伏板件数量（直接供电）$N = \dfrac{E_{\text{AC}} f_{\text{o}}}{P_{\text{mod}} H_{\text{tilt}} \eta_{\text{PVss2}}}$

需要的光伏板件数量（通过电池组供电）$N = \dfrac{E_{\text{AC}} f_{\text{o}}}{P_{\text{mod}} H_{\text{tilt}} \eta_{\text{PVss3}}}$

日平均交流负荷电量 $E_{\text{AC}} = E_{\text{PV-AC2}} + E_{\text{batt-AC}}$

光伏阵列中的光伏板件的总数量 $N = N_{\text{PV-AC}} + N_{\text{batt-AC}}$

给负荷直接供电所需要的光伏板件的数量 $N_{\text{PV-AC}} = \dfrac{E_{\text{PV-AC}} f_{\text{o}}}{P_{\text{mod}} H_{\text{tilt}} \eta_{\text{PVss2}}}$

需要的光伏板件数量 $N_{\text{batt-AC}} = \dfrac{E_{\text{batt-AC}} f_{\text{o}}}{P_{\text{mod}} H_{\text{tilt}} \eta_{\text{PVss3}}}$

最大功率点电压 $U_{\text{mp-cell-eff}} = U_{\text{mp-STC}} - \gamma_{\text{v}}(T_{\text{cell-eff}} - T_{\text{STC}})$

太阳能占比 $f_{\text{PV}} = \dfrac{E_{\text{PV}} \eta_{\text{PVss2}}}{E_{\text{ac}}}$

太阳能占比 $f_{PV} = \dfrac{E_{PV} \eta_{PVss3}}{E_{ac}}$

风能占比 $f_{wind} = \dfrac{E_{wind} \eta_{windss}}{E_{ac}}$

微型水电占比 $f_{hyd} = \dfrac{E_{hyd} \eta_{hydss}}{E_{ac}}$

新能源占比 $f_{ren} = f_{PV} + f_{wind} + f_{hyd}$

直流母线的日需求电量 $E_{tot} = \dfrac{E_{ac}}{\eta_{inv}}$

第 19 章

电池容量 $E_{batt} = \dfrac{E_{batt,day}}{DOD_{day}}$

电池容量 $CX = \dfrac{E_{batt}}{U_{dc}}$

第 20 章

每安培米最大毫伏 $U_c = \dfrac{1000 U_d}{LI}$

电缆中的直流电压降 $U_d = \dfrac{2LI\rho}{A}$

直流电缆最小横截面积 $A = \dfrac{2LI\rho}{LossU}$

第 21 章

最小排气通风率 $q_V = 0.006nI$

最小通风面积（自然通风）$A = 100q_V = 0.6nI$

致　　谢

本书的基础资料最初由澳大利亚太阳能工业协会（the Solar Energy Industries Association of Australia Inc，SEIAA）的首席执行官 Ray Prowse 于 1994 年提供，得到了多位 SEIAA 会员的支持，尤其是 Richard Potter，Peter Pedals，Alan Barlee，Lindsay Hart，Ian Dawson，Paul Edwards，Sandy Pulsford，Geoff Stapleton 和 Richard Collins。

本手册第三版完成于 1999 年 4 月，由 Jeff Hoy 指导，并得到了 Richard Collins，Alan Barlee，Sandy Pulsford，Peter Pedals 和 Geoff Stapleton 的大力支持。第五版完成于 2005 年 7 月，由全球可持续能源解决方案有限公司（Global Sustainable Energy Solutions Pty Ltd，GSES）的 Geoff Stapleton，Susan Neill 和 Sarah Neill 完成。

SEIAA 后演化成可持续能源商业理事会［the Business Council for Sustainable Energy（Australia)］，现为清洁能源理事会（the Clean Energy Council）。

第四版是由 GSES 的 Geoff Stapleton 于 2003 年 9 月完成，最初的更新是在 2000 年 1 月，由 GSES 在美国科罗拉多可持续发展研究所（the Institute for Sustainable Power，ISP）的支持下完成。此版本已经符合澳大利亚标准 AS/NZS 4509.2—2010《独立供电系统　第 2 部分：系统设计导则》的要求。

第六版由 Belinda McLean，Susan Neill，Geoff Stapleton 和 Susan Conyers 修订编译。

第七版修订包括了交流总线系统和混合系统，由 Belinda McLean，Matthew O'Regan，Susan Neill 和 Geoff Stapleton 完成。

声　明

版权声明

本手册仅供学习培训使用。

影印、复制、储存或检索本书须获得 GSES 的书面许可。

如有咨询请联系：

全球可持续能源解决方案有限公司

澳大利亚南威尔士博塔尼 614 号信箱

邮编：1455

电话：1300 265 525

传真：61 2 9024 5316

邮箱：nfo@gses.com.au

免责声明

我们已尽全力确保本书无遗漏和错误，但对于本书信息在任何独立供电系统中的应用，我们不承担任何责任。

版本 7.3 出版于 2014 年 7 月

ISBN 978 - 0 - 9581303 - 1 - 8